新型生物炭结构性能及应用研究

刘 珊 著

中国矿业大学出版社

· 徐州 ·

内 容 提 要

本书系统梳理了近年来生物质活性炭的国内外相关研究现状及相关研究成果,研究了生物质活性炭的制备方法、结构、形貌、性能之间的关系及调控方法。本著作具体研究了以麻秆、椰子壳和瓜子壳等生物质废料为前驱体的活性炭研究进展及其应用。本著作的创新之处在于详细分析了生物质活性炭的制备-结构-形貌-性能之间的内在关系,为生物质活性炭材料的研究人员,以及从事高性能、多功能绿色多孔材料开发和应用的工程师提供思路和指导。

图书在版编目(C I P)数据

新型生物炭结构性能及应用研究 / 刘珊著. —徐州:
中国矿业大学出版社,2024.4
　　ISBN 978 - 7 - 5646 - 5330 - 9

　　Ⅰ. ①新… Ⅱ. ①刘… Ⅲ. ①活性炭—结构性能—研
究 Ⅳ. ①TQ424.1

中国版本图书馆 CIP 数据核字(2022)第 151812 号

书　　名	新型生物炭结构性能及应用研究
	XINXING SHENGWUTAN JIEGOU XINGNENG JI YINGYONG YANJIU
著　者	刘　珊
责任编辑	耿东锋
出版发行	中国矿业大学出版社有限责任公司
	(江苏省徐州市解放南路　邮编221008)
营销热线	(0516)83885370　83884103
出版服务	(0516)83995789　83884920
网　　址	http://www.cumtp.com　E-mail:cumtpvip@cumtp.com
印　　刷	苏州市古得堡数码印刷有限公司
开　本	787 mm×1092 mm　1/16　**印张** 15.5　**字数** 402 千字
版次印次	2024 年 4 月第 1 版　2024 年 4 月第 1 次印刷
定　价	62.00 元

(图书出现印装质量问题,本社负责调换)

前　言

　　活性炭具有高度发达的孔隙结构、高比表面积、良好的吸附能力和热稳定性、高表面反应性。这些独特的性能使其广泛应用于吸附剂、储氢、超级电容器、催化剂和催化剂载体等领域。目前,商业活性炭价格非常昂贵,它们的成本限制了其应用。煤炭和石油是不可再生资源,目前仍然是制备活性炭的主要来源,这些原材料的价格预计也将持续增加。因此需要寻找具有成本效益的可再生前驱体。

　　由于环境污染、全球变暖和化石石油储量的枯竭,人们对可再生和环保能源的需求变得越来越迫切。回收生物质废物用于生产高吸附能力和低灰分含量的活性炭是一个研究热点。生物炭作为一种富碳材料,具有复杂的微观结构、可调节的孔径大小和比表面积,并具有不同的表面位点,如羟基、酚醛、羧基和羰基等,这使其应用范围很广。

　　本著作具体研究了以麻秆、沤麻秆、竹纤维和麻纤维作为前驱体制备的生物炭,系统地阐述了生物质原料对生物炭的性能的影响,研究了炭化温度和浸渍率对活性炭的形貌、孔隙率、化学性质和活化机理的影响,比较了化学活化和物理活化的优劣势,同时在二氧化碳吸附中评估了合成活性炭的气体捕获性能。这项研究加深了对活化机制和吸附机制的理解。

　　本著作进一步研究了不同生物炭的重要应用,例如在二氧化碳气体吸附、水处理、碳基催化剂、电磁波吸收和治理土壤污染等传统领域的应用及在能源方面的前沿应用,包括用于超级电容器、锂离子电池和燃料电池等。重点阐述了生物质活性炭的制备过程、微观结构、孔隙率和孔径分布、比表面积、生物炭的性能及主要影响因素、发挥作用的机制、提高生物炭吸附效率的策略,并总结了生物炭在这些应用领域中的前景及局限性。

　　本著作最后研究了新兴的氮掺杂对生物炭的影响及促进作用,明确了生物质中的氮存在形式、原料和热解参数对氮的影响、氮掺杂方法、氮掺杂的作用及前景与局限性。

　　本著作的创新之处在于详细分析了四种生物质活性炭的结构-形貌-性能之间的内在关系,讨论了不同前驱体、不同微观结构、不同孔径大小和比表面积的生物炭的性能、优势和应用范围。本书可以为生物炭材料合成的研究人员,以及从事高性能、多功能生物炭材料开发和应用的研究人员和工程师提供思路和借鉴。

　　本书由贵州理工学院刘珊编写,感谢国家自然科学基金地区科学基金(项目编号:52163011),贵州理工学院教育教学改革研究项目(项目编号:2023YBXM08),以及贵州省科技支撑计划项目(项目编号:黔科合支撑[2023]一般146)的经费支持。

　　由于水平有限,书中疏漏之处在所难免,恳请读者批评指正。

刘　珊

目　　录

第一章　绪　　论

第一节　活　性　炭

炭材料的使用可以追溯到史前时代,古埃及人使用炭来净化水。至今,全球对活性炭的需求也在稳步增长。活性炭是一种无定形固体,具有类似石墨的基本结构,同时具有高度发达的孔隙结构、高比表面积、良好的吸附能力和热稳定性、高表面反应性。这些独特的性能使活性炭成为非常通用的材料,被研究用于吸附剂、储氢、超级电容器、催化剂和催化剂载体等领域。

活性炭可以由具有高碳含量和低无机化合物含量的多种前驱体,通过物理或化学活化方法制备。活性炭的物理化学性质在很大程度上取决于前驱体的性质,通过改变热解条件和活化条件,可以获得具有不同孔结构的活性炭。因此,可以针对特定的应用,优化其制备过程。

比表面积和孔隙率是活性炭最重要的特征参数,除此之外,机械性能也是活性炭应用重要的考虑因素之一。机械强度是最主要的机械性能之一,它可以被看作在使用过程中,在载荷作用下,对变形和破坏的抵抗力。

活性炭的成本主要取决于前驱体、活化方法和工艺条件。用于制备活性炭的前驱体包括石油焦、肥料废料、废橡胶轮胎、木炭、骨炭、聚合物和生物质等,几乎所有含碳有机材料都可以作为活性炭的前驱体。通过控制活化条件和温度,这些材料被活化成具有无定形、高度多孔结构的粗石墨形式。

目前,商业活性炭价格非常昂贵,它们的成本限制了其应用。煤炭和石油是不可再生资源,目前仍然是制备活性炭的主要来源,这些原材料的价格预计也将持续升高,因此需要寻找具有成本效益的可再生前驱体。

由于环境污染、全球变暖和化石石油储量的枯竭,人们对可再生和环保能源的需求变得越来越迫切。最近与温室气体排放和能源安全相关的技术和政策引发了人们对生物质产品的兴趣,农业生物质材料作为活性炭前驱体也受到越来越多的关注。农业生物质材料在大自然中很丰富,而且可再生,木质纤维素含量高,是低成本的活性炭前驱体。此外,由生物质所衍生的活性炭具有高比表面积、复杂的孔结构、疏水的石墨烯层、富集的杂原子以及碳网络中的各种含氧官能团(特别是通过化学活化获得的活性炭),在环保、能源以及生物传感等众多领域中具有应用潜力。回收生物废料以生产生物炭和活性炭,是一个很好的解决方案,具有很多潜在的好处[1]。

生物质在 $200\sim300$ ℃时热解,产生疏水性高碳含量产品,通常称为烘焙木材。较低的水分含量,较高的能量密度、疏水性、抗腐烂性和均匀的粒度分布使烘焙木材比原生物质能更有效地运输和储存。

第二节　生物质活性炭

回收生物质废物用于生产高吸附能力和低灰分含量的活性炭是一个研究热点。这些研究大多集中于使用相当坚硬的废料,例如木材和纤维、水果的壳或核,或来自谷物生产的废料,如榛子壳、椰子壳、甘蔗渣、玉米秸秆、大豆皮、棕榈壳、竹子、锯末等[2-7]。由于生物质木质纤维素具有两个重要特性:(1) 无机物含量低;(2) 挥发物含量相对较高,因此通常被用作活性炭的前驱体。第一个特性导致其生产的活性炭灰分含量低,第二个特性有助于控制生产过程。在受控条件下,无论是否使用化学活化剂,生物废料都可以通过热解转化为活性炭。

生物炭主要由碳、氢、氧和氮组成,碳含量在 $38\%\sim80\%$ 范围内,大部分存在于烷基和芳香物质中,此外,它还含有矿物质元素。Si、P、Ca、Al 和 K 是生物炭中常见的无机元素,但不同生物质生产的生物炭中的元素组成和含量各不相同。

大多数生物炭的酸碱性从中性到碱性变化,而酸性生物炭也有一些报道。通常情况下,生物炭的 pH 值为 $5\sim12$。生物炭的 pH 值取决于多种因素,包括原料类型和生产的热化学过程。生物炭的 pH 值随着热解温度的升高而升高,这是由于生物酸的分解和矿物质浓度的增加。此外,有机官能团,如—COOH、—COO、—O—和—OH,作为生物炭表面的另一种碱性成分,也会增加生物炭的 pH 值。这些有机基团影响生物炭的吸附性、亲水性和疏水性,也与酸碱的缓冲作用有关。此外,由于有机基团的存在,生物炭表面带有负电荷,因此阳离子交换容量会增强。

生物炭作为一种富碳材料,其微观结构复杂、孔径大小和比表面积多样。生物炭具有 $100\sim460$ m^2/g 范围内的高表面积,并具有不同的表面位点,如羟基、酚醛、羧基和羰基。热解温度对孔隙率和比表面积的变化起着重要作用。值得注意的是,生物炭的保水能力归因于均匀的多孔结构和高比表面积。在一定温度范围内,生物炭的比表面积随着热解温度的升高而增大。然而,过高的热解温度会导致生物炭表面极性官能团减少,从而增强生物炭的疏水性。

碳材料呈现出多种形态和特殊性质,这与碳元素独特的原子结构密切相关。碳原子的四个外层电子可以增强碳的键合能力,并通过键合与其他原子发生反应,产生不同形态的碳材料。制备具有不同形态的碳材料,如碳球、碳纳米线、碳膜和三维碳纳米材料等,和无序或有序的多孔结构,对于碳材料在吸附剂、电容器、催化剂、传感器、太阳能电池等领域的应用具有重要意义。

一、碳材料的不同形态

(一) 碳球

碳球的形状规则,表面自由能低,具有良好的生物相容性和化学稳定性。水热法是一种简单和绿色环保的方法,常用于制备碳球。例如,基于木质纤维素的生物质是地球上最丰富的可再生资源,其纤维素含量为 $20\%\sim45\%$,由纤维素、半纤维素和木质素三种成分组成,是一种线性 β-D-葡萄糖同构聚合物,纤维素分子的长链通过与氢键结合进一步形成稳定的结晶区域。可以通过水热法,以水为溶液来制备具有球形形貌的木质纤维素基碳球。

超声波喷雾热解法是另一种制备碳球的简单绿色的方法。在超声波喷雾热解过程中,液态前驱体通过超声处理变为雾状,并在惰性气体保护下,在高温下快速碳化。碳球的形态和尺寸可以通过改变喷雾过程中的搅拌速度、反应物浓度比和碳化温度等反应条件来控制。超声波喷雾热解法生产成本低、反应时间短、反应效率较高。然而,超声波喷雾热解法对前驱体溶液的要求较高,且碳球产量相对较低。

研究人员从纤维素(图 1-1a)、甲基纤维素溶胶(图 1-1b)和大麻茎半纤维素(图 1-1c、d)中获得了不同尺寸的碳球。在形成碳球的同时,也形成了具有不平整表面和非球形链结构的无定形碳球。水热法制备的碳球已广泛应用于吸附、储能和催化等相关领域。然而,水热法仍然存在一定的局限性,因为它一般需要在高温高压的环境中持续反应 4 h 以上。表 1-1 为使用水热法和超声波喷雾热解法制备碳球的对比。

注:前驱体 a 为纤维素,b 为甲基纤维素溶胶,c 和 d 为大麻茎半纤维素。

图 1-1 碳球的扫描电镜图

表 1-1 使用水热法和超声波喷雾热解法制备碳球的对比

生物质材料	制备方法	形貌	应用
纤维素	水热法	碳球	/
甲基纤维素溶胶	水热法	碳球	甲烷吸附
大麻茎半纤维素	水热法	碳球	能源应用
碱丙酸盐	超声波喷雾热解法	碳球	/
蔗糖	超声波喷雾热解法	碳球	催化剂支持
D-葡萄糖	超声波喷雾热解法	碳球	燃料电池
有机盐	超声波喷雾热解法	碳球	燃料电池电极

(二)碳纳米线

碳纳米线具有独特的纳米结构,具有优异的电学性能、热力学性能和机械性能,是广泛应用的一维材料。

碳纳米线的主要制备方法包括化学气相沉积法、静电纺丝法和模板法等。化学气相沉积法是使用过渡金属钴、铁、镍和合金作为催化剂,在高温下热解气态烃。化学气相沉积法是一种化学还原过程,其中金属离子通过合适的还原剂还原,并沉积在基材表面上。与电化学沉积相比,化学气相沉积不需要整流器电源和阳极,但对还原剂的要求很高。

例如,硒化镍/碳纳米线阵列(NiSe/CF)是一种高效、稳定的低成本催化剂,可以通过化学气相沉积法和析氧反应来制备。图 1-2 所示为 NiSe/CF 催化剂的两步合成过程[8]。首先,在碳纤维表面电镀金属镍,电镀镍生长出镍硒纳米线阵列。然后通过爆炸辅助,利用低活性铁、镍作为亚甲基蓝降解催化剂和 ZnS 纳米晶体的光催化活化剂,制备了表面粗糙的高产率碳纳米线。

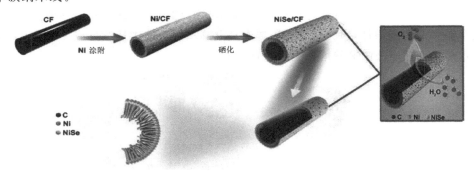

图 1-2　NiSe/CF 催化剂的制备示意图

静电纺丝法是通过溶解、纺丝、固化、氧化和碳化等工艺将碳前驱体转化为碳纳米线的方法。静电纺丝是高分子流体静电雾化的一种特殊形式。雾化使材料分裂,不产生微小液滴,因此聚合物连续长度很长,并最终在电场的作用下固化成纤维。在这个过程中,许多影响因素,例如聚合物的分子量、溶液的黏度、溶液的电导率、溶液的表面张力、电动势、喷嘴针形和环境参数等,都对最终产物产生影响。例如,采用不同来源的聚丙烯腈在 N,N-二甲基甲酰胺和羧甲基硅烷中的静电纺丝和高温热解,可以制备直径为 $200\sim300$ nm、长度为 $5\sim15$ μm 的碳纳米线。

模板法一般通过填充纳米通道结构基质,有效地将碳前驱体转化为特定的纳米线,然后进一步碳化。模板法相对高效且可控性强,但通过模板法,利用绿色工艺从生物质中开发具有有序结构的新型碳材料仍然是一个挑战。以阳极氧化铝作为硬模板,乙醇作为碳源,Co-Mo、CeO_2/V_2O_5、ZnO/Ag 和 Mn_2O_3 作为催化剂,可以合成碳纳米线。此外,以阳极氧化铝作为硬模板,表面活性剂 F127 作为软模板,酚醛树脂作为碳源,可以制备具有均匀介孔结构的碳纳米线,碳纳米线的直径为 $50\sim150$ nm,长度为 60 μm。另外,以蔗糖为碳源、阳极氧化铝作为硬模板和氯金酸作为添加剂,通过碳化和模板蚀刻可以制得直径为 100 nm 的金负载碳纳米线。研究表明,由于阳极氧化铝作为硬模板和相应孔径(大于 100 nm)的限制,可以以聚苯乙烯为碳源,通过溶液浸渍、高温碳化和模板蚀刻法制备直径为 $20\sim200$ nm 的中空碳纳米线。

(三)碳膜

碳膜是一种新型的多孔无机膜材料,由于具有优异的化学稳定性、热稳定性、耐腐蚀性和良好的透气性,其在气体分离领域具有广泛的应用。碳膜分离气体主要依赖气体分子与碳膜孔相互作用的平均自由程。碳膜分离气体的分离机制包括表面扩散、毛细管冷凝、克努森扩散和分子筛分级。此外,用于气体分离的碳膜在其性能和膜渗透性之间往往表现出矛盾。当碳膜孔径增加时,透气性提高,但气体分离性降低。因此,有必要为需要高选择性的应用生产高通量碳膜。影响碳膜性能的主要因素包括前驱体的性质和制备工艺。合适的碳膜前驱体需要具有良好的热稳定性、高残碳含量、小体积密度和良好的刚性。通过简单的制备技术,制备具有优异的气体渗透性能和气体分离性能的生物质碳膜具有重要意义。

例如,以聚苯并咪唑、聚酰亚胺聚合物、聚醚酰亚胺和聚偏二氯乙烯为前驱体,利用混合基质膜,在高温下碳化可以制备不同的碳膜。此外,以聚氨酯和糠醛为聚合物前驱体,通过高温碳化也可以制备纳米碳膜。另外,一种含氢碳膜可以通过磁控溅射技术分解乙炔制备,利用液体、气体或颗粒状固体的突然爆炸来实现。用这种方法制备的碳膜厚度为 0.5 mm,孔径为 0.58～0.63 nm,可以分离苯和 2,2-二甲基丁烷的混合溶液。该方法很简单,但安全系数较差。

（四）三维碳纳米材料

三维碳纳米材料具有优异的电学性能、光学性能和磁学性能。例如,碳泡沫是一种新型碳材料,具有五角十二面体和球形多孔结构。五角十二面体碳泡沫表现出较差的石墨结构和大的开放柱形。相比之下,沥青基碳泡沫具有更高的软化温度、更小的石墨层间距、更大的尺寸、更紧密的晶格排列和更少的裂纹。三维碳纳米管具有相对稳定的网络连接,可以通过溶液、化学气相沉积和超声辅助法制备碳纳米管。碳纳米管的连接结构取决于催化剂颗粒的形成、生长、分支生长、停止生长和壁厚。在 450～500 ℃和 1 000 ℃下两阶段碳化可制备具有三维多孔结构的煤基碳泡沫,该碳泡沫表现出优异的相对密度和韧性,其韧性归因于碳泡沫的流变特性。

二、木材衍生碳的制备

（一）直接碳化

木质纤维素材料由 15％～35％的半纤维素、30％～50％的纤维素和 20％～35％的木质素组成,它们通过共价或非共价键相互连接。通过直接碳化,可以由木材生物质制备碳材料,该碳材料的性质取决于木材生物质的组成。纤维素、半纤维素和木质素的分解产生大量的孔,碳化后产生稳定的碳骨架,但所得产物的可控性较低。研究人员通过直接碳化雪松锯末、香蒲等,得到了具有高比表面积和高孔隙率的微孔-中孔-大孔分级碳材料。

理论上,生物质的碳化温度、碳化时间和预处理参数（掺杂和活化）是调节孔隙率和孔径（大孔、中孔和微孔）的关键因素。一般来说,生物炭的比表面积和总孔容随着碳化温度和活化温度的升高以及活化时间的延长而增加。在低碳化温度下可以得到直径大、孔径分布宽的碳,孔径随着活化温度的升高而减小。此外,还可以通过调节活性剂的用量来控制孔径及其分布。

由于纤维素、半纤维素和木质素复杂的物理和化学相互作用,以及复杂的微观结构,直接从生物质中调整碳材料的形貌和多孔结构是很困难的。因此,通过传统方法制备结构可控的碳材料是一个技术难点。

（二）水热碳化

水热碳化是一种简单的生物质碳转化技术,近年来受到了广泛关注。水热碳化是一种灵活的技术，一般以生物废料为原料。在水热碳化中，木材衍生的生物质在温度低于 400 ℃时，短时间内可以转化为生物原油，这在连续反应器工艺中是经济可行的。

在水热过程中，生物质材料发生水解、开环、羟醛缩合、芳烃缩合、聚合和醚化等反应。在降解过程中，纤维素主要降解为葡萄糖，然后异构化为果糖，再经过脱水、破碎和重组形成各种可溶性产物。半纤维素主要水解为戊糖、木聚糖、甘露聚糖等低聚物，还可进一步水解为糠醛产物。木质素主要通过醚键和 C—C 键的断裂降解。随着反应时间的不断增加，呋喃衍生物发生一系列反应，通过羟醛缩合和缩醛开环反应，生成大量的芳香结构、多环结构，以及乙酰丙酸、甲酸、乙醛、酮、羧酸、水和其他小分子。随后，水热反应中间体呋喃和苯衍生物之间发生分子间脱水和羟醛缩合。最后，发生缩合、线性聚合和脱羧反应，形成最终的多环芳烃和呋喃结构、醚键、烷烃、羟基、羧基和低聚物，液体产物中存在大量羧酸。碳材料的形貌可以通过小分子来调节，这对水热过程中大分子的降解具有高度的可控性。此外，碳材料中的多孔结构能提高在超级电容器中应用时的电容和电导率。

研究人员对木质生物质前驱体作为热液原料进行了研究，其碳残留量在 17wt% ～ 68wt% 之间，可以将木材衍生废料转化为具有不同形貌和孔径的先进功能材料。然而，制备具有可调节孔结构的木材衍生碳材料仍然是一个难点。为了通过模板合成可控的碳材料孔结构，前驱体应为液态，模板应与液态前驱体聚合。液化可以将实木转化为醇、燃油或其他具有特定羟基的化合物，这有利于进一步聚合成生物质基聚合物。

（三）液化-碳化

由于木材的碳化过程不涉及熔化步骤，很难直接从木材中制备出形态规则且具有可调性的多孔结构的碳材料，因此，许多研究者致力于解决这一问题。液化是一种在溶剂中进行的有效途径，可以直接将固态生物质转化为液体，进一步实现木材废料的高效开发和利用。此外，该方法可以将木质纤维素材料转化为低分子量化学品。液化木材由于具有丰富的羟基，可在碳前驱体的合成中替代酚醛复合材料和多羟基醇。

木材的液化是指利用溶剂与木材中的成分发生反应，将木材转化为小分子的化学过程，其产物具有活性基团，可用于制造新型高分子物质，大大提高了木材资源的利用率。木材组分被分解成低分子量、高反应性的中间产物，之后与中间体缩合，形成了新的聚合物。虽然木质素的结构比纤维素和半纤维素的更复杂，但调整木质素的结构相对容易。木材苯酚液化产品应转化为酚类化合物，以有效地将木材转化为高活性产品，并进一步控制木材衍生碳的形态和孔隙率。通过将木材转化为小分子，可以生产出具有丰富羟基的液化木材，可用于在复合材料应用中替代酚类。

液化是指生物质中的纤维素、半纤维素和木质素的转化。液化机制很复杂，在液化过程中，几种物理和化学反应同时发生，各反应相互竞争，反应速率受液化条件，例如温度、溶剂和催化剂的影响。液化过程中的基本反应包括（图 1-3）：木质纤维素的解聚，通过裂解、脱水、脱氢、脱氧和脱羧作用对单体进行化学和热分解，通过缩合、环化和聚合反应进行片段的重排[9-10]。

早在 1970 年，Klett（克莱特）用液化软木制备了碳泡沫。随后，从液化的桉木和橄榄木中获得了具有有序多孔结构的碳材料，其加热速率高，活化时间短。许多生物油、生物树脂和液态烃也由松木锯末、柏木、竹笋壳、泡桐木、柳枝稷和酒糟合成。例如，橡树树皮在温和条件下以不同的生物质/苯酚质量比液化，可将所得多元醇的液化产物用于制备多孔树脂泡

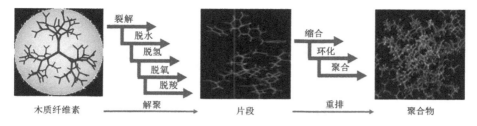

图 1-3 木质纤维素液化的机理

沫。所得树脂泡沫在较低温度（<400 ℃）下碳化，并在高温（>800 ℃）氮气下进一步活化，得到碳材料。此外，研究人员通过液化、静电纺丝和物理活化制备了一系列以木材为碳源的碳纤维，并进一步探讨了碳化温度和活化时间对碳材料结构和吸附性能的影响。

苯酚是常用的液化溶剂。苯酚液化是以酚类为溶剂，通过蒸汽或高温使木材液化，生成活性物质并将大分子分解成小分子的过程。在酸性条件下，木质素均匀地裂解，形成丙糖和愈创木酸自由基，然后具有支化共轭双键的松柏醇自由基继续与酚自由基反应，生成一系列酚类产物。纤维素在高温下降解为寡糖，分解为葡萄糖，随后脱水形成 5-羟甲基糠醛，与含有呋喃环结构的酚类化合物反应交联。硬木的半纤维素主要降解为戊聚糖，软木的半纤维素主要降解为己烷。产物中酚类化合物的含量越高，反应产物的物理力学性能和生物降解性越好。

木材的转化和从液化产品中进一步合成新材料是一个热点课题。研究者利用液化技术，将木材残渣液化，制备具有可控孔结构的木基新型碳材料，并将其与软模板相结合，制备了不同形态和结构的木材衍生碳。例如，以桦木锯末为原料，在酸性条件下用苯酚液化，然后在碱性条件下与甲醛反应，在硫酸下进行聚山梨醇酯和正戊烷发泡，随后在氮气下高温碳化，可以制备出一种新型的高孔隙率碳泡沫。该碳泡沫在 KOH 活化后表现出丰富的微孔和有序的多孔结构。为了进一步优化碳泡沫的性能和孔结构，落叶松锯末被选作制备木质碳泡沫的来源（图 1-4）[11]。通过引入聚乙二醇作为造孔剂，进一步控制落叶松衍生碳泡沫的发泡程度、多孔结构和孔径。碳化后的碳泡沫变得稳定而坚固，随着聚乙二醇含量的增加，微孔和中孔的数量逐渐增加，排列逐渐有序。这种优化方法制备的碳泡沫具有对维生素B12 的高吸附能力。

研究人员以落叶松锯末为原料，通过连续液化、树脂化、软模板三嵌段共聚物 F127（PEO-PPO-PEO）自组装和高温碳化制备了一种碳球。在水热、落叶松树脂前驱体存在条件下，软模板的蒸发诱导自组装，通过高温聚合形成球形颗粒。碳球呈现出均匀、分级的微介孔结构，F127 分解产生中孔，KOH 活化后形成微孔，如图 1-5 所示[12]。碳球直径为 10～25 μm，具有 1 064 m²/g 的高比表面积、0.503 cm³/g 的孔体积，以及丰富的中孔（2.0～5.0 nm）和微孔（1.5～2.0 nm）。碳球对于 Cr(Ⅲ) 和 Pb(Ⅱ) 金属离子的去除率分别为70% 和 90%。蒸发诱导的自组装效应可以保持球体形态的稳定性和完整性，但在 KOH 活化后孔结构发生了变化。

研究人员通过软模板（三嵌段共聚物 F127）和水热法耦合合成了另一种落叶松锯末衍生的介孔碳球。碳球的形状和多孔结构可以通过改变碳化温度来调整。落叶松衍生碳球的形态和孔结构进一步受 F127 的浓度和碳化温度的影响，如图 1-6 所示，碳球形态由球形变为覆盆子状，碳球粒径随着 F127 浓度的增加而减小[13]。随着碳化温度的升高，碳球的孔隙

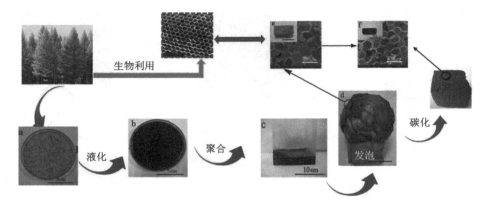

注:a 为落叶松木屑原料;b 为溶解在甲醇中的液化落叶松锯末;c 为落叶松基树脂;d 为落叶松基树脂泡沫;

e 为落叶松基树脂泡沫的扫描电子显微镜图像,插图显示了泡沫的宏观外观;

f 为落叶松基碳泡沫的扫描电子显微镜图像,插图显示了碳泡沫的宏观外观。

图 1-4　碳泡沫制备示意图

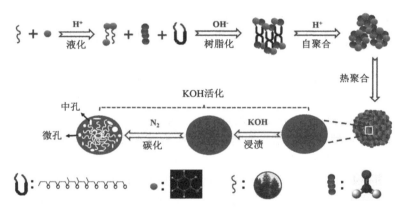

图 1-5　多孔碳球的形成示意图

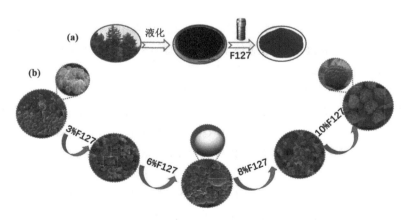

图 1-6　在不同条件下制备的碳球样品的扫描电子显微镜图像

结构由螺旋状向蠕虫状转变。结果表明,当 F127 的浓度为 6% 时,可以得到完美的碳球。

　　研究人员使用液化和超声喷雾热解技术成功制备了落叶松衍生的碳球,这是一种使用雾化器和管式炉生成碳球的有前景的方法。该方法适用于从低挥发性前驱体中连续生产轻质球形颗粒,颗粒可以被快速碳化并收集以获得碳球,如图 1-7 所示[14],他们研究了不同溶液浓度和碳化程度下碳球的形态和多孔结构。当溶液浓度从 5% 增加到 10% 和 15% 时,所得碳球的尺寸从 600~900 nm 分别增加 0.6~1.5 μm 和 0.6~2.0 μm。获得的最佳碳球具有蜂窝状结构、均匀的尺寸(600~900 nm)和窄的孔径分布(1.8~2.5 nm)。发达的多孔结构和均匀的尺寸分布使这些碳球具有 140 mg/g 的甲基橙吸附能力,是一种很有前途的碳吸附剂。

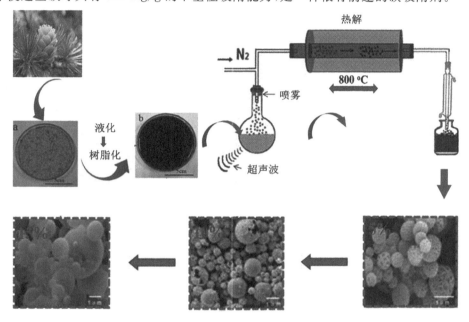

图 1-7　通过超声波喷雾热解形成碳球的示意图

　　研究人员由落叶松液化和软模板 F127 制备了具有二维结构的碳膜,该碳膜具有高比表面积(469 m²/g)、孔体积(0.250 cm³/g)和微孔含量(87%)。而由落叶松液化和软模板 P123 可以制备球形结构的碳膜,该碳膜具有高比表面积(393 m²/g)、孔体积(0.237 cm³/g)和微孔含量(77%)。通过控制 F127 和 P123 的用量比,研究了亲水基团与疏水基团的比例对碳材料孔结构的影响,当嵌段共聚物中亲水基团和疏水基团的数量相等时,两个基团的相互抑制使孔结构无序,但材料具有更高的比表面积(637 m²/g);随着亲水/疏水基团的比例的变化,干涉效应逐渐减弱,孔结构呈现有序结构;随着疏水基团的增加,界面曲率减小,形成有序球形孔结构;随着亲水基团的增加,界面曲率增大,形成二维有序条状多孔结构。

　　有趣的是,随着亲水/疏水基团比例的增加,多孔结构表现出从涡状孔到蠕虫状孔再到条纹状孔和有序二维六角孔的明显变化,表明了多孔结构的可控性。实验结果表明,可以通过调节 F127 和 P123 混合物中的亲水/疏水基团比例来调节落叶松基介孔碳的多孔结构和孔径。亲水/疏水基团比例是控制多孔结构的关键,因为该比例会导致不同的界面曲率,如图 1-8 所示[15]。由于碳材料具有明确的介孔率,用作超级电容器电极的介孔碳表现出优异的电化学电容性能,超级电容器在 2 000 次循环后具有高度可逆性。同时,在 10 A/g 的电

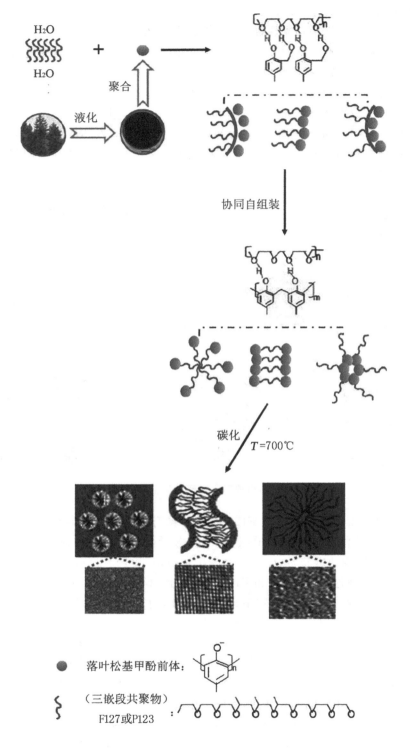

图 1-8　通过调节 F127 和 P123 混合物中的亲水/疏水基团比例来调节
落叶松基介孔碳的多孔结构和孔径的扫描电子显微镜图

流密度下,该碳材料在 6M KOH 电解液中具有 107 F/g 的高比电容。

制备具有优异的综合性能的碳材料可以拓展其应用。研究人员从落叶中松制备碳泡沫,用于化学沉积。将液化落叶松与甲醛聚合得到在聚乙二醇控制下具有适当黏度的热固性树脂。将所得复合材料与聚山梨醇酯 80 混合,在硫酸的帮助下通过发泡和固化,合成具有稳定骨架的热固性碳泡沫。该碳泡沫被用作化学镀镍的基材,材料的形貌由敏化和活化条件控制。结果表明,在极低浓度的敏化和活化溶液中,泡沫表面形成具有 $40°\sim50°$ 斜率的锥形结构的镍,高度一般为 $100\sim250$ nm,表现出优异的葡萄糖传感能力。材料对葡萄糖的灵敏度高达 8.1 mA/(mM·cm²),检测限达到 60 nm,比许多贵金属基催化剂具有更好的性能(图 1-9)[16]。

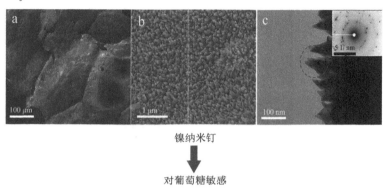

镍纳米钉

↓

对葡萄糖敏感

注:圆圈标记了衍射区域,揭示了镍纳米结构的多晶性质。

图 1-9 金属化泡沫和镍膜的扫描电子显微镜图,镍膜横截面的投射电子显微镜图

研究人员利用离子轨迹蚀刻聚合物法和纳米铸造工艺,合成了具有超结构的碳纳米线。在合成过程中,以具有多个倾斜阵列的聚碳酸酯为模板,在中等温度下进行树脂填充和交联。最后,通过高温碳化去除模板,得到互连网络的碳纳米线。该碳纳米线的直径可达 300 nm,碳纳米线的长度达到 10 μm。这种相互连接的网络形貌可以改善碳纳米线的物理性能和化学性能(图 1-10)[17]。

三、生物炭制备、性质和表征

(一)生物炭的制备

在热解过程中,生物质经历一次分解,形成热稳定的固体炭和液体,然后进行二次分解及裂解和再聚合,将不稳定的挥发性化合物转化为气态产物[18]。根据热解中的加热速率,该过程分为快速热解、慢速热解、闪速热解、烘焙、热解气化和水热碳化。

(二)生物炭的性质

生物炭的产率、比表面积、孔径、碳含量和官能团等物理化学性质主要取决于热解工艺条件和生物炭原料的类型。此外,由于在热解过程中会释放挥发物,这些参数强烈影响着最终的碳结构。在固定化过程中,碳结构和相关的物理化学性质对炭与酶的相互作用起关键作用。

(三)热解工艺条件

温度、传热率和停留时间等热解工艺条件对生物炭的产率和性能有重大影响。生物炭

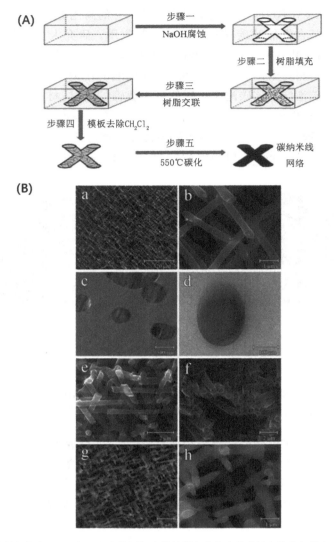

注：(A)为制备方法。(B)中，a、b 为使用标准模板制备的自支撑碳纳米线的扫描电子显微镜图；
c、d 为自支撑碳纳米线的 TEM 图；e 为连接性增加的碳纳米线的扫描电子显微镜图；
f 为用包含一个平行孔阵列的模板合成的碳纳米线的扫描电子显微镜图；
g、h 为用增加的树脂浓度制备的碳纳米线的扫描电子显微镜图。

图 1-10　由聚碳酸酯模板生产的碳纳米线

的产量随着温度的升高而降低，而生物炭的比表面积和碳含量随着温度的升高而增加。加热速率的增大促进了二次热解反应的发生，从而降低了焦炭产率。而在较低的加热速率下，没有二次热解，并且没有裂解，从而导致更高的焦炭产率。高加热速率有利于快速挥发并增加孔隙率，而较低的加热速率（$<10\ ℃/min$）有利于分解后形成稳定的基质，从而延缓挥发物的释放。停留时间的影响通常与加热速率和热解温度有关。在相同的热解温度下，生物炭产量随着停留时间的增加而降低。在缓慢热解的情况下，较长的停留时间有利于炭产量增加，因为它有助于炭成分的再聚合。在某一热解温度下，随着停留时间的增加，生物炭的挥发物含量减少，而固定碳含量增加。

（四）生物炭原料

最常见的生物炭原料是木质纤维素生物质，包括农业和森林废弃物，而非木质纤维素生物质，例如污水污泥、粪肥、藻类等也已被用于生物炭生产。木质纤维素生物质的不同成分在不同温度下的热解如图1-11所示[19]。原料类型主要影响生物炭的碳含量、固碳能力和灰分含量。生物炭的碳含量与生物质的木质素含量成正比。研究发现，花生壳、稻壳等生物质残渣的生物炭产量高于木质残渣。生物炭的阳离子交换能力也受原料类型的影响。重金属含量高的污水污泥产生的生物炭 pH 值呈碱性，具有较低的碳含量和较高的灰分含量。在高压条件下，高水含量（40%～60%）的原料使生物炭具有高产率，而水分含量低于10%的原料则适合快速热解，可最大限度地减少能量消耗以实现汽化热的提高。

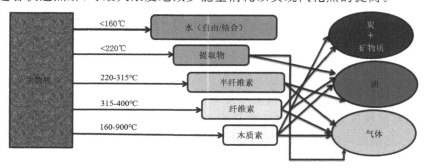

图 1-11　不同温度下的生物质热解和组分分布

热处理过程产生的生物炭通常要经过活化，以增强其对最终应用的适用性。生物炭的主要活化方法分为物理活化法、化学活化法和其他活化方法（图1-12）。

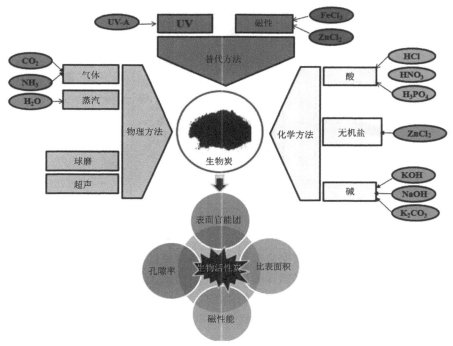

图 1-12　生物炭的主要活化方法

（五）生物炭的表征

通常通过扫描电子显微镜、透射电子显微镜、拉曼光谱、X射线衍射和能量色散X射线来表征生物炭。通过Brunauer-Emmett-Teller（BET）氮气吸附等温线分析生物炭的比表面积和孔结构。使用傅里叶变换红外光谱仪研究生物炭表面官能团的变化，使用固态C-NMR（核磁共振碳谱）研究官能团的相对丰度和芳香性核磁共振。使用热重分析仪分析生物炭的热稳定性。使用元素分析仪分析生物炭样品的化学成分，包括C、N和H的含量。使用电感耦合等离子体原子发射光谱法测定生物炭中的无机元素Ca、Mg、K、P、Al和Fe等。

第三节　活性炭制备

一、热解和碳化机理

热解是生物质转化为多孔炭等增值产品的整个过程的核心。热解是一种热化学过程，旨在在较高的温度和压力下，从各种生物质中生产生物炭或生物原油。它是古老的生物质加工方法之一，是指在高温的惰性环境中对生物质进行热降解，在这个过程中不含氧气或者氧气含量较少，温度范围一般为300～800℃，主要产品为固体生物炭、液体生物油和合成气。在有氧和无氧的情况下，热解不同生物质材料生产生物炭和生物油如图1-13所示[20-25]。

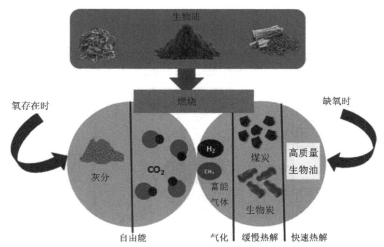

图1-13　在有氧和无氧时，热解不同生物质材料生产生物炭和生物油

生物质热解反应首先是生物质发生脱水，随后与剩余的生物质形成初级生物炭，其中一些挥发性成分和气体会释放出去，最后，通过初级炭的缓慢分解形成富碳材料。此外，热解温度也会影响生物炭的比表面积和表面官能团等性质。一方面，在高温下，由于有机化合物的脂肪族烷基和酯基团的断裂，生物炭的比表面积和孔隙率增加，从而去除了堵塞孔的物质，所生产的生物炭具有疏水性和热稳定性；而在低热解温度下生产的生物炭本质上是亲水性的。另一方面，在较高温度下，化学键会重新排列，并引入新的表面官能团，如羧基、内酯、

苯酚、吡啶等，这些表面官能团可以充当电子受体或供体；在低热解温度的情况下，产生的生物炭类似石墨烯结构，并在其表面暴露出较少的官能团。

缓慢的热解倾向于产生较少的挥发物，并且生物炭的最终产量在30%～50%之间，这取决于所使用的生物质的类型。快速热解通常在较窄的温度窗口(400～600 ℃)内使用较高的加热速率(<300 ℃/min)和非常短的停留时间。在快速、闪蒸热解和气化中，生物油和合成气的产率相对较高，导致生物炭的产率较低(10%～12%)。快速热解和气化分别用于生产原油生物油和合成气，可进一步用于生产能源工业的生物化学品。需要强调的是，生物质的热解特性不仅受热解条件的影响，还受生物质的性质、类型和组成的影响。

图1-14显示了在不同的热解实验条件下形成的生物炭、合成气和生物油的量[26]。与热解相比，气化(减少氧气加热)在更宽的温度范围(700～1 500 ℃)内以更快的速度发生。通过比较这些过程，可以发现低温热解在生物炭的大规模商业化应用方面具有优势，因为它提供了最高的产量。

炭
生物油
合成气
慢
快
闪蒸
气化
成分(%)
0
20
40
60
80
100
120
140
热解过程

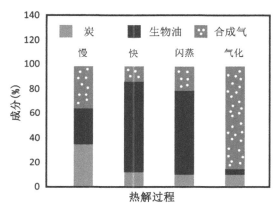

图1-14 不同热解速率下形成的炭、生物油和合成气的组合

天然植物生物质通常由纤维素、半纤维素和木质素以及少量矿化无机成分组成。这些成分的化学结构不同，在热解过程中会发生一系列复杂的反应。在不同的热解条件中，温度被认为是控制生物炭最终性质和表面功能的主要参数。图1-15是典型木质纤维素生物质中存在的三种生物聚合物的热分解数据。

200~320 ℃轻度热解，为燃烧和气化应用提供更好的燃料
450~600 ℃ 快速热解产生可转化为生物柴油的生物油
0~100 ℃水分干燥
250~530 ℃木质素降解
100 °C
200°C
300 °C
400 °C
500 °C
600 °C
200~350 ℃半木质素降解
250~400 ℃木质素降解
>600 ℃
生物炭和活性多孔炭的碳化

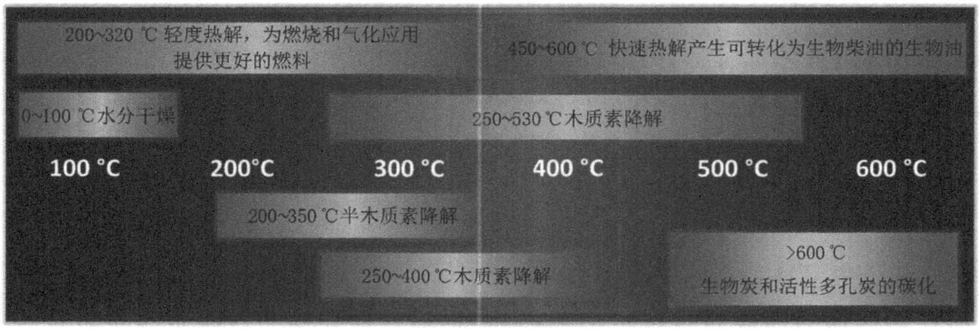

图1-15 典型木质纤维素生物质中存在的三种生物聚合物的热分解数据

为了阐明整体热解机制,需要解析纤维素、半纤维素和木质素在热解过程中发生的变化,这有助于改善生物炭和活性多孔炭的结构特性,还有助于控制炭、生物油和合成气方面的产品选择性。

纤维素是由 D-葡萄糖单元通过 β 糖苷键缩合形成的多糖,此类单元的数量从几百到几千不等,从而形成连续的链网络。OH 基团之间分子内和分子间氢键的存在建立了链的直线、平行和结晶排列,这些以纵向方式存在于生物质基材细胞壁内的结晶链(微纤维)为细胞结构提供了刚性和强度。在热解过程中,纤维素最初(<250 ℃)进行缓慢热解,聚合度降低,主要伴随着 H_2O、CO 和 CO_2 的释放。在 250 ℃以上,会形成焦油,主要由有机化合物组成,留下焦黑的残留物。从机理的角度来看,该过程从固体纤维素开始,首先通过糖苷键的裂解进行解聚反应以产生双环化合物和左旋葡聚糖等产物,然后脱水和异构化左旋葡聚糖,形成左旋葡糖烯酮、6,8-二氧杂环戊二烯[3.2.1]辛烷 2,3,4-三醇、1,4∶3,6-二脱水-β-D-吡喃葡萄糖和 1,6-脱水-β-D-呋喃葡萄糖。其次 1,4∶3,6-二脱水-β-D-吡喃葡萄糖和 1,6-脱水-β-D-呋喃葡萄糖都通过脱水反应转化为左旋葡糖烯酮,最后左旋葡糖烯酮经过一系列脱水和重排反应生成呋喃衍生物,如 5-甲基糠醛、2,3-丁二酮、糠醛、羟甲基糠醛、乙醇醛和甘油醛。左旋葡聚糖和这些衍生物可能会经历一系列的重排,例如芳构化、缩合和聚合,形成生物炭的碳基质网络(图 1-16)。

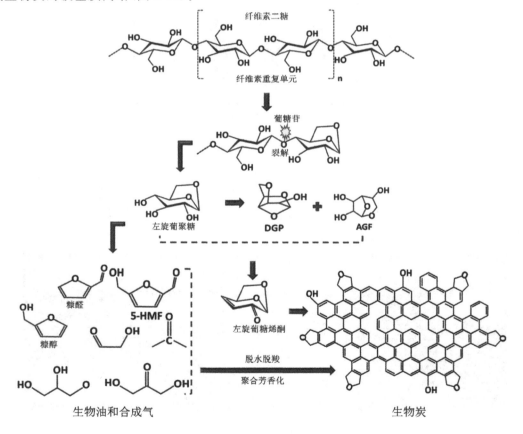

图 1-16　纤维素的热解和生物炭的形成机理

半纤维素是大多数生物质基材料中第二丰富的成分。半纤维素也被称为多糖,是由木糖、葡萄糖、半乳糖、甘露糖、阿拉伯糖等单体单元连接而成的杂聚糖类,如木聚糖、木葡聚糖、葡甘露聚糖和葡萄糖醛酸木聚糖等。其单体前驱体的广泛分布导致半纤维素是随机取向的无定形结构,并在细胞壁中起到支撑纤维素材料的作用。在热解过程中,半纤维素初始解聚成低聚糖,如纤维素,葡甘露聚糖分解成左旋葡糖烯酮、左旋半乳糖、1,6-脱水-α-D-吡喃半乳糖和左甘露聚糖、1,6-脱水-β-D-吡喃甘露糖等单元,而木聚糖则转化为 1,4-脱水-D-吡喃木糖。这些中间体通过芳构化、脱水和脱羧反应分解成生物油和合成气产品,或直接化学转化成生物炭网络(图 1-17)。

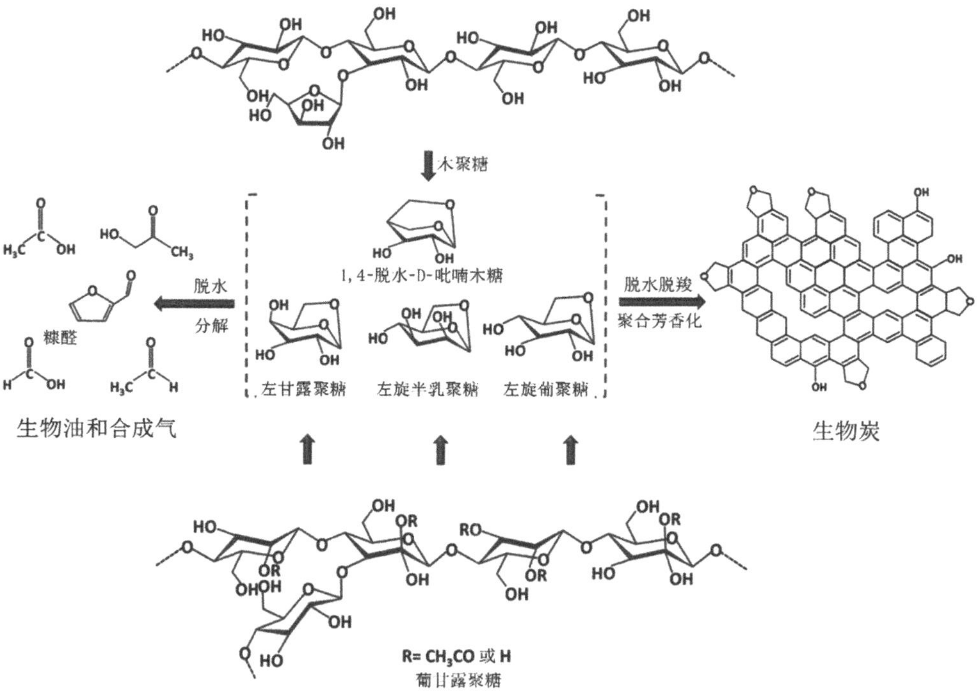

图 1-17 热解和生物炭形成过程中半纤维素分解的机制

木质素是由对羟基苯酚、紫丁香基和愈创木基三个苯基丙烷单元组合而成的复杂有机聚合物。这三个部分中通过—O—和 C—C 连接的相对比例和交联量变化很大,从而使木质素具有三维无定形结构。表面上存在的官能团如—OCH₃、OH、COOH 和 C=O 使木质素分子具有高极性。由于其多样化的结构,木质素的热解机制很复杂,因为它会在很宽的温度范围内分解。木质素的三个单元相互连接,它们中 60% 是 β-O-4 键。在热解过程中,这些 β-O-4 键断裂,形成自由基,这些自由基部分在链式反应中聚合,形成图 1-18 所示的生物炭网络。在热解过程中甲氧基的裂解会释放出甲烷气体。

二、活化机理

长期以来,多孔活性炭因其在去除污染物、工业净化、能源储存、水处理以及空气过滤等方面的广泛应用而闻名。它的多孔结构和高比表面积在基于吸附的应用方面表现出了独特

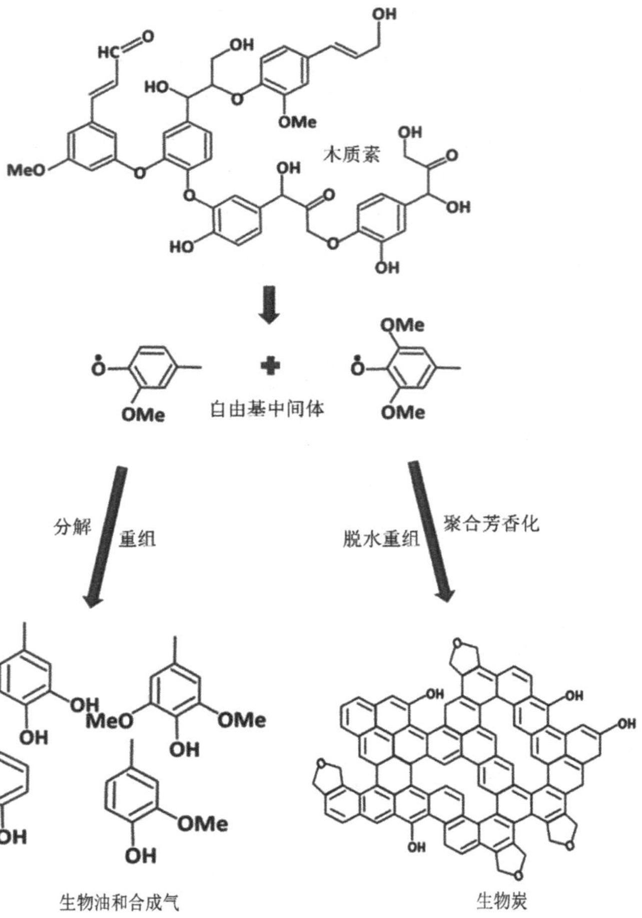

图 1-18 木质素生成生物炭的机理

的优势。根据粒径进行分类,多孔活性炭可分为粉状或粒状,粉状活性炭由小颗粒组成,具有较高的比表面积,可增强其对快速移动的吸附物(如气体和蒸汽)的吸附性,粒状活性炭不适合此类应用;粒状活性炭的粒径较大且比表面积相对较低,但粒状活性炭的相对再生率较高,可有效降低大规模工业运营的成本。

活化是增加碳材料比表面积和调节介孔/微孔比例最方便的方法[27-28]。根据活化机理进行分类,活化方法可分为物理活化、化学活化和自活化三类。对于生物活性炭而言,除了热解过程中的加热速率、保温温度和保温时间,物理或化学活化剂的存在是影响最终材料物理化学性质和产率的另一个重要因素。活性炭的最终性能取决于碳化过程中所用活化剂的种类、用量,以及碳化温度。

(一)物理活化

二氧化碳和水蒸气活化是物理活化的主要方式。用二氧化碳和水蒸气对已经碳化的生物炭进行气化,有助于通过在芳族碳基质中产生多孔网络来提高炭的比表面积,也有助于抑制热解过程中焦油的形成。生物质的二氧化碳和水蒸气活化过程涉及以下四个典型反应:

$$C + H_2O \longrightarrow CO + H_2 \tag{1}$$

$$2C + H_2 \longrightarrow 2C_xH_y \qquad (2)$$
$$C + CO_2 \longrightarrow 2CO \qquad (3)$$
$$CO + H_2O \longrightarrow CO_2 + H_2 \qquad (4)$$

1. 二氧化碳活化

使用二氧化碳进行物理活化时,生物质含量的气化($C + CO_2 \longrightarrow 2CO$),导致产生具有窄孔径分布的高比表面积和大孔隙率的活性炭材料。研究人员对橡木锯末、玉米皮和玉米秸秆进行二氧化碳活化,所得活性炭与非多孔活性炭相比,具有更高的比表面积和更大的孔隙率。

在物理活化过程中热解温度的微小变化会导致结构参数的显著变化。在较高温度下,炭结构中的微孔倾向于凝聚在一起,形成中孔或大孔。有研究表明,与在整个过程中单独使用二氧化碳活化相比,橡木在氮气和二氧化碳混合气体环境下连续热解而不冷却,会产生具有更高比表面积的炭材料,较高的比表面积归因于挥发物的释放增强。使用二氧化碳的物理活化也可以与胺基化结合使用,以此来制备用富氮的表面官能团对生物炭进行二氧化碳-NH_3 改性的多孔结构,从而得到具有增大比表面积作用的掺杂材料。

2. 水蒸气活化

水蒸气活化是另一种多孔物理活化制备炭的常用方法,其孔隙率主要通过蒸汽与生物质炭之间的反应引入。通过对小麦秸秆、椰子壳和柳木等不同类型的生物质进行蒸汽活化,能得到具有较高比表面积的多孔活性炭。虽然使用蒸汽进行物理活化显著提高了炭材料的比表面积和孔隙率,但与原始生物炭相比,使用蒸汽活化的主要缺点是,所得蒸汽活化的多孔炭失去了芳香性和极性。研究表明,与单独使用二氧化碳或蒸汽进行活化相比,组合使用二氧化碳和蒸汽活化,能得到具有更高比表面积和更好孔结构的活性炭。

研究人员比较了使用微波和常规加热,由二氧化碳和蒸汽活化麻风树壳产生的多孔活性炭的产率和孔隙率。与使用传统加热方法制备的活性炭相比,使用微波加热合成的活性炭的产率和比表面积提高了约一倍,且微波方法只需要较低的温度和较短的停留时间,即可在最终材料中产生分层结构,如图 1-19 所示[29]。与二氧化碳与碳的反应相比,蒸汽与碳反应的速度更快。

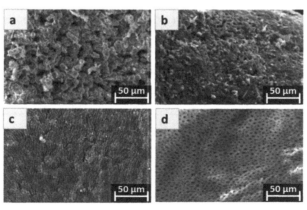

注:a、b 为常规加热;c、d 为微波加热。

图 1-19 由蒸汽和二氧化碳活化麻风树壳制备的活性炭的扫描电子显微镜图

使用二氧化碳进行物理活化会产生富含微孔的结构,而蒸汽活化主要在炭结构中产生中孔和大孔,这个差异归因于蒸汽与生物质炭更快的反应速度,从而使微孔转化为中孔和大孔。一方面,使用蒸汽会产生更多的孔隙,因为它可以穿透碳的内表面。另一方面,由于二氧化碳与碳的反应缓慢,因此在使用二氧化碳活化时,炭结构中引入了更均匀的微孔。

(二)化学活化

生物质的化学活化通常会产生具有刚性交联官能团的多孔炭结构,该活性炭具有很高的比表面积。由于生物质含量的复杂性和异质性,该过程的潜在机制尚不清楚。广泛使用的化学活化剂有 KOH、$ZnCl_2$ 和 H_3PO_4 等,其他活化剂包括 HNO_3、H_2SO_4、$KMnO_4$ 和 H_2O_2 等[30-31]。表 1-2 是在最佳条件下通过微波诱导化学活化生产的活性炭的特性[32]。

表 1-2 在最佳条件下通过微波诱导化学活化生产的活性炭的特性

生物质	活性剂	S_{BET} /$m^2 \cdot g^{-1}$	S_{micro} /$m^2 \cdot g^{-1}$	$S_{external}$ /$m^2 \cdot g^{-1}$	V_{total} /$cm^3 \cdot g^{-1}$	V_{micro} /$cm^3 \cdot g^{-1}$	V_{meso} /$cm^3 \cdot g^{-1}$	平均孔径 /Å	产率 /%
甘蔗渣	$ZnCl_2$	1 489	229	—	1.3	0.33	0.85	—	—
菠萝皮	KOH	1 006	521	485	0.59	0.28	0.31	23.44	
	K_2CO_3	680	538	142	0.45	0.28	0.17	25.97	
稻壳	KOH	752	346	406	0.64	0.26	0.38	34.14	
	K_2CO_3	1 165	607	558	0.78	0.33	0.45	26.89	
棉秆	KOH	729.33	529.46	199.88	0.38	0.26	0.12	—	
	K_2CO_3	621.47	384.67	236.8	0.38	0.11	0.27	—	
橙皮	K_2CO_3	1 104.45	420.09	684.36	0.615	0.247	0.368	22.27	80.99
开心果壳	KOH	700.53	—	—	0.375	—	—	—	
油棕	KOH	807.54	—	—	0.45	—	—	21.93	
油棕纤维	KOH	1 223	796	427	0.72	0.42	0.3	23.57	32.09
油棕残渣	KOH	1 372	821	551	0.76	0.44	0.32	22.06	73.78
竹子	H_3PO_4	1 432	1 112	—	0.696	0.503	0.1903		47.8
棉秆	H_3PO_4	652.82	127.18	525.64	0.476	0.057	0.419	—	
莲藕	H_3PO_4	1 434	453.93	928.39	1.337	0.307	1.03	—	40.1
废茶	H_3PO_4	1 157	1 623	687.3	0.829	0.573	0.256	35	
葡萄藤蔓	H_3PO_4	1 607	617	990	1.42	0.48	0.94	—	25
棉秆	$ZnCl_2$	794.84	156.69	—	0.63	0.083	0.547	32	37.92
松木粉	$ZnCl_2$	1 459	—	—	0.7	—	—	—	
工业废木质素	$ZnCl_2$	1 172.7	1 002	162.4	0.64	0.457	0.174	20.82	60.73
柚子皮	NaOH	1 355	524	811	0.77	0.29	0.48	23.09	
花生壳	$ZnCl_2$	1 552	—	—	1.75	0.02	1.73		37.7
稻壳	$ZnCl_2$	1 527	—	—	1.96	0.02	1.94		32.4
油棕壳	KOH	895	—	—	0.491	—	—	21.91	—

表 1-2(续)

生物质	活性剂	S_{BET} /$m^2 \cdot g^{-1}$	S_{micro} /$m^2 \cdot g^{-1}$	$S_{external}$ /$m^2 \cdot g^{-1}$	V_{total} /$cm^3 \cdot g^{-1}$	V_{micro} /$cm^3 \cdot g^{-1}$	V_{meso} /$cm^3 \cdot g^{-1}$	平均孔径 /Å	产率 /%
木锯末	K_2CO_3	1 496.1	892.79	603.26	0.864	0.47	0.394	23.06	80.74
枣核	KOH	856	—	—	0.468	—	—	21.82	—
椰色果	NaOH	1 293.3	839.38	453.88	0.752	0.449	0.303	23.23	81.31
烟梗	K_2CO_3	2 557	—	—	1.647	—	—	—	16.65
葵花籽油残留物	K_2CO_3	1 411.55	—	—	0.836	—	—	23.6	—

1. 氢氧化钾活化

使用 KOH 作为活性剂活化生物质是合成具有高孔隙率的活性炭材料的高效方法。研究人员使用 KOH 作为活性剂对不同的生物质前驱体进行催化,例如藻类、樱桃核、玉米、冷杉木、葡萄籽和锯末等。许多研究已经阐明了 KOH 活化的机制,一些研究人员提出,使用 KOH 活化时,通过木质纤维素的初级和次级转化发生活化,形成炭、$H_2O(l)$、$H_2O(g)$、H_2、CO、CO_2、K_2CO_3、K_2O 和金属钾,此外可以形成表面金属配合物,进一步分解成 CO_2、CO 和 H_2 等气态组分。所有反应如下:

(1) 生物质 + 2KOH $\longrightarrow$ 生物质·K_2O + $H_2O(l)$。

(2) 生物质 + H_2O $\longrightarrow$ C + H_2O + 焦油。

(3) C + $H_2O(g)$ $\longrightarrow$ H_2 + CO。

(4) CO + $H_2O(g)$ $\longrightarrow$ H_2 + CO_2。

(5) $2K_2O$ + H_2 + CO_2 + C $\longrightarrow$ C + K_2CO_3 + 2K + H_2O。

值得注意的是,在化学活化过程中形成的大量 CO_2 和 H_2O 可能会导致生物质本身的原位物理活化。活化后的酸洗步骤是必不可少的,因为它有助于从炭结构的孔中去除残留物质。KOH 和生物质炭之间的一般反应如下所示:

(6) 6KOH + 2C $\longrightarrow$ 2K + $3H_2$ + $2K_2CO_3$(400～600 ℃)。

研究表明,KOH 和 C 之间的反应从 400 ℃ 开始,到 600 ℃ 时所有 KOH 都转化为 K_2CO_3。将温度继续提高到 700～800 ℃,会形成 K_2O。因此,在 ≥700 ℃ 的温度下会发生以下一组反应:

(7) K_2CO_3 + C $\longrightarrow$ K_2O + 2CO。

(8) K_2CO_3 $\longrightarrow$ K_2O + CO_2 + 焦油。

(9) 2K + CO_2 $\longrightarrow$ K_2O + CO。

(10) K_2O + C $\longrightarrow$ 2K + CO。

活化过程中产生的气态产物倾向于通过碳基质逸出,从而在结构中产生孔隙。金属钾通过插层过程扩展碳晶格,用酸去除后,会在所得炭结构中产生孔隙。当使用过量 KOH 活化石油焦时,H_2 是活化过程中形成的主要产物,并且在较低温度下形成 K_2CO_3,它首先转化为 K_2O,然后在较高温度下转化为金属钾。KOH 活化机制通过一系列反应发生,例如化学活化、二氧化碳和 H_2O 形成的原位物理活化以及金属钾嵌入碳晶格。之后用酸和水洗涤,所得炭材料便具有高比表面积和高孔隙率。KOH 活化多孔活性炭的结构随活化剂量、温度、停留时间和干燥时间等实验条件的变化而变化。

2. 氯化锌活化

使用氯化锌进行化学活化通常在其与生物质直接混合时进行,然后将所得物质同时进行碳化和活化,以获得高度多孔的炭。从机理上讲,氯化锌在生物质的碳化/活化过程中充当强脱水剂,并影响生物聚合物的分解。在低温下,氯化锌脱水有助于微孔的形成,当使用更高的温度时,微孔会转化为更宽的中孔。氯化锌的存在可以大大降低生物质材料分解所需的温度,从而改变分解途径并抑制焦油的形成。与 KOH 等浓缩碱相比,氯化锌可以在多孔活性炭的结构参数方面提供更高的可靠性。此外,通过改变实验条件,可以在生产活性炭时控制所需中孔率,而使用 KOH 很难控制中孔率。

3. 磷酸活化

磷酸是一种生产生物质活性炭的活化剂。在活化过程中,H_3PO_4 影响了生物聚合物的热解途径,导致炭结构中的孔隙率以及富含磷的官能团的产生。某些研究人员提出,H_3PO_4 聚合成多磷酸,并且在樱桃石生物质的活化过程中经历不同的反应。单体 H_3PO_4 脱水成 P_2O_5,而多磷酸分解成气态磷、氧和蒸汽。P_2O_5 进一步与生物质炭反应以释放气态磷和 CO_2。排出的所有气体在最终冷凝的芳烃碳化物质中产生孔隙。

(11) $5C(s)+2P_2O_5(l)\longrightarrow P_4(g)+5CO_2(g)$。

(12) $2H_2P_2O_7^{2-}\longrightarrow P_4(g)+6O_2(g)+2H_2O$。

另一些研究者提出,H_3PO_4 在生物质活化过程中发挥双重作用,它不仅加速了键断裂反应,促进磷酸盐交联反应,例如环化和缩合,而且破坏了半纤维素和纤维素中的糖苷键,以及木质素中的芳基醚键,伴随着进一步的脱水、缩合和分解反应。这会导致形成 CO、CO_2 和 CH_4 等气体。在高温下,环化和缩合反应导致最终获得芳构化碳结构。

4. 比较

作为吸附剂,由于具有较高的灰分含量,物理多孔活性炭的性能不具备优势。尽管如此,与相对昂贵和耗时的化学活化相比,物理活化在时间、成本和简单性方面仍具有优势,化学活化因为在碳化过程之前涉及预/后活化和浸渍材料的干燥而变得复杂。生物质原料和热解条件对通过物理和化学活化合成的多孔活性炭表面参数影响的比较如表 1-3 所示[33-35]。两种活化在比表面积、孔体积、孔径分布方面各有优缺点。然而,生物质的异质性使其难以复制和精确控制生物质衍生的多孔活性炭的结构参数。

表 1-3 不同生物质前驱体通过物理和化学活化制备的生物炭

生物质	热解温度/℃	停留时间/min	活化剂	比表面积/$m^2 \cdot g^{-1}$	孔体积/$cm^3 \cdot g^{-1}$
物理活化					
橡木	500	—	—	92	0.15
	800	120	CO_2	985	0.64
玉米壳	500	—	—	48	0.06
	800	120	CO_2	975	0.38
玉米秸秆	500	—	—	38	0.05
	800	120	CO_2	616	0.23

表 1-3(续)

生物质	热解温度 /℃	停留时间 /min	活化剂	比表面积 /m²·g⁻¹	孔体积 /cm³·g⁻¹
物理活化					
橡胶木屑	740	60	CO_2	465	0.24
橡木	800		—	249	0.11
	900	60	CO_2	1 126	0.52
橄榄核	600	60	—	209	0.09
	850	60	CO_2	572	0.32
	850	60	蒸汽	1 074	0.53
	850	60	CO_2＋蒸汽	1 187	0.55
麻风树皮	600	60	—	480	0.42
	900	30	CO_2	1 284	0.87
	900	19	蒸汽	1 350	1.07
椰子壳	700	60	—		
	900	90	蒸汽	1 054	—
柳木	650	—	—	11.4	0.01
	800	78	CO_2	512	0.28
	800	78	蒸汽	840	0.58
松木锯末	550	120	—		
	825	60	CO_2	750	—
稻壳	700	180	—	237	0.05
	700	45	蒸汽	251	0.08
化学活化					
芦竹	600	120	KOH	1 122	0.50
杉木	780	60	KOH	2 794	1.54
樱桃核	900	120	KOH	1 624	—
玉米芯	550	60	KOH	1 320	—
生麻韧皮	200	60	—	1.85	0.03
	800	60	KOH	2 671	1.80
葡萄籽	800	60	KOH	1 222	0.52
葡萄梗	700	120	$ZnCl_2$	1 411	0.72
阿江榄仁树坚果	500	60	$ZnCl_2$	1 260	—
狐狸果壳	600	60	$ZnCl_2$	2 869	1.96
玉米秸秆	500	90	—	33	0.01
	800	30	KOH	59	0.08
云杉白木	875		KOH	2 673	1.68
竹子	700	120	KOH	792	0.38

表 1-3（续）

生物质	热解温度/℃	停留时间/min	活化剂	比表面积/m²·g⁻¹	孔体积/cm³·g⁻¹
化学活化					
啤酒糟	650	—	—	9.8	0.01
	—	—	KOH	11.6	8.74
黑水木质素	550	60	—	44	0.10
	750	60	KOH	2 943	1.90
红花籽饼	500	—	—	14	—
	800	60	KOH	1 277	0.50
椰子壳	800	120	$ZnCl_2$	1 421	0.98
榛子壳	700	—	—	5.92	—
	700	—	$ZnCl_2$	736	
菠萝废料	500	60	$ZnCl_2$	915	0.56
东方阿魏	550	30	$ZnCl_2$	1 476	0.14
樱桃核	700	120	$ZnCl_2$	1 704	1.56
椰子壳	900	60	$ZnCl_2$	1 874	1.21
红花籽饼	900	—	$ZnCl_2$	801	0.39
橡子壳	600	30	$ZnCl_2$	1 289	—
海藻	800	120	$ZnCl_2$	792	—
石榴籽	600	60	—	2.63	0.03
	600	60	$ZnCl_2$	979	0.33
蘑菇	650	120	H_3PO_4	788	—
天空果壳	500	120	H_3PO_4	1 195	0.84
柚子皮	450	60	H_3PO_4	1 252	1.33
	700	120	H_3PO_4	1 272	
枣干	550	60	H_3PO_4	1 455	1.045
芦竹	450	60	H_3PO_4	675	0.31
	500	120	$ZnCl_2$	3 298	1.9
	600	120	H_2SO_4/KOH	2 232	1.01
芦竹＋壳聚糖	500	120	$ZnCl_2$	1 863	1.00
芦竹＋尿素	600	120	KOH	982	0.62

　　将生物质聚合物用作多孔活性炭前驱体之前，需要先对其进行纯化，这是提高所得炭材料的物理化学性能的途径。它还可以实现对生物炭材料的功能化，这有望扩大其在发挥吸附作用时的应用范围。未来的研究方向为：提高生物炭产品的产量，因为这是决定大规模商业化生产的关键因素；控制用于调节孔隙率和结构的实验条件，以根据预期应用开发新产品；寻找合适的化学替代品，降低成本和污染，同时增加生物质活性炭的种类。

（三）自活化

与物理活化和化学活化不同，自活化生物质不需要额外的活化试剂，从而简化了流程，并降低了成本[36]。自活化过程包含两种活化机制：一种是利用生物质热解过程中释放的气体来激活转化后的碳，称为物理自活化；另一种机制是使用生物质中已经存在的无机材料（如 K^+）来原位活化转化的碳，称为化学自活化。与传统的活化方法相比，自活化方法更环保，成本更低。

第四节　生物炭比表面积和孔隙率

比表面积和孔隙率是生物炭的重要物理特性，在许多生物炭应用中发挥着至关重要的作用，例如废水处理和土壤修复[37-40]，因此，具有高度多孔结构和大比表面积的工程生物炭的生产受到了广泛关注。活化是提高生物炭比表面积和孔隙率最广泛和有效的方法，特别是化学活化，也可以使用其他处理方法来实现生物炭的增强，例如碳质材料涂层、球磨和模板等。

生物炭的比表面积和孔隙率是最重要的，这决定了生物炭的性能，如阳离子交换能力、水保持能力和吸附容量。广义上讲，大孔一般有利于物质的扩散，中孔可以作为传质通道，微孔提供捕获空间。如何制备具有高度多孔结构和大比表面积的生物炭是研究热点，研究人员已经研究了通过调节生物质原料和热解参数（例如温度、加热速率和停留时间）以获得具有优选比表面积和孔隙率的工程生物炭。

当生物质经过热解时，脱水过程中的水分损失和碳基质中挥发性成分的释放有助于生物炭孔隙结构的形成和原始孔隙的发展。生物炭的孔隙范围为从几纳米到几十微米，根据国际纯粹与应用化学联合会（IUPAC）的标准，孔隙可分为三组：微孔（<2 nm）、中孔（2～50 nm）和大孔（>50 nm）。生物炭的内部结构可以通过孔隙分布来评估，这是基于真实固体中复杂的孔隙结构可以用等效相互作用和规则形状孔隙的模型来表示的假设。孔径分布是表征生物炭孔隙结构异质性的重要参数。比表面积值与孔隙率密切相关，其中微孔的贡献最大。

图 1-20[37]给出了生物炭的比表面积和孔隙率的总体图。如图 1-20 所示，生物炭的比表面积和总孔容通常分别分布在 8～132 m^2/g 和 0.016～0.083 cm^3/g 的范围内。经过有效的后处理，例如 KOH 活化，生物炭的比表面积和总孔体积显著提高，甚至超过商业活性炭。微孔和中孔体积是生物炭孔体积的两个主要部分，前者的范围主要为 0.012～0.060 cm^3/g，而后者主要是在 0.007～0.020 cm^3/g 的范围内。根据统计数据进行分析，可以发现微孔体积占总孔体积的百分比范围很广。

比表面积和孔隙率与生物炭的多种其他特性有关。例如，比表面积决定了表面电荷的可及性，从而决定了阳离子交换容量；孔隙度和孔隙的连通性是决定生物炭持水能力的重要因素；生物炭的反应性与活性位点有很强的相关性，而大量活性位点的先决条件是大的可接触比表面积。

比表面积和孔隙率也对生物炭的应用产生了重要影响。例如，生物炭通常充当吸附剂，其吸附能力与比表面积和孔隙率密切相关。生物炭的多孔结构有利于吸附过程中孔隙填充的发生。近年来，生物炭以其优异的吸附能力被广泛应用于废水处理、土壤修复、气体污染物捕获等领域中。它已被证明对无机物（例如重金属、磷、氮、CO_2、SO_2 和 H_2）和有机污染物（例如抗生素、环境内分泌干扰物、杀虫剂、染料和挥发性有机化合物）具有高吸附效率。

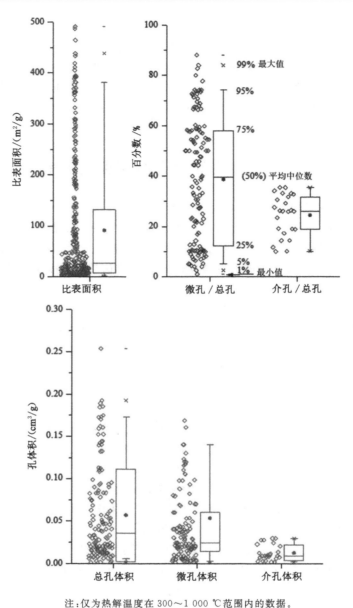

注:仅为热解温度在 300～1 000 ℃范围内的数据。

图 1-20　未经额外处理的生物炭的比表面积和孔隙率

　　值得注意的是,一方面,吸附不同的物质需要不同的孔径,这是由于吸附物不同的动力学直径导致的不同可及性。当生物炭用于吸附小分子(动力学直径＜2 nm)时,微孔起主要作用。例如,提高生物炭的比表面积和微孔体积,会显著改善其对二氧化碳的捕获能力。对于大分子(动力学直径＞2 nm)的吸附,中孔的作用较为显著。因此,生物炭孔网络的设计应符合吸附物的动力学直径。另一方面,生物炭中孔隙的形状可能会对应用性能产生相当大的影响,例如储氢能力,有研究已经证明,凹度和比表面积与体积比的差异对储氢能力产生了至关重要的影响。

　　此外,由于其多孔结构和高比表面积,生物炭常被用于土壤改良。生物炭的孔隙是多种土壤微生物的栖息地,包括细菌(尺寸范围为 $0.3\sim3\ \mu m$)、原生动物(尺寸范围为 $7\sim30$ μm)、真菌(尺寸范围为 $2\sim80\ \mu m$)等。生物炭具有大量的大孔,孔径相对较大,适合微生物群落的生长。中孔和微孔可以储存溶解的物质和水,为微生物代谢提供能量。此外,高比表面积通常伴随着大量的表面位点,为微生物定植和固定营养物质提供了更多机会。

近年来,随着对生物炭多孔结构和比表面积了解的不断加深,开发了更多的应用。例如,生物炭目前应用于能量存储和转换领域,其孔隙率和比表面积在决定化学反应和物理相互作用的速率以及动力学特性方面起着至关重要的作用。当生物炭作为催化剂时,对活性位点(影响催化性能的重要因素)的可及性高度依赖于生物炭的比表面积和孔隙率。

生物质的组成对生物炭的比表面积和孔隙率也起着至关重要的作用。不同的原料具有不同的无机矿物质和有机碳含量与形态。生物质中的碱金属和碱土金属可以作为热解过程中孔隙发育的自激活剂。在对莲花茎和荷叶进行的一项研究中发现,来自莲花茎的生物炭比基于莲花叶的生物炭具有更高的比表面积,这主要归因于金属离子含量,尤其是钾的含量,钾和钠具有自我激活效应。此外,研究人员通过赤泥和木质素的热解合成了一种新型的生物炭复合材料,其比表面积和孔隙率大于木质素热解产生的比表面积和孔隙率,这是由于木质素分解产物引起的氧化铁还原所致。换言之,铁在该过程中充当了成孔剂。这些发现表明,可能有更多的金属成分具有作为活化剂的潜力。

一般来说,灰分含量高会导致微孔比表面积降低,而有机碳含量高会促进微孔比表面积的产生,这是因为孔隙发育与挥发性物质的释放密切相关,而灰烬总是导致孔隙堵塞。如图 1-21 所示[37],基于木质纤维素的生物炭通常比源自粪便/废物的生物炭具有更高的比表面积,这可能是因为粪肥/废物中含有更多的无机矿物质(更多的灰分),并且会发生大量的孔隙堵塞,特别是微孔的堵塞,从而导致生物炭具有较低的比表面积。一般来说,粪便/废物生物质的灰分含量最高。

生物质的生化成分与不同温度条件下生物炭比表面积和孔隙率的变化密切相关。图 1-22 所示是生物炭总孔容与热解温度的关系。木质素含量越高,生物炭的比表面积和孔隙率就越大,这可能是由于木质素的稳定性保留了孔隙结构。挥发物在 500 ℃时几乎完全释放,当温度超过 500 ℃时,生物炭的脱挥发作用较小。这就是为什么比表面积和总孔体积的急剧增加集中在 $300\sim500$ ℃的范围内。上述降解机理对于优化孔隙发育所需的热解条件具有重要的指导意义。

藻类生物质的主要成分是脂质、碳水化合物和蛋白质。与木质纤维素生物质不同,藻类生物质的原料结构在热解过程中几乎被破坏,这可能是由于生化成分的差异。藻类生化成分的热稳定性较差,热解后,脂质几乎没有保留固体产物。这些差异对生物炭的多孔结构有着至关重要的影响。此外,已有研究结果表明,与基于微藻的生物炭相比,由大型藻类生产的生物炭多孔结构的孔更大,因为大型藻类比微藻具有更高的碳水化合物含量。对于其他种类的生物质,如粪肥,其生化成分随条件而变化,很难确切地说是哪种成分主导了生物炭孔隙的形成,需要在该领域进一步研究。

热解温度被认为是影响生物炭比表面积和孔隙率的主要参数。图 1-21、图 1-22 显示了热解温度与比表面积/总孔容的关系。当热解温度低于 400 ℃时,比表面积和总孔容变化不大。低温不能为挥发性成分的完全脱挥发提供条件,因此可能导致部分孔隙的堵塞,阻碍新孔隙的形成;比表面积和总孔容的急剧增加从 $400\sim500$ ℃开始,随着温度的升高,无定形炭

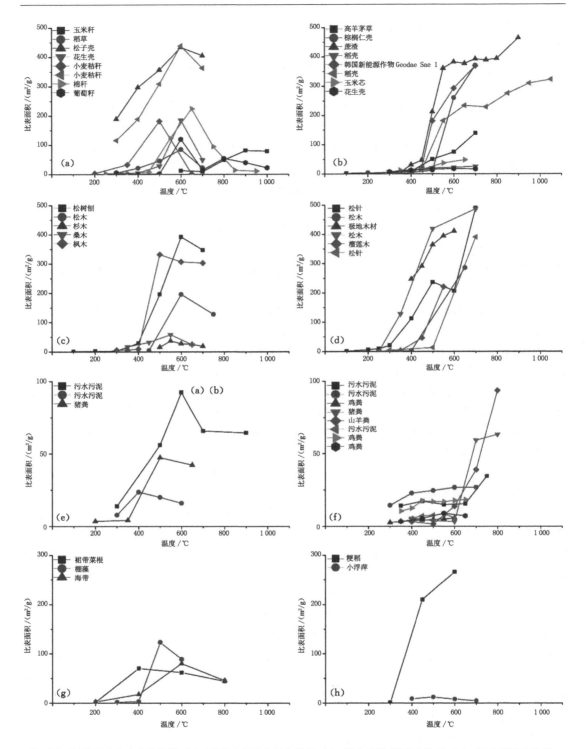

注:(a),(b)为草本和农业生物质;(c),(d)为木材和木质生物质;(e),(f)为废物/粪便生物质;(g),(h)为藻类生物质。

图 1-21 生物炭比表面积与热解温度的关系

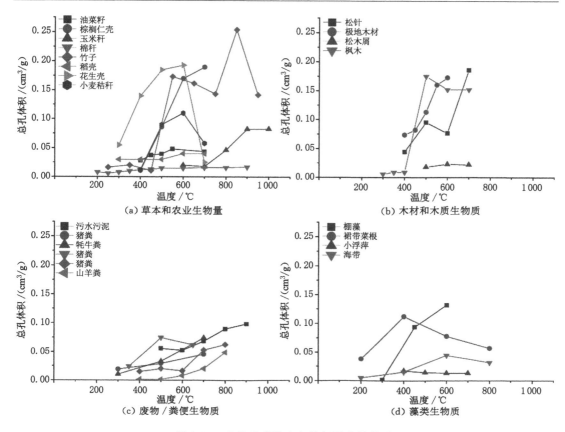

图 1-22 生物炭总孔容与热解温度的关系

通过冷凝转变为结晶炭,更多的挥发物被去除,形成稀疏区域,导致材料出现裂缝,从而产生更多的孔隙。此外,高热解温度还提供了用于形成微孔的活化能,促进了孔隙结构的演变。需要注意的是,随着温度升高,灰分含量增加,比表面积和总孔体积的增长速度可能会减慢。

由图 1-21 可以看出热解温度对比表面积的影响有两种不同趋势。当热解温度进一步升高到 500 ℃ 以上时,一种是比表面积的值随着温度的升高而继续增加,而另一种是在增加后急剧减小。一般来说,拐点出现在 500~600 ℃,随生物质原料和其他热解参数的变化而变化。例如,由于木质素的分解温度相对较高,富含木质素的生物质的拐点可能出现在相对较高的温度下。然而,许多研究中最高热解温度甚至小于或等于 600 ℃,这可能是由于随着热解温度的升高,比表面积稳定增加。

值得一提的是,比表面积和总孔容的变化趋势并不完全一致,温度-比表面积和温度-总孔体积的拐点并不总是相同的。在高温下,毛孔可能会变大,微孔对比表面积的影响最大,而总孔体积的值与孔径呈正相关关系。因此,孔径变宽会导致总孔体积变大,但比表面积变小,从而导致拐点的差异。然而,众所周知,气体吸附法无法评估大孔体积,如果微孔和中孔扩大为大孔,它们的体积将无法测量,这将导致测得的比表面积和总孔体积减少。

此外,虽然粪便/废物和木质纤维素生物质衍生的生物炭的比表面积存在很大差异,但它们的总孔体积只是略有不同,这可归因于各种生物质原料的不同孔隙发育机制。与其他原料相比,木质纤维素生物质的形态结构有利于微孔的形成,然而,随着热解温度升高到足够高的值（取决于原料和其他热解参数），一种称为"热失活"的现象最终将成为主导，进而导致炭熔化、结构有序和孔熔合，同时，在软化、熔融和碳化过程中可能会堵塞大量孔隙。因此，比表面积和总孔体积都会下降。总而言之，对于大多数生物质而言，400～700 ℃是足够的热解温度范围，最佳温度随生物质的性质和其他热解参数的变化而变化。

生物质的形态结构也与孔隙发育密切相关，对生物炭中孔隙的形态具有决定性作用。对于不同的生物质原料，生物炭显示出不同的形态结构。如图 1-23 所示[37]，基于木质纤维素生物质的生物炭的孔数量比源自污水污泥和小球藻的生物炭的孔数量多。基于甘蔗渣的生物炭和基于榴莲木锯屑的生物炭均显示出明显的管状孔结构，这些结构源自它们的生物质原料。然而，小球藻的原始形态结构几乎被热解破坏，它们的生物炭颗粒致密且不规则，孔隙很少。从污水污泥中提取的生物炭具有粗糙的颗粒结构，这是由于其成分复杂且灰分含量相对较高。正是管状结构使得木质纤维素生物质基生物炭与其他生物炭相比具有更丰富的微孔。孔隙越小，比表面积越大，而总孔隙体积则相反。这很好地解释了总孔体积和比表面积趋势的异质性。此外，生物质原料的特性决定了具有特殊结构生物炭的形成。例如，茄子被认为是制造二维生物炭的绝佳材料。相比之下，蛋壳膜可用于生产三维生物炭。

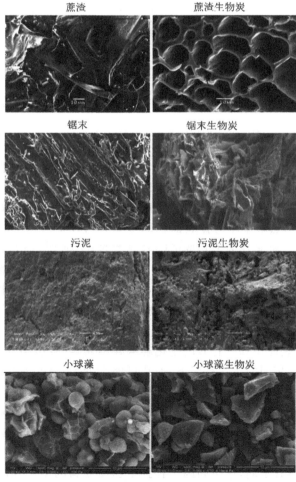

图 1-23　生物质原料及其生物炭的表面形态

生物质的粒径大小也与生物炭孔隙发育之间具有相关性。研究表明,较细的生物质颗粒有利于形成更大的比表面积和微孔体积,因为较细的生物质颗粒有利于挥发性物质的释放。然而,一些研究者也发现了相反的结果。他们认为,由较细的生物质颗粒引起的较大的热接触面积可能引起大量的孔加宽,促进微孔向中孔的转化。根据现有研究很难得出最终结论,需要进行进一步的研究以验证生物质颗粒大小与生物炭的比表面积和孔隙率之间的关系。

加热速率是与生物炭的比表面积和孔隙率密切相关的另一个因素。图 1-24 表明比表面积和总孔容的变化通常呈先增大后减小的趋势。可以推测,当升温速率达到一定值时,存在最大比表面积和总孔容。加热速率会影响颗粒内部的热量和质量传递,在低升温速率下传热传质相对较慢,而高升温速率有一定的加速作用。然而,过高的加热速率具有不利作用,可能会熔化生物炭颗粒并使生物炭表面光滑。此外,升温速度过快时,挥发物扩散的时间不够,会导致颗粒间和颗粒内的堆积,更容易堵塞孔隙通道的入口。除此之外,高速气体挥发物还可能导致微孔聚结或碳基体塌陷。现有结果表明,在 5～30 ℃/min 之间的加热速率会产出具有较好的比表面积和孔隙率的生物炭。

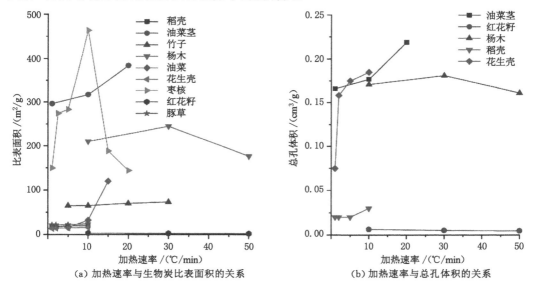

（a）加热速率与生物炭比表面积的关系　　（b）加热速率与总孔体积的关系

图 1-24　加热速率对生物炭的影响

停留时间也是热解过程中需要考虑的一个因素。由图 1-25 可知,选择最佳停留时间会出现比表面积和总孔容的最大值,比表面积和总孔容的变化通常呈现先增加后减少的趋势。大多数实验只选取了几个停留时间值来测试,有时并不能很好地反映这一规律。足够的反应时间,可以加速挥发性物质的释放,促进基本孔隙结构的发展。然而,过长时间暴露在高温下可能会破坏孔隙结构。一般来说,停留时间通常选择在 30～120 min 范围内。值得注意的是,热解参数之间存在相互作用,例如,热解温度和加热速率被认为是影响停留时间的重要因素。

控制反应过程中的压力也是有意义的。经验表明,过高的压力可能会阻止挥发性物质释放并破坏微孔结构,产生大的球形空腔,不利于获得高比表面积。因此,建议采用适当的大气压。

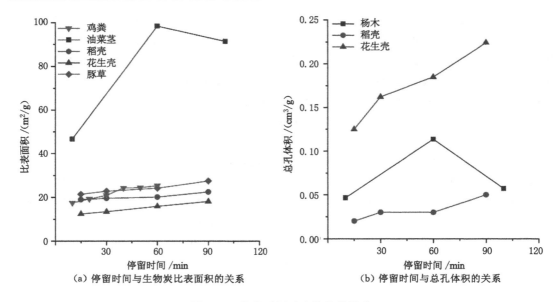

图 1-25 停留时间对生物炭的影响

氮气通常被用作热解中的载气。生物炭的比表面积和总孔容随着载气流量的增加呈增加趋势,但如果载气流量超过最佳值,则会产生负面影响,导致比表面积和总孔容的下降。载气流速的提高有利于挥发性物质的排出,有利于孔的形成,从而增加比表面积和总孔体积;然而,当载气流速过高时,会降低生物炭的温度,导致反应速率降低,挥发物释放量减少,从而导致比表面积和总孔体积减小。因此,在热解中提倡适度的气体流速(50~150 mL/min)。

根据气固接触方式,热解反应器分为三类:夹带床、固定床和流化床。不同热解反应器产生的生物炭的特性各不相同。例如,马弗炉(固定床)生产的固体生物炭比传统的杀菌锅(气流床)生产的生物炭多约 70% 的灰分、多约 78% 的固定碳和少约 63% 的挥发性物质,这可能会影响生物炭的比表面积和孔隙率。该领域的研究非常有限,需要做进一步的研究和理解。微波是指频率在 300 MHz 至 300 GHz 之间的高频电磁波。与传统热解相比,微波辅助热解是一种更可控的过程,具有更高的整体效率。与传统热解相比,微波热解可以产生具有更高比表面积和孔容的生物炭,这可以归因于微波热解产生的更清洁的微孔。众所周知,在常规热解中,生物质核心和表面之间的温差很大,而在微波热解中的温差相对较小。生物质核中产生的挥发性物质需要转移到外层,然而,由于传热速度慢,挥发性产物从内部逸出的速度不足以阻止挥发性产物的热分解。因此,在常规热解过程中,热解炭会由于裂解而沉积在孔隙中。相比之下,由于较低的温度区域和较高的传热率,微波热解产生的生物炭在微孔中几乎没有类碳黏合剂,从而产生更清洁的微孔。

综上所述,适合生产高孔隙率生物炭的热解参数为中温(400~700 ℃)、低升温速率(5~30 ℃/min)、长停留时间(30~120 min)、中等大气压和气体流速(50~150 mL/min)。此外,微波反应器优于传统反应器。

尽管对热解参数和生物质原料的选择进行了优化,但普通热解工艺生产的生物炭的比表面积和孔隙率较低,通常不能满足实际应用的要求。因此,生物炭的附加处理被广泛用于改善生物炭的比表面积和孔隙率。表 1-4 总结了具有代表性的附加处理方法[37]。

表 1-4 不同活化方法处理的生物炭的特点

生物质和热解条件	活化方式	比表面积 /(m^2/g)	总孔容 /(cm^3/g)
物理活化			
蛋壳膜，800 ℃，120 min，1 ℃/min	未经处理	17.03	0.068
	空气，300 ℃，120 min	221.02	0.13
柳木，700 ℃	未经处理	11.4	0.006 1
	蒸汽，800 ℃，60 min	840.6	0.576 5
玉米芯，600 ℃，60 min，10 ℃/min	未经处理	56.91	0.027
	CO_2，850 ℃，60 min	755.34	0.384
橡木，800 ℃，120 min，10 ℃/min	未经处理	231.15	53.108
	CO_2，一步活化	463.58	106.51
松果壳，600 ℃，10 min	蒸汽，750/800/850/900/950 ℃，60 min	783.7/869.8/1 016.7/ 825.4/758.9	
	蒸汽，850 ℃，40/60/80/100/120 min	811.8/1 017.2/1 036.5/ 950.4/858.7	
大麦秸秆，500 ℃，60 min，10 ℃/min	蒸汽，700 ℃，60 min	552	0.230 4
	CO_2，800 ℃，60 min	789	0.326 8
农作物秸秆，600 ℃，120 min，10 ℃/min	未经处理	34	0.04
	NH_3，800 ℃，180 min	418.7	0.277
竹子，600 ℃，30 min	10/80，一步激活	29.69/369.59	
大豆秸秆，500 ℃	未经处理		
	CO_2，500/600/700/800/900 ℃，30 min	5.5/2.6/22/346/397	
	NH_3，500/600/700/800/900 ℃，30 min	1.5/5.8/221/365/469	
	CO_2＋NH_3，500/600/700/800/900 ℃，30 min	2.0/1.2/41/491/764	
糠醛残渣，500 ℃，60 min，10 ℃/min	未经处理	70	0.007
	裂解气，800 ℃，20/40/60/120 min	167/257/384/567/	0.134/0.186/ 0.281/0.38
	裂解气，600/700/800/900 ℃，60 min	263/328/384/334	0.121/0.202/ 0.281/0.232
化学活化			
市政污水和椰壳混合液，500 ℃，45 min，40 ℃/min	1.5∶1 KOH，800 ℃，60	683.32	0.72
稻壳，500 ℃，60 min	1∶1/2∶1/3∶1/4∶1/5∶1 KOH，700 ℃，60 min	725/1 579/2 367/ 3 263/2 852	0.333/0.75/ 1.219/1.772/ 1.688
	3∶1 KOH，600/700/800/900 ℃，60 min	1 969/2 367/2 202/2 031	
	3∶1 KOH，700 ℃，30/60/90/120 min	2 151/2 637/2 534/2 343	

表 1-4（续）

生物质和热解条件	活化方式	比表面积 /(m²/g)	总孔容 /(cm³/g)
化学活化			
樱桃核,500 ℃,20 min,10 ℃/min	2∶1 NaOH,600 ℃,20 min	788/343	0.39/0.22
紫菜,700 ℃,120 min,5 ℃/min	1∶4/1∶2/1∶1 ZnCl₂,一步活化	294.2/638.6/832.4	0.19/0.38/0.54
紫菜,800 ℃,120 min,5 ℃/min	1∶4/1∶2/1∶1 ZnCl₂,一步活化	271.9/365/1 128.6	0.14/0.18/0.51
柚子内皮,900 ℃,120 min,2 ℃/min	2∶1 ZnCl₂+5 wt% FeCl₃,一步活化	2 513	1.68
松木屑,200/350/500/700 ℃,120 min	未经处理	4/8/168/411	0.02/0.02/0.14/0.18
松木屑,500 ℃,120 min	2∶1 H₃PO₄,200/350/500/650 ℃	521/792/881/809	0.25/0.38/0.41/0.43
松木屑,200/350/500/700 ℃,120 min	2∶1 H₃PO₄,一步激活	55/1 150/1 333/1 627	0.1/0.62/0.78/0.87
竹子,400 ℃,60 min,15 ℃/min	未经处理	524.9	0.28
	KHCO₃,一步活化	1 425.2	0.83
玉米秸秆,800 ℃,120 min	未经处理	11.264 8	0.035 8
	1∶1/2∶1/6∶1 NaHCO₃,一步活化	1 891.9/1 210.7/1 103.1	0.845/0.844/0.688
玉米秸秆,800/900/1 000 ℃,120 min	1∶1 NaHCO₃,一步活化	1 891.9/1 231.3/1 370	0.845/0.833/0.778
大豆粉,800 ℃,60 min,3 ℃/min	1∶1 K₂C₂O₄,一步激活	2 210	
竹子,400 ℃,120 min,5 ℃/min	未经处理	4	0.01
	K₂FeO₄,800 ℃,120 min	1 732	0.97

除了酸碱试剂的种类外,其用量和活化条件是影响处理效果的关键因素。由于酸和碱的腐蚀性,过量添加可能会产生适得其反的效果,只有适量才能获得最佳效果。此外,由于在热解过程中存在酸或碱,未处理的生物质和已处理的生物质之间的孔隙发育机制可能存在一些差异。为了获得最佳活化条件,需要进行更多的研究。

据研究,球磨可以将固体磨成粉末,在此过程中材料表面和界面会产生新的缺陷,导致晶粒尺寸减小和比表面积增加。它被认为是一种很有前途的制备纳米生物炭的方法。与其他处理方法相比,球磨工艺简单,能耗可能更低,因此具有成本效益。物理球磨在改性生物炭比表面积和孔隙率方面表现良好,而化学球磨具有额外的好处,例如引入官能团。湿磨比干磨更能有效改善多孔结构。

石墨烯、氧化石墨烯和碳纳米管等碳质纳米材料因其高比表面积和纳米结构而受到广泛关注。碳质材料的引入可以提高生物炭的比表面积,同时整合纳米碳材料的特性。生物炭可以通过涂层获得碳质材料的优点。与原始纳米材料相比,基于生物炭的复合材料易于回收和加工,环境风险更低。此外,与仅使用碳质材料去除污染物相比,生物炭复合材料的制备成本要低得多。因此,用碳质材料包覆生物炭具有巨大的潜力,特别是在污染物去除方面。目前,涂层通常是通过在热解前对生物炭进行预处理来实现的,需要进一步的研究。

综上所述,活化是目前改造生物炭的比表面积和孔隙率最广泛使用、最有效的方法。化学活化需要较低的活化温度,较物理活化具有更好的活化效果,但传统化学药剂带来的污染问题更为严重。目前,人们努力寻找具有同样出色活化效果的更环保的活化剂。球磨是一种更经济、更环保的制备纳米生物炭的方法,目前还处于起步阶段,工艺优化等问题还需要更多的研究。包覆是将碳质材料的优点融入生物炭的理想方式,可以提高生物炭的整体性能,例如吸附,值得深入探索。掺杂是一种将杂原子引入生物炭的有效方法,可以改善孔隙结构,但有时会在掺杂过程中堵塞孔隙,造成不良影响。

第五节 活性炭吸附理论

频繁使用重金属、合成染料和杀虫剂会引起一系列环境问题,例如,工业排放的含有重金属和染料的废水会进入食物链,导致基因突变和癌症,严重损害人们的健康。迄今为止,已经实施了一系列技术来处理废水中的无机和有机污染物,其中,采用环保、可持续和具有成本效益的生物材料作为吸附剂是最具吸引力的方法。用黏土、甲壳素、泥炭、微生物生物质和农业废弃物制成的生物炭是常用的生物吸附剂,它们广泛应用于去除染料、重金属、肥料和农药污染、大气污染物以及环境中的核废料。

水污染的主要来源包括市政废水、工业和农业活动的废水排放,诸如药物化合物、重金属、染料、微生物等异质污染物的存在,即使在低浓度下,也对水生生态系统和人类健康非常有害。即使是微量浓度的重金属离子、染料和药物化合物,危害也非常大,因此这是人类要重点关注的问题。废水中包含各种病原微生物如原生动物细菌、蠕虫和病毒,可能会引起各种疾病,如弯曲杆菌病、甲型肝炎和钩端螺旋体病等。

处理此类低浓度化合物是一项具有挑战性的任务。目前已开发出混凝、电化学、光电化学、离子交换、膜过滤、反渗透、沉淀、絮凝、焚烧等多种技术,用于处理染料、化肥、有机酸、农药、酚类化合物、卤代化合物等。这些技术的主要局限性包括去除效率低、产生有毒的副产物,有时还会将有毒化学物质引入生态系统。

生物吸附剂在净化环境污染物中得到广泛应用。在过去的几十年里,吸附技术一直被认为是最具成本效益和最有效的工艺。最常见的生物吸附剂来自微生物,即真菌、藻类、酵母菌和细菌,它们可以从环境中积累元素和吸附有毒废物,包括工业废物、重金属、化肥、杀虫剂和大气污染物。物理、化学和离子等吸附过程涉及不同的吸附机制,如吸收、酸碱相互作用、吸附、阳离子-π 相互作用、螯合、络合、聚合物网络协同、扩散、静电吸引、静电相互作用、空穴填充、疏水相互作用、氢键、离子交换、微沉淀、非特异性疏水分配、孔隙填充、物理屏蔽、表面络合、范德瓦耳斯力等。

此外,生物吸附剂中高孔体积、大比表面积、各种官能团和配体基团的存在使其适用于吸收过程。胺、磷酸硫基、羧基等配体参与螯合不同的有机和无机污染物。金属离子与吸附剂上带负电的反应位点之间的静电力也为复杂分子的形成铺平了道路。生物吸附剂表面负电荷的存在也促进了带正电荷的阳离子染料的吸附。

一、吸附机制

(一) 生物吸附机制

生物吸附机制已被证明具有重要意义,因为它们能够将金属黏附到不同的生物材料上。生物吸附机制多种多样,因为吸附剂具有不同的生物来源。了解生物吸附机制有助于控制污染物的去除,提高吸附剂的效率,并将生物吸附剂用于原位生物修复过程。研究人员已经提出了许多不同的金属结合机制,例如配位/螯合、络合、离子交换以及物理吸附。图 1-26 所示为在生物吸附中,金属离子和微生物的相互作用的机制[41-42]。

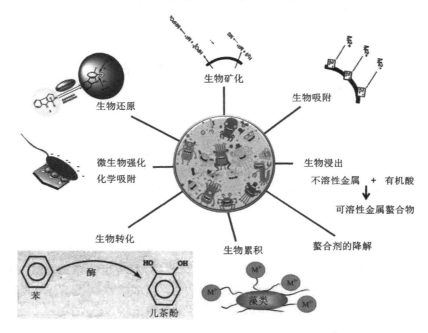

图 1-26　微生物与存在于各种有机和无机污染物中的金属离子相互作用

(二) 化学吸附机制

化学吸附机制主要包括离子交换、静电相互作用、化学沉淀和生物吸附剂外表面官能团的络合。吸附可能涉及静电吸引,络合羧基或游离内圈络合物、醇羟基或者生物炭的酚羟基(如—ROMe、—COOMe、R—COOH 和—ROH,其中 Me 是金属原子),共沉淀。酚羟基或醇羟基(R—OH)和羧基(R—COOH)是公认的有助于重金属和吸附剂表面配位的基团。

离子交换是一种不可逆的反应,悬浮在溶液中的离子被吸收剂上的类似带电离子取代。离子交换机制是主要的生物吸附机制。在此过程中,金属螯合遵循多方面的机制,包括阳离子金属与细胞壁上存在的配体之间的络合物形成、离子相互作用以及细胞表面的沉淀。另外,金属离子与有机配体分子之间可以结合形成环状结构。

（三）物理吸附机制

物理吸附涉及吸附质表面与吸附剂之间的范德瓦耳斯力的相互作用。在热力学的背景下，这种吸附机制是放热的和自发的。

二、吸附官能团

吸附过程中常涉及的官能团是羧基、氨基和羟基。图 1-27 所示为生物吸附现象中涉及的不同机制。含氧官能团，特别是酚基和内酯基团能够有效地与重金属结合，并且由于在生物炭表面发生氧化反应，所以氧含量会增加。这些基团受热解温度控制，因为在高温下生物质热解碳化，其有机成分与碳原子交联。在某些情况下，pH 值、孔隙率、比表面积等的增加不会影响官能团的作用机制，尽管温度和高度碳化导致这些基团的含量下降。一项研究表明，甜菜在生物炭尾矿中可以通过静电吸附将 Cr(Ⅵ) 变为 Cr(Ⅲ)，后者可以还原为三价 Cr 和三价络合 Cr。这个过程分为三个主要部分：首先，Cr(Ⅵ) 上的负电荷在低 pH 值条件下转移到生物炭的表面；其次，通过电子供体和来自生物炭的氢离子，六价铬被还原为三价铬；最后，三价铬氧化成六价铬释放在水溶液中，剩余的铬(Ⅲ)部分与生物炭上的官能团形成络合物。

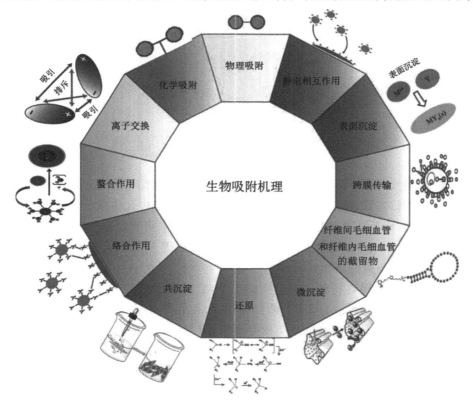

图 1-27 吸附现象中涉及的多种机制

三、吸附等温线

图 1-28 是吸附过程四个阶段的示意图。吸附等温线通常描述污染物与吸附材料的相

互作用,对于表达表面容量、表面性质以及吸附系统的有效性至关重要。吸附等温线用于说明在稳定的 pH 值和温度下,控制水生环境中吸附材料的流动性机制。当吸附质与吸附剂有足够的接触时间时,达到吸附平衡点,便可使吸附质的浓度保持动态平衡。通常,数学模型对吸附系统的关联分析和设计具有重要作用,它提供了对表面特性、亲和力和吸附机制的深入解释。

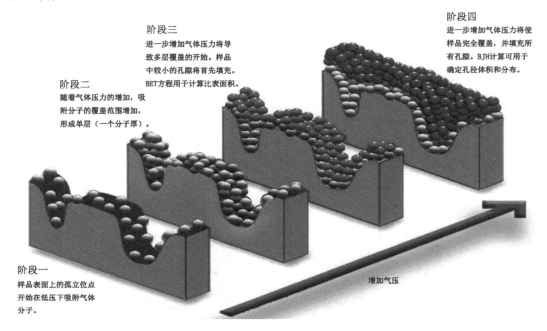

图 1-28 吸附过程的四个阶段

氮气吸附等温线常用于确定 BET 比表面积、Langmuir(朗缪尔)表面积、总孔隙体积。利用 T-Plot(T-曲线)方法确定微孔体积,利用 BJH 方法确定中孔体积。

Langmuir 方法基于吸附剂对固体表面的单层覆盖来确定表面积。它的局限性在于它只描述了单层的形成。Langmuir 方法有时也成功地应用于Ⅰ型等温线(纯微孔材料),但其曲线产生平台的原因是微孔填充。

BET 法是一种获取微孔材料比表面积的方法,它是很著名的一种气体吸附模型,尽管该方法没有考虑微孔填充。经典 BET 曲线范围通常在相对压力 0.05~0.3 之间。尽管 BET 方法无法准确测量微孔材料的真实比表面积,但它被广泛接受,且易于应用。

BJH 方法使用开尔文孔隙填充模型,根据实验等温线计算孔径分布。用开尔文方程可以预测出吸附剂在给定尺寸的圆柱形孔中自发冷凝和蒸发需要的压力,这种冷凝发生在多层的孔壁中。因此,BJH 方法的孔径是根据开尔文方程和选定的统计厚度计算的。BJH 方法严重低估了中小孔,因此一般适用于中大孔尺寸范围。

T-Plot 法用于测定微孔材料的外表面积和微孔体积。T-Plot 方法假设在某个等温线区域,微孔已经被填满,大孔中的吸附根据一些简单的方程测算,它可以表征一大类固体。T-Plot 方法适用于微孔完全填充,但低于中孔蒸汽冷凝的窄压力范围内的平面。即便是在中孔和大孔都存在的情况下,T-Plot 法也能够用于固体微孔体积的确定。它基于标准等温线和厚度曲线,这些曲线描述了无孔参考面上吸附膜的统计厚度。

Langmuir 模型基于许多假设,包括单层吸附、局部吸附和吸附热恒定。Langmuir 模型与吸附的材料量无关。BET 模型解释了气体分子在固体表面上的物理吸附,是 Langmuir 理论的扩展,主要用于描述Ⅱ型等温线。它在低压和单层覆盖下简化为 Langmuir 等温线,在这种情况下可以描述Ⅲ型等温线。

BJH 方法主要设计用于具有宽孔径分布的大孔吸附剂。然而,它可以成功地应用于几乎所有类型的多孔材料。BJH 模型假设孔隙为圆柱形,孔隙半径等于开尔文半径和吸附在孔隙壁上的薄膜厚度之和。

四、生物炭吸附效率的提升策略

一般来说,由未经处理的生物质原料生产的吸附剂的吸附能力不高。通过不同的方法增加官能团的数量以及增加生物吸附剂表面的吸附位点,可以提高生物炭吸附剂的吸附能力,这涉及表面的氧化、表面改性和功能化等。图 1-29 总结了提高吸附剂吸附能力的策略。

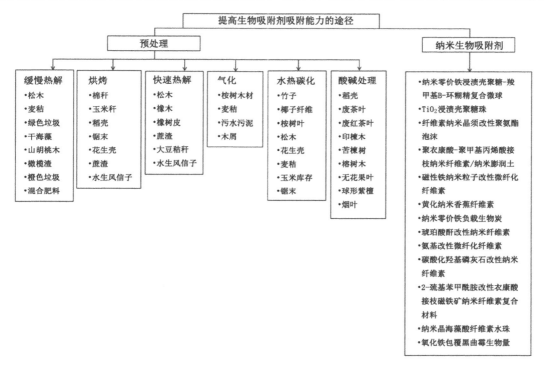

图 1-29 提高吸附剂吸附能力的策略

热解是提高生物吸附剂功效的重要预处理策略。在这个过程中,生物材料在有限的氧气条件下分解,将生物材料转化为炭。热解类型可以根据处理它们的温度、加热速率来区分。缓慢热解是一种在 350～800 ℃ 的温度范围内以小于 10 ℃/min 的加热速率分解生物材料的方法,通过这种方法转化为生物炭的生物材料有松木、麦秸、绿色废料、干藻、山核桃木、橄榄渣、橙废料和堆肥等。烘焙是让生物材料在 200～300 ℃ 的温度范围内以小于 10 ℃/min 的加热速率分解,通过这种方法转化为生物炭的生物材料包括棉花或玉米秸秆、稻壳、锯末、花生壳、蔗渣和水葫芦等。快速热解是让生物材料在 400～600 ℃的温度范围内分解,加热速度非常快,即每秒 1 000 ℃,通过这种方法转化为生物炭的生物材料有松香、橡木、橡树皮、银胶菊蔗渣、大豆秸秆和水葫芦等。气化是让生物材料在 700～1 500 ℃的温度范围内分解,加热速度适中,通过这种方法转化为生物炭的生物材料有桉木块、麦秸、污水污泥和木屑颗粒等。

水热碳化是一种预处理方法,通过该预处理,生物材料在 175～250 ℃的温度范围内分解,加热速度非常慢,通过这种方法转化为生物炭的生物材料包括竹子、椰子纤维、桉树叶、松木、花生壳、麦秸、玉米原料和锯末等。

用酸和碱对原始生物吸附材料进行预处理也是制备吸附剂的一种重要方法。酸碱处理有助于使生物吸附剂功能化,并通过新形成的功能增加吸附质与吸附剂的相互作用,从而提高吸附功效。例如,在这个过程中,热解的生物材料可以用浓度为 72% 的 H_2SO_4 处理,生物质和酸的比例为 1∶10,加入酸后,将生物材料加热至 50 ℃,然后过滤。过滤后,滤料在 95 ℃下放置 6 h 进行脱水、聚合和碳化,得到固体终产物。反复洗涤固体产品以完全去除硫酸根离子,随后在 120 ℃下加热 12 h 以上。为了进一步改性,可以用 7 M 的 KOH 电解液处理,增加生物炭的孔隙率和比表面积。生物炭经过酸碱处理形成固体产物炭,此炭具有疏水性和无毒特性,可用作活性炭、固体燃料和吸附剂。这种性能的提高归因于其低灰分、对极性/非极性官能团的高吸附亲和力。

五、前景及局限性

日益严重的水和空气污染需要高效率的先进材料作为解决方案,人们在生物吸附剂领域进行了大量的研究,包括探索新材料,并提高现有生物吸附剂的效率。稻壳、甘蔗渣、橙皮、锯末、咖啡渣、稻壳和酵母生物质等固体废料已被用于治理重金属、有毒工业废水、化肥/农药、空气污染物和核废料等问题。低成本、高吸附容量、多种官能团的存在和金属回收率高使得生物吸附剂成为治理环境污染物的吸附剂中最合适的候选者。生物吸附采用多种机制来调节重金属、有毒工业染料、化肥、杀虫剂和大气污染物在环境中的浓度。生物吸附剂中的大比表面积、高孔体积以及配体和官能团的存在使其对修复过程有效。生物吸附剂的吸附潜力可以通过表面处理、表面氧化和功能化来增强。目前,人们正在努力探索新材料,提高现有生物吸附剂的效率。

形成纳米杂化物有望提高生物吸附剂的吸附效率。将两种母体材料(纳米颗粒和生物吸附材料)结合形成一种新型材料,能够提升吸附性能。将大颗粒的生物吸附剂转化为超细颗粒会导致比表面积增加,但超细颗粒可能有很强的团聚作用,分散不开,从而对催化剂性能和有效比表面积产生不利影响。存在于生物吸附剂表面的纳米颗粒可防止它们聚集,进而稳定吸附剂的多孔结构。这有助于最大化可用位点,获得高吸附容量和高比表面积。

生物吸附剂在实验室研究中都是有效的,但很少有报道来评估它们在工业中大规模使用的可行性。实际上,工业废水处理的实验室技术应用到现场时,用生物吸附剂处理低浓度重金属废水的成本很高。已经建造的一些商业规模的试点装置,有助于说明生物吸附的基础适用性,也有助于确定生物吸附工业应用的局限性。

结果表明,在工业水平的吸附过程中使用生物过滤器通常是不可行的,因为来自电镀的废水含有不同的浓度、不同的有毒金属和不同的 pH 值。这样的条件不利于活性生物过滤器的吸附。另外,吸附过程受溶液搅拌速度的影响很大,增加搅拌速度会增加吸附容量。这是因为在溶液中搅拌过程提供了额外的湍流,导致金属离子表面的扩散增强。在工业规模上,这个过程非常迅速,表面在几分钟到几小时内就会饱和。因此,直接将实验室研究成果转移到工业生产中是不可行的。实验室规模的大部分技术尚未商业化,需要考虑扩大规模时存在的各种问题。

在实验室研究中,随着接触时间的增加,吸附的金属离子的数量也会增加,因为有大量的空位可用于吸附。随着时间的增加,这些空位的可用性逐渐降低,直到饱和,因此在后期基本不会主动吸附。在工业应用中,接触时间非常短,释放的废水以百万吨计,从而导致污染物吸附效率降低。

一些生物吸附剂具有更多缺点,当金属和其他污染物的吸附累积到饱和时,它们开始将污染物直接浸出到水中。在钙质土壤中使用生物炭会降低硝化速率,从而提高微生物的固氮作用。由于生物炭颗粒和基本金属离子之间形成复合物,预计植物的磷利用率将进一步下降。

生物吸附系统的应用取决于其成本。离子交换树脂、活性炭和其他试剂的成本大大高于商业化生物吸附剂的成本。生物吸附剂再生是降低生物吸附成本的一种方法。许多研究报告表明,随着解吸/生物吸附循环次数的增加,再生生物吸附剂在生物吸附过程中的效率会降低,在重复使用五次以上后,它们已经不再具有使用价值。因此,需要进一步研究开发一种适用于许多生物吸附剂的惰性洗脱液,研究负载污染物的废弃生物吸附剂的最终处理方法,以回收可用的金属离子等污染物,为制造业减少浪费。

总而言之,生物吸附剂是一种环保、可生物降解和低成本的吸附剂,随着需求的增长而不断发展。未来,生物吸附剂有望在工业规模上得到广泛应用,以最大程度地减少对环境的污染。

第二章　麻秆和竹纤维活性炭研究

大麻已经种植了几个世纪,因为它在大多数地方生长迅速,对气候、杀虫剂或肥料没有任何特殊要求,只需要适量的水。大麻已经成为一种有价值的环保作物,同时是一种具有多种优势的能源作物。大麻多叶,并且由于其高生长速度(每月 50 cm)而产量巨大。大麻具有原料成本低、生物质含量高、土地利用效率高、干物质产量高、养分需求低等显著特点,并且可以通过有机质改善土壤。大麻产量很大程度上取决于环境条件。例如,意大利和英国等高温地区的大麻产量约为每公顷 20 t,晚熟大麻在东欧、加拿大和美国的寒冷气候条件下也能够获得高产[43]。

大麻纤维通常通过机械方法或沤制从木质麻秆中分离出来。沤肥是一个过程,在该过程中,由韧皮纤维结合在一起的梳状物质会降解。这一过程由茎上的微生物、酸/碱或特殊酶辅助完成。大麻纤维的沤肥通常在田间进行,需要数周时间。

传统的沤肥方法是沤田和水沤。现场沤制成本低廉且能机械化操作。沤制的时间取决于大麻茎的水分以及当时的气温。温暖的天气和间歇性降水,可以保持水分,加速果胶的降解。水沤是将大麻茎浸入水中(河流、池塘或水箱)并经常监测,水沤可产生更均匀和优质的纤维。

大麻目前被认为是纸张、纺织品、建筑材料、食品、纱线、麻线、工业和船用绳索、帆布、医药、油漆、洗涤剂、清漆、油、墨水、燃料和塑料行业的一种原材料。人们通常用大麻籽油生产生物柴油,用大麻茎生产纺织品。对大麻纤维的需求不断增加,以及大麻纤维加工技术的发展,导致大麻的种植面积大幅增加。

大麻籽是石油的重要原料,大麻韧皮为纺织工业提供纤维。大麻纤维也被用作活性炭的前驱体,具有净化水和制备超级电容器的潜力。麻秆的外部含有长纤维,可为该作物提供强度。大麻茎的内部包含用于造纸和建筑材料的原料。

在所有的天然纤维素纤维中,最重要的部分是植物的细胞壁。大麻的细胞壁主要由纤维素、半纤维素、果胶和木质素构成。大麻茎由约 65% 的麻秆和 35% 的韧皮纤维组成,芯纤维中有 40%～48% 的纤维素、18%～24% 的半纤维素和 21%～24% 的木质素,韧皮纤维中有 57%～77% 的纤维素、9%～14% 的半纤维素和 5%～9% 的木质素。每种成分的性能都有助于形成纤维的整体特性。纤维素骨架的最小构成元素是原纤维。在不同的来源中,原纤维的直径为 5～10 nm,长度为 100 nm 到几微米。

如图 2-1 所示[44],中空的大麻纤维(直径为 10～30 μm)的壁由三层组成。内层和外层主要由半纤维素和木质素组成,而中间层主要由结晶纤维素组成。中间层占总壁厚的 85% 以上,它本身是一个层状结构,直径为 10～30 nm,由微纤维组成。

大麻纤维提取过程中会产生大量固体残留物,在大多数情况下会被焚烧,造成环境方面的问题。一般而言,大麻加工业产生的残留物占所处理材料的 50%～55%,研究人员对这种生物质的回收及开发产生了极大的兴趣,而活性炭生产是一个有前景的解决方案。

在大麻纤维的加工过程中,大麻籽、大麻韧皮和大麻茎成为未被充分利用的副产品。大

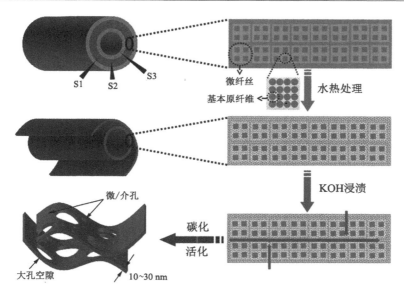

图 2-1　由具有三个结构层的中空大麻纤维合成碳纳米片的过程

麻籽和大麻韧皮可分别用于生产生物柴油和活性炭纤维,而麻秆则用处不大。木质芯通常占麻秆的 70%。然而,作为副产品,它几乎没有用处,需要进一步开发。大麻和大麻副产品通常可用于生产活性炭,它们具有低成本、易于加工和潜在的再利用价值等优势。

　　活性炭的孔结构和孔径分布很大程度上取决于前驱体的性质。具有高比例的纤维结构(如纤维素和半纤维素)的碳质材料的活化相对容易。然而,与木质素相比,纤维素和半纤维素的稳定性较差。表 2-1 总结了一些典型的含纤维素的生物材料的纤维素、半纤维素和木质素含量。使用麻秆生产活性炭是非常可行的,并且具有潜在的生物质废料再利用的优势。

表 2-1　一些典型的含纤维素的生物材料的纤维素、半纤维素和木质素含量

活性炭	成分/%		
	纤维素	半纤维素	木质素
硬木	43~47	25~35	16~24
软木	40~44	25~29	25~31
渣	40	30	20
玉米棒	45	35	15
玉米秸秆	35	25	35
棉	95	2	1
亚麻	71	21	2
剑麻	63	12	3
麻	70	22	6
苎麻	76	17	1
小麦秸秆	30	50	15

　　有学者通过磷酸活化制备了比表面积为 1 500 m²/g 的大麻衍生活性炭。碳化温度和

浸渍率对活性炭的性能有很大影响。活性炭表面上残留磷酸盐或多磷酸盐而导致该活性炭对水蒸气的吸附能力与硅胶对水蒸气的吸附能力相当。然而,这种活性炭的中孔率和低比表面积限制了其气体吸附能力。研究人员通过磷酸活化制备了大麻纤维活性炭,分析了活化温度和浸渍率对活性炭纤维的多孔结构和表面化学性质的影响。由于 $CePO_4$ 和 CeP 的存在,活性炭具有很高的抗氧化性,阻断了活性炭的位点进行氧化反应。与其他生物质一样,大麻茎的碳化可以产生还原气氛,在材料制备过程中值得被利用。因此,利用麻秆生产活性炭,不仅能满足食品、环境、化学、能源等应用领域对活性炭日益增长的需要,也能对农业废弃物做出好的处理。

第一节　原料及活性炭制备方法

如图 2-2 所示,本章首先研究以麻秆和沤麻秆为前驱体,采用氯化锌化学活化法和二氧化碳物理活化法制备活性炭。然后,在相似条件下由竹纤维和大麻纤维制备活性炭,用于比较。最后研究了碳化温度和浸渍率对活性炭的形貌、孔隙率、化学性质和活化机理的影响。

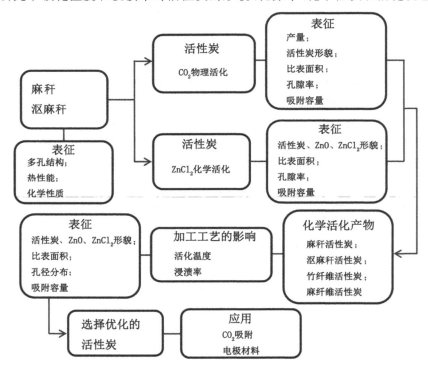

图 2-2　用麻秆和沤麻秆制备生物活性炭的实验方案设计及研究方法

将麻秆和沤麻秆切成约 10 mm 的长度,在使用前在 100 ℃的烘箱中干燥 12 h。研究中使用的所有化学品,如氯化锌和盐酸均为分析纯。

活性炭是一种高度多孔的材料,具有高比表面积和良好的吸附能力。一般来说,高比表面积导致高吸附容量,但更准确地说,吸附容量与孔径、孔形状和孔表面化学性质相关。活化过程很大程度上影响活性炭的孔隙率和表面化学性质。在这个研究中,生物质材料即麻秆、泅麻秆、竹纤维和大麻纤维,被用作活性炭的前驱体。它们使用二氧化碳物理活化和氯化锌化学活化来比较物理活化和化学活化对衍生活性炭性能的影响。

一、二氧化碳物理活化

通过二氧化碳活化生产活性炭分两步进行:

步骤1:在氮气气流下生物质在管式炉中热解,以10 ℃/min的加热速率将温度从环境温度升至850 ℃,保留2 h。然后将反应器在氮气气氛下自然冷却至800 ℃。这种初步加热过程将有助于进一步热解碳化。

步骤2:在二氧化碳气流下该反应器在800 ℃中保留2 h,然后在二氧化碳气氛下自然冷却至室温。从麻秆和泅麻秆中获得的活性炭分别标记为AC-HH-CO$_2$和AC-RH-CO$_2$。

二、氯化锌化学活化

通过氯化锌活化生产活性炭分三个步骤进行:

步骤1:将生物质在氯化锌溶液中浸渍24 h(氯化锌与生物质的重量比为2∶1),然后在110 ℃下干燥24 h。

步骤2:将浸渍的生物质放入管式炉,在氮气气流下热解,以10 ℃/min的加热速率将温度升至800 ℃,保留时间为2 h。然后将反应器自然冷却至室温。

步骤3:将得到的样品在1 mol/L的盐酸中进行洗涤,并用蒸馏水冲洗样品至中性,然后在80 ℃的烘箱中干燥。从麻秆和泅麻秆中获得的活性炭分别标记为AC-HH-ZnCl$_2$和AC-RH-ZnCl$_2$。

实验浸渍率由式(5)进行估算。

$$浸渍率=(浸渍后的生物质质量-原生物质的质量)/原生物质的质量 \quad (5)$$

三、活化过程优化

活性炭的比表面积和吸附能力与孔径、孔形状和孔表面化学性质有关。优化活化过程可以进一步提高活性炭的孔隙率和吸附能力。

活性炭的多孔结构和吸附特性取决于前驱体的物理化学性质和活化方法。特别的是,在活化过程中,锌的形态和结构在活性炭多孔结构的形成中发挥作用。活性炭的物理化学性质很大程度上取决于前驱体的性质和热解条件(例如碳化温度和氯化锌浸渍率)。因此,研究活性炭的孔隙率和表面性质以及吸附能力对于确定最佳热解条件至关重要。

将氯化锌对生物质的浸渍率选择在2∶1～4∶1范围内,碳化温度选择在400～800 ℃范围内。然后测定了活性炭的产率、比表面积、孔体积和孔径,并对合成的活性炭的气体捕获性能在对二氧化碳的吸附中进行了评估。该研究有助于从生物质中开发增值活性炭,确定生产活性炭的最佳工艺,并最大限度地提高活性炭的吸附能力。

四、表征

在HitachiTM-1000型扫描电子显微镜上以15 kV的加速电压收集扫描电子显微镜图像。使用的所有生物质和获得的活性炭样品均直接在扫描电子显微镜中进行测试,不需涂层。

在 TGA/DSC1 型热失重/差示扫描量热仪上使用差示扫描量热法(DSC)表征热性能。首先以 10 ℃/min 的速度将样品加热至 350 ℃,并保持 3 min,然后以 25 ℃/min 的速度冷却至 25 ℃,最后以 10 ℃/min 的速度将温度从 25 ℃加热到 350 ℃进行第二次扫描。在整个过程中,样品都处于 20 mL/min 的氮气气流保护下,从第二次扫描过程中确定熔化温度(T_m)。

使用 X 射线光电子能谱(XPS)在 PHI-560 ESCA 型仪器中以 15 kV 的加速电压进行测试。将 C1s 峰位置设置为 284.8 eV 并作为内标,测定活性炭的碳、氢、氧、氮等元素的含量。

将活性炭在 473 K 和 10^{-5} mmHg 的压力下脱气 24 h 后,使用 TriStar Ⅱ 3020 型比表面积和孔隙度分析仪测量 77 K 下的氮气和 273 K 下的二氧化碳的吸附等温线。氮气等温线用于确定比表面积、总孔隙体积、微孔体积和中孔体积。在高压吸附测量之前,活性炭先在 423 K 下脱气 24 h。

第二节　沤制过程的影响

一、前驱体和活性炭结构形貌

利用生物质麻秆和沤麻秆生产活性炭产品可以为该行业带来显著的经济效益。沤制是利用植物上的微生物和水分,溶解韧皮纤维束周围的细胞组织和果胶,将纤维与茎分离的过程。本节研究了沤制工艺对活性炭性能的影响。

图 2-3 显示了成熟大麻茎的横截面。茎的外面覆盖着表皮,里面是韧皮纤维和麻秆。每个纤维束由单根纤维组成。大麻茎一般由 20wt%～40wt% 的韧皮纤维和 60wt%～80wt% 的麻秆组成。

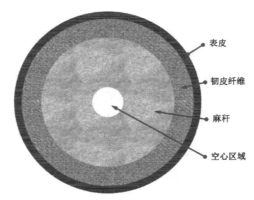

图 2-3　成熟大麻茎的层状结构示意

韧皮纤维长度比麻秆长度长 10～100 倍。麻秆在化学上接近木材,因此它是植物中价值最低的部分。麻秆含 40%～48% 的纤维素、18%～24% 的半纤维素和 21%～24% 的木质素。与麻秆相比,韧皮纤维含有较高含量的纤维素(57%～77%)、较低含量的半纤维素(9%～14%)和木质素(5%～9%)。

影响活性炭应用的关键因素是孔结构和孔径分布,这在很大程度上取决于原始材料的性质。竹纤维、麻秆和沤麻秆的微观形态研究为相应活性炭的研制奠定了基础。

图 2-4 是麻秆在不同放大倍数下的扫描电子显微镜图,显示了麻秆的独特结构,它包含两种不同大小的大孔通道。颗粒之间形成的孔隙大小取决于麻秆的质地,通常约为 1 mm。图 2-4 显示,本实验所用的麻秆由直径为 $20\sim30~\mu m$ 的孔和直径为 $40\sim60~\mu m$ 的孔组成,结构和孔隙均匀。

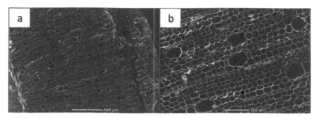

图 2-4　麻秆的扫描电子显微镜图

图 2-5 为麻秆纵截面在不同放大倍数下的扫描电子显微镜照片。图 2-6 为麻秆横截面在不同放大倍数下的扫描电子显微镜照片。由图 2-5 可以看出,麻秆具有一种独特结构,包含两种不同大小的大孔通道。一类是直径为 $40\sim60~\mu m$ 的圆形或椭圆形大孔道,由维管束形成。另一种是直径较小($20\sim30~\mu m$)的多边形或圆形孔隙通道,来源于基本组织,在大孔隙周围呈蜂窝状连续分布。孔通道与麻秆的生长方向平行,用于输送水分和养分。这些孔隙通道在其内壁上也具有高孔隙率,导致形成分级孔隙结构和连通的孔隙几何形状。

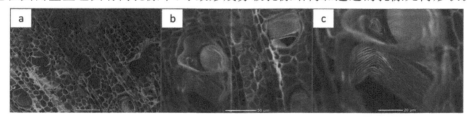

图 2-5　不同放大倍数下具有层次孔结构的麻秆纵截面的扫描电子显微镜图

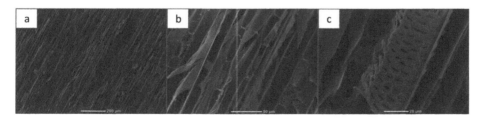

图 2-6　内壁具有高孔隙率的麻秆横截面的扫描电子显微镜图

图 2-7 为麻秆和沤麻秆的纵截面和横截面的扫描电子显微镜照片。图 2-7 说明麻秆包含两种大孔通道。这些孔隙通道在其内壁上也具有高孔隙率,导致形成分级孔隙结构和连通的孔隙几何形状。不同的是,在大孔通道的位置,沤麻秆的纵截面和横截面上都有一些卷曲状结构。这是由于沤制是将纤维与麻秆分离的过程,利用微生物和水分溶解大麻韧皮束的细胞组织和果胶。从螺旋状结构的形态和位置来看,沤制工艺腐蚀了较大部分的孔道,其

中一些孔道变成了螺旋状结构。

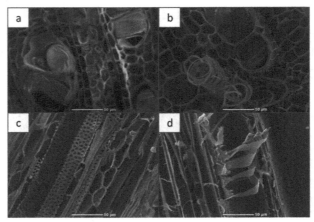

注:a 为具有两种通道的麻秆的纵截面,b 为具有两种通道和线圈状结构的沤麻秆的纵截面,
c 为内壁具有孔的麻秆的横截面,d 为具有孔隙和线圈状结构的沤麻秆的横截面扫描电子显微镜图。

图 2-7 麻秆和沤麻秆的形貌

图 2-8 是麻秆和沤麻秆以及物理活化和化学活化产物进行比较的扫描电镜图。a、b 是不同角度的麻秆全视图,c、d 是麻秆的纵截面和横截面图,e、f 为沤麻秆的纵截面和横截面图,g、h 为分别采用二氧化碳和氯化锌活化的麻秆活性炭 $AC-HH-CO_2$ 和 $AC-HH-ZnCl_2$。麻秆和沤麻秆结构基本相同,通过二氧化碳活化和氯化锌活化的活性炭保留了包含两种不同大小的大孔通道组成的麻秆的原始连通孔隙几何形状。在图中的放大倍数下,看不到二氧化碳活化和氯化锌活化的活性炭孔隙率和形态的差异。

二、麻秆、沤麻秆活性炭性能

(一)热性能

图 2-9 为麻秆、半沤麻秆和沤麻秆的差示扫描量热曲线,它显示了麻秆、半沤麻秆和沤麻秆的吸热峰。由差示扫描量热曲线可以看出,麻秆的初始分解温度为 291 ℃,而半沤麻秆和沤麻秆的初始分解温度分别为 298 ℃和 308 ℃。沤制工艺可有效提高麻秆的热稳定性,麻秆的热稳定性随着浸解度的增加而提高。此外,其他研究人员也观察到亚麻纤维的热稳定性随着沤制的加强而提高的现象。

(二)活性炭产量

活性炭的产率由式(6)进行估算:

$$活性炭产率(质量分数)=活性炭质量/生物质的质量 \qquad (6)$$

化学回收率(wt%)由式(7)进行估算:

$$化学回收率(质量分数)=(洗前样品质量-洗后样品质量)/浸渍的化学物质质量 \qquad (7)$$

本实验活性炭的产率和活化过程中的化学回收率如表 2-2 所示。通过氯化锌活化,由麻秆和沤麻秆生产的活性炭的化学回收率约为 97wt%。麻秆和沤麻秆经物理活化制得的活性炭的产率低于化学活化制得的活性炭。氯化锌活化的活性炭在 800 ℃下以 2∶1 的浸渍率和 2 h 的保留时间,产率达到 29%左右,而相同条件下二氧化碳活化的活性炭产率为

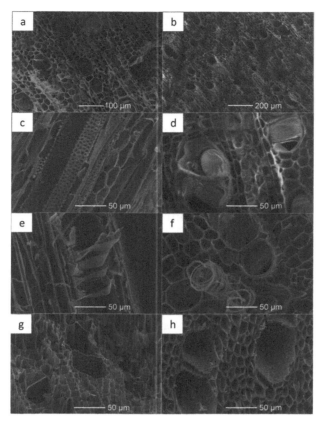

注:a、b是不同角度的麻秆扫描电子显微镜图,c、d是麻秆的纵截面和横截面扫描电子显微镜图,
e、f是沤麻秆的纵截面和横截面扫描电子显微镜图,g是二氧化碳活化的麻秆活性炭扫描电子显微镜图,
h是氯化锌活化的麻秆活性炭扫描电子显微镜图。

图 2-8　麻秆和沤麻秆及两种活化产物扫描电镜比较

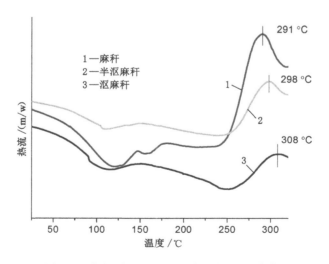

图 2-9　麻秆、半沤麻秆和沤麻秆的 DSC 曲线

20%左右。这一结果与其他研究人员获得的结果相似。在没有活化剂的情况下,在800 ℃的氮气气流下,大麻纤维的活性炭纤维产率为12.9%;在没有活化剂的情况下,在800 ℃下,来自大麻秆的活性炭的产率为16.6%。这种差异有两个原因,第一个原因是一些二氧化碳在热解过程中与样品发生反应,但在氮气气氛中通过氯化锌活化没有样品消耗;另一个原因是氯化锌活化剂限制了碳化过程中焦油的形成,从而提高了剩余固体产物的产率。

表 2-2   物理活化和化学活化的活性炭产率以及活化过程中的化学回收率

生物质	活化剂	编号	产率/wt%	化学回收率/wt%
麻秆	CO_2	AC-HH-CO_2	20.7	—
沤麻秆	CO_2	AC-RH-CO_2	20.2	—
麻秆	$ZnCl_2$	AC-HH-$ZnCl_2$	30.3	97.3
沤麻秆	$ZnCl_2$	AC-RH-$ZnCl_2$	28.6	97.1

（三）活性炭比表面积和孔隙率

利用氮吸附等温线可以分析活性炭的吸附行为和孔结构,这些等温线的形状可以解释活性炭的性质。描述非线性平衡最常用的等温线是 Langmuir 等温线和 BET 等温线。

以二氧化碳和氯化锌作为活化剂,由麻秆和沤麻秆制得的活性炭在 77 K 时对氮气的吸附-解吸（脱附）等温线如图 2-10 所示。由等温线的形状可以推测,通过氯化锌活化的所有活性炭都表现为I型等温线,在较高的相对压力下,等温线出现水平平台,表明材料具有高度微孔性。由于活性炭中同时有中孔的存在,在活性炭的吸附-解吸等温线上显示出小滞回环线。

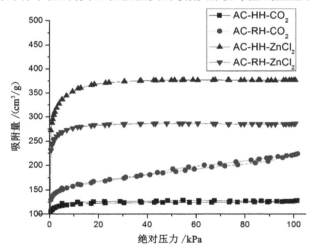

图 2-10   由麻秆和沤麻秆制备的活性炭的氮气吸附-解吸等温线

由图 2-10 可以看出,在麻秆和沤麻秆活性炭对氮气吸附-解吸等温线上,氮气的主要吸附过程发生在相对压力小于 0.1 的情况下。等温线的初始部分代表微孔填充,平台的低斜率表明外表面存在多层吸附。在绝对压力 $P < 10$ kPa 时,氮气的显著吸附归因于由氯化锌活化时衍生的微孔的吸附。

AC-HH-CO_2的吸附等温线表现出 I 型等温线行为,而 AC-RH-CO_2表现出IV型等温线行为,在一些压力区域具有明显的 H3 型滞回环线。这表明材料中的中孔分布较宽。在 AC-RH-CO$_2$ 中具有微孔和中孔,Ⅳ 型等温线描述了混合孔对氮气的吸附。

表 2-3 总结了由物理活化和化学活化制备的麻秆和沤麻秆活性炭的产率、Langmuir 比表面积、BET 比表面积、微孔体积、中孔体积和总孔体积。表 2-3 证实了 AC-RH-CO$_2$ 的中孔体积高于其他活性炭。

表 2-3　由氮气吸附等温线获得的活性炭的比表面积和孔体积数据

样品编号	氮气吸附				
	$S_{BET}/(m^2/g)$	$S_{Langmuir}/(m^2/g)$	$V_{total}/(cm^3/g)$	$V_{micro}/(cm^3/g)$	$V_{meso}/(cm^3/g)$
AC-HH-CO$_2$	489	545	0.198	0.170	0.008
AC-RH-CO$_2$	632	783	0.347	0.174	0.108
AC-HH-ZnCl$_2$	1 431	1 669	0.583	0.467	0.006
AC-RH-ZnCl$_2$	1 128	1 259	0.442	0.393	0.002

(四)活性炭对二氧化碳的吸附能力

图 2-11 显示了在 273 K 时,由物理活化和化学活化制备的麻秆和沤麻秆活性炭对二氧化碳的吸附作用。分析结果表明,由氯化锌活化的活性炭对二氧化碳的吸附能力高于由二氧化碳活化的活性炭。这是因为,在相同条件下,由氯化锌活化的活性炭的比表面积和孔体积比由二氧化碳活化的活性炭的高。AC-RH-ZnCl$_2$ 表现出更高的二氧化碳吸附能力,因为它具有高比表面功能和形态差异。

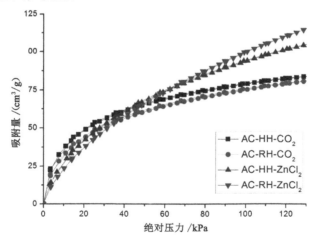

图 2-11　通过二氧化碳活化和氯化锌活化制备的麻秆和沤麻秆活性炭吸附二氧化碳的吸附量变化示意

第三节　物理活化和化学活化的影响

竹子是一种可再生的生物质前驱体,可以用于生产低成本的活性炭,应用广泛。本节以生物质原料竹子、麻秆、沤麻秆作为活性炭的前驱体,进一步比较物理活化和化学活化对不同的生物质衍生活性炭性能的影响。

如第二节所述,二氧化碳活化活性炭通过两个阶段生产。从竹子、麻秆和沤麻秆中获得的活性炭分别标记为 AC-Bamboo-CO$_2$、AC-HH-CO$_2$ 和 AC-RH-CO$_2$。如第二节所述,氯化锌活化活性炭通过三个阶段生产。从竹子、麻秆和沤麻秆中获得的活性炭分别标记为 AC-Bamboo-ZnCl$_2$、AC-HH-ZnCl$_2$ 和 AC-RH-ZnCl$_2$。

一、前驱体和活性炭结构形貌

麻秆和沤麻秆的形貌在第二节中已有研究,这一节对竹秆的形貌进行表征。如图 2-12 所示[45],竹子的维管束、基本薄壁组织和竹纤维沿横截面和纵截面方向清晰可见。相比之下,竹纤维和薄壁细胞占据了竹秆的大部分,竹子的维管束占的比例较低。

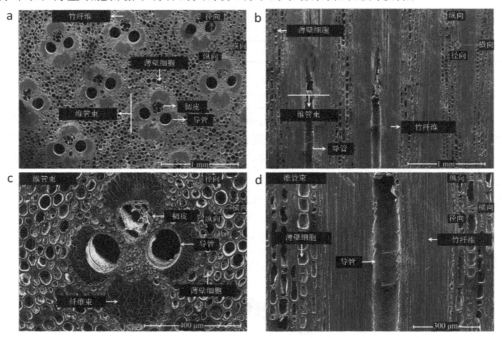

图 2-12　沿横截面 a、c 和纵截面 b、d 方向的竹子维管束与薄壁组织和竹纤维的扫描电子显微镜图

为了与麻秆结构进行比较,对竹纤维结构进行了研究。图 2-13 为竹纤维纵截面在不同放大倍率下的扫描电子显微镜图像,可以看到,竹纤维内壁上有许多孔隙。图 2-14 显示了竹纤维横截面在不同放大倍率下的扫描电子显微镜图像,从图中可以看到蜂窝状结构。与竹纤维相比,麻秆具有分级的孔结构和连通的大孔,在气体吸附过程中,麻秆活性炭可能会有低的气体扩散阻力。

二、麻秆、竹纤维活性炭性能

（一）热性能

将竹纤维的热稳定性与麻秆和沤麻秆的热稳定性进行比较,图 2-15 为竹纤维、麻秆和沤麻秆的差示扫描量热曲线,显示了竹纤维、麻秆和沤麻秆的吸热峰。竹纤维、麻秆和沤麻

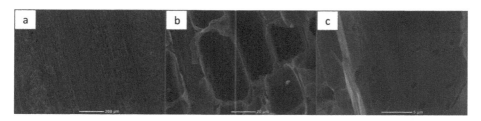

图 2-13　不同放大倍数下竹纤维内壁多孔结构的纵截面扫描电子显微镜图

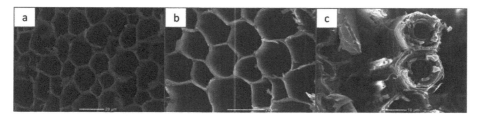

图 2-14　不同放大倍数下呈蜂窝状结构的竹纤维横截面扫描电子显微镜图

秆的分解温度分别为 279 ℃、291 ℃和 308 ℃。从曲线上看,麻秆和沤麻秆的热稳定性高于竹子。由于它们的初始分解温度都在 300 ℃左右,因此生物质的碳化在后续实验中选取在 400～800 ℃范围内进行。

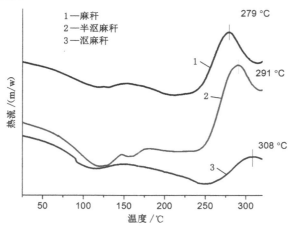

图 2-15　竹、麻秆和沤麻秆的 DSC 曲线图

(二) 活性炭产量和元素分析

活性炭的产率和化学活化过程中的化学回收率如表 2-4 所示。通过氯化锌活化,由麻秆、沤麻秆和竹纤维生产的活性炭的化学回收率都在 97wt%以上。

表 2-4　通过二氧化碳活化和氯化锌活化得到的活性炭产率以及活化过程中的化学回收率

生物质	活化剂	样品编号	产率/wt%	化学回收率/wt%
麻秆	CO_2	AC-HH-CO_2	20.7	—
沤麻秆	CO_2	AC-RH-CO_2	20.2	—

表 2-4(续)

生物质	活化剂	样品编号	产率/wt%	化学回收率/wt%
竹纤维	CO_2	AC-Bamboo-CO_2	27.7	—
麻秆	$ZnCl_2$	AC-HH-$ZnCl_2$	30.3	97.3
沤麻秆	$ZnCl_2$	AC-RH-$ZnCl_2$	28.6	97.1
竹纤维	$ZnCl_2$	AC-Bamboo-$ZnCl_2$	29.1	97.7

麻秆和沤麻秆经氯化锌活化后的活性炭产率达到 30% 左右,而二氧化碳活化的活性炭产率约为 20%。二氧化碳活化和氯化锌活化得到的竹纤维活性炭的产率差异较小,麻秆、沤麻秆和竹纤维经氯化锌活化后的活性炭产率均在 30% 左右。化学活化生产的活性炭产率高于物理活化生产的活性炭的产率,这是通过化学活化生产的活性炭的优点之一,在后续研究中考虑了这一点。

表 2-5 是氯化锌活化的麻秆、沤麻秆和竹纤维活性炭在用盐酸洗涤前后的元素分析数据。由氯化锌活化的麻秆、沤麻秆和竹纤维衍生的活性炭主要由 C、O、N、Zn 和 Cl 元素组成。从表 2-5 中可以看出,通过氯化锌活化的活性炭上的 Zn 元素和 Cl 元素在用盐酸洗涤后已被完全去除。

表 2-5 用氯化锌活化法对麻秆、沤麻秆和竹纤维活性炭进行盐酸洗涤前后的元素分析 单位:%

元素	AC-HH-$ZnCl_2$		AC-RH-$ZnCl_2$		AC-Bamboo-$ZnCl_2$	
	HCl 洗前	HCl 洗后	HCl 洗前	HCl 洗后	HCl 洗前	HCl 洗后
C	94.98	96.47	95.32	94.64	93.91	95.19
O	4.08	3.24	4.21	4.44	5.25	4.04
N	0.47	0.29	0.02	0.92	0.68	0.77
Zn	0.19	0	0.18	0	0.06	0
Cl	0.27	0	0.26	0	0.10	0

(三)活性炭比表面积和孔隙率

我们研究了活性炭的活化方法对比表面积、孔体积、微孔体积和中孔体积等活性炭特性的影响。表 2-6 和图 2-16 总结了在 77 K 的氮气等温线中,通过二氧化碳活化和氯化锌活化得到的麻秆、沤麻秆和竹纤维衍生的活性炭的比表面积和孔体积。比表面积根据 BET 和 Langmuir 方法在 $P/P_0 = 0.05 \sim 0.35$ 的相对压力范围内由吸附量来计算。通过将在 0.995 的相对压力下吸附的氮气量转换为液体吸附物的体积来计算总孔体积,微孔体积采用 T-Plot 法计算,中孔体积由总孔体积与微孔体积之差来计算。

表 2-6 由氮气吸附等温线获得的二氧化碳活化和氯化锌活化的活性炭的比表面积和孔体积

样品编号	氮气吸附				
	$S_{BET}/(m^2/g)$	$S_{Langmuir}/(m^2/g)$	$V_{total}/(cm^3/g)$	$V_{micro}/(cm^3/g)$	$V_{meso}/(cm^3/g)$
AC-HH-CO_2	489	545	0.198	0.170	0.028

表 2-6(续)

样品编号	氮气吸附				
	$S_{BET}/(m^2/g)$	$S_{Langmuir}/(m^2/g)$	$V_{total}/(cm^3/g)$	$V_{micro}/(cm^3/g)$	$V_{meso}/(cm^3/g)$
AC-RH-CO$_2$	632	783	0.347	0.174	0.173
AC-Bamboo-CO$_2$	39	31	0	0	0
AC-HH-ZnCl$_2$	1 431	1 669	0.583	0.467	0.116
AC-RH-ZnCl$_2$	1 128	1 259	0.442	0.393	0.049
AC-Bamboo-ZnCl$_2$	1 213	1 402	0.496	0.399	0.097

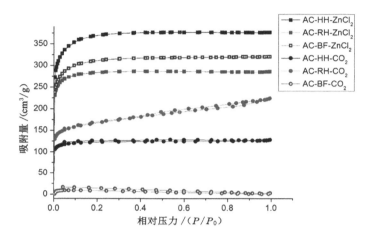

图 2-16　二氧化碳活化和氯化锌活化的麻秆、沤麻秆和竹纤维活性炭的氮气吸附-脱附曲线

从表 2-6 和图 2-16 中可以看出,活化方法显著影响着活性炭的比表面积和孔容。虽然这些活性炭的前驱体不同,但氯化锌活化更有利于从生物质中合成高比表面积的多孔炭,并且使用这种方法衍生的活性炭与使用二氧化碳活化得到的活性炭相比,比表面积成倍增长。通过氯化锌活化,由麻秆、沤麻秆和竹纤维可得到高质量的活性炭,经盐酸洗涤后,比表面积大于 1 100 m^2/g,总孔体积大于 0.4 cm^3/g。

在二氧化碳活化过程中,根据"C＋CO$_2$─→2CO"知,二氧化碳在高温下与生物质中的碳发生反应,碳被气化产生孔隙结构。

在氯化锌活化过程中,氯化锌充当孔形成的模板。首先,氯化锌可以作为脱水剂,在加热过程中催化糖苷键的断裂和羟基、羰基的消除,用氯化锌浸渍首先会导致纤维素材料的降解,脱水导致碳骨架碳化和芳构化,产生多孔结构;其次,熔融的氯化锌可以与生物聚合物裂解发生水反应,形成氧氯化锌水合物,然后,氧氯化锌水合物分解产生氯化锌气体,气体扩散形成通路,酸洗后得到的活性炭具有最终的多孔结构和高比表面积。

通过氯化锌活化获得的活性炭的 BET 比表面积大于 1 100 m^2/g。这证明氯化锌活化对于由生物质合成高比表面积多孔炭是有效的,与使用二氧化碳活化的活性炭相比,氯化锌活化提供了大量的微孔,对总比表面积的贡献显著。在表 2-6 中,来源于麻秆的活性炭具有最高的 BET 比表面积,为 1 431 m^2/g,麻秆可以被认为是极具竞争力的活性炭前驱体。

吸附剂的吸附性能高度依赖于其内部的孔结构,大的比表面积可以增加吸附质与吸附剂之间的接触频率,有利于吸附。因此,上述研究所获得的活性炭有望得到大的吸附容量。

(四)活性炭对二氧化碳的吸附能力

图 2-17 是在 273 K 下,通过二氧化碳活化和氯化锌活化得到的活性炭对二氧化碳的吸附曲线。表 2-7 中提供了通过二氧化碳活化和氯化锌活化的麻秆、沤麻秆和竹纤维的活性炭吸附二氧化碳的数据。在本研究中,在 273 K 时,麻秆、沤麻秆和竹纤维活性炭对二氧化碳的吸附量分别达到 105 cm^3/g、116 cm^3/g 和 108 cm^3/g。通过氯化锌活化的沤麻秆活性炭具有最高的二氧化碳吸附能力。

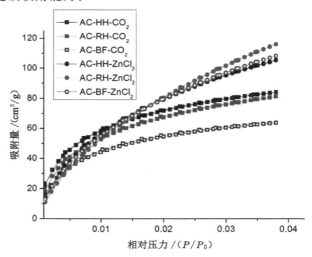

图 2-17　通过二氧化碳活化和氯化锌活化的麻秆、沤麻秆和竹纤维活性炭的二氧化碳吸附曲线

表 2-7　通过二氧化碳活化和氯化锌活化的麻秆、沤麻秆和竹纤维活性炭的二氧化碳吸附数据

样品编号	二氧化碳吸附量/(cm^3/g)
AC-HH-CO_2	84
AC-RH-CO_2	81
AC-Bamboo-CO_2	64
AC-HH-$ZnCl_2$	105
AC-RH-$ZnCl_2$	116
AC-Bamboo-$ZnCl_2$	108

与使用二氧化碳活化的活性炭相比,通过氯化锌活化的活性炭具有更大的二氧化碳吸附容量。所有结果表明,本研究中氯化锌活化的活性炭优于二氧化碳活化的活性炭。后续研究中,将进一步阐明氯化锌活化的活性炭的机理和规律。

第四节　活化温度和浸渍率对活性炭的影响

活性炭孔隙率主要取决于制备过程中涉及的各种工艺参数,例如使用的原材料、活化方法和活化条件。麻秆衍生的活性炭的性质与沤麻秆衍生的活性炭相似。在工业上,沤麻秆比麻秆更为丰富,因此在以下实验中,选择沤麻秆作为前驱体生产氯化锌活性炭。为了优化制备条件,本节研究了活化温度和浸渍率等变量对活性炭结构和化学性质的影响。活化剂与生物质的比例选择在 2∶1～4∶1 范围内,碳化阶段在 400～800 ℃ 范围内进行。然后测定了活性炭的产率、比表面积、孔体积和孔径。最后对合成的活性炭的气体捕获性能进行了评估。

一、前驱体形貌

为了探索氯化锌活化的反应机理,研究了一系列浸渍率分别为 2∶1、3∶1 和 4∶1,活化温度(℃)分别为 400、500、600、700 和 800 时的活性炭的形貌。

图 2-18 为在活化温度为 400 ℃ 下,不同浸渍率的氯化锌活化后得到的沤麻秆活性炭未经盐酸洗涤前的扫描电子显微镜图。可以看出,在 400 ℃ 下,浸渍率为 2∶1 时,氯化锌变成液体,液滴状氯化锌分散良好,平均直径一般为 2～8 μm,在活性炭表面清晰可见。在 400 ℃ 下,浸渍率为 3∶1 时,电镜图中可见液滴状的氯化锌和不规则的氧化锌薄片,氯化锌和氧化锌共存于所得活性炭体系之中。在 400 ℃ 下,浸渍率为 4∶1 时,氯化锌几乎全部转变为不规则的氧化锌薄片。

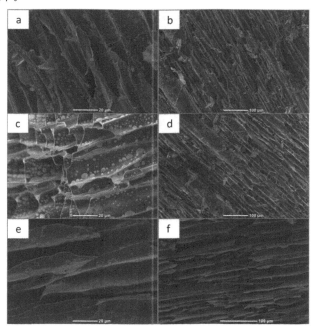

注:a、b 所示氯化锌浸渍率为 2∶1,c、d 所示氯化锌浸渍率为 3∶1,e、f 所示氯化锌浸渍率的 4∶1。

图 2-18　400 ℃ 时得到的沤麻秆活性炭在盐酸洗涤前的扫描电子显微镜图

这种转变是因为无水的氯化锌在 320 ℃ 左右熔化,并在 400 ℃ 以下保持熔融状态。高于 400 ℃ 时,氯化锌蒸发并部分氧化为氧化锌。氧化锌具有高热稳定性,熔点高于 1 975 ℃,不溶于水和酒精。

浸渍在前驱体上的氯化锌首先导致前驱体的纤维素部分降解,然后在碳化过程中脱水,导致碳骨架碳化和芳构化并形成孔隙结构。无水的氯化锌具有高度吸湿性,可迅速从环境空气中吸收水分。下面给出了涉及氯化锌和氧化锌的反应。氯化锌可根据式(8)与水反应，或根据式(9)与氧反应形成氧化锌。

$$ZnCl_2 + H_2O(g) \longrightarrow ZnO + 2HCl(g) \tag{8}$$

$$ZnCl_2 + 1/2O_2(g) \longrightarrow ZnO + Cl_2(g) \tag{9}$$

图 2-19 为在活化温度为 500 ℃下，不同浸渍率的氯化锌活化后得到的泗麻秆活性炭未经盐酸洗涤前的扫描电子显微镜图。可以看出，在 500 ℃下，以 2∶1 的浸渍率活化时，氯化锌变成六方片状氧化锌，并且氧化锌层有聚集成团块的趋势。以 3∶1 和 4∶1 的氯化锌浸渍率活化时，在活性炭表面形成液滴状的氯化锌和不规则的氧化锌片状晶体。

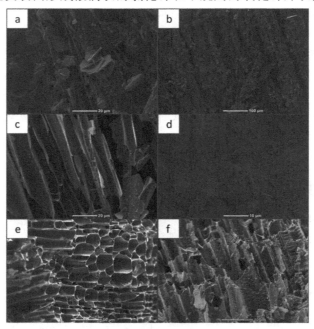

注：a、b 所示氯化锌浸渍率为 2∶1，c、d 所示氯化锌浸渍率为 3∶1，e、f 所示氯化锌浸渍率为 4∶1。

图 2-19　500 ℃时得到的泗麻秆活性炭在盐酸洗涤前的扫描电子显微镜图

图 2-20 为在活化温度为 600 ℃下，不同浸渍率的氯化锌活化后得到的泗麻秆活性炭未经盐酸洗涤前的扫描电子显微镜图。可以看出，在 600 ℃下，以 2∶1 的氯化锌浸渍率活化时，氧化锌变成六角锥状和六角柱状，这些氧化锌晶体结合成尖晶石，是更稳定的氧化物形式，并且尖晶石的形成可以抑制锌的挥发。在 600 ℃下，氯化锌浸渍率为 3∶1 时，一些氧化锌变成不规则的薄片，其余的规则氧化锌薄片倾向于形成堆积团簇。在 600 ℃下，以 4∶1 的氯化锌浸渍率活化时，氧化锌呈现薄片和六角柱状结构。

图 2-21 为在活化温度为 700 ℃下，不同浸渍率的氯化锌活化后得到的泗麻秆活性炭未经盐酸洗涤前的扫描电子显微镜图。可以看出，在 700 ℃下，当氯化锌浸渍率为 2∶1 时，氧化锌六方柱和小氯化锌液滴共存于活性炭上。理论上，氯化锌的沸点为 732 ℃，但由于氯化锌的纳米尺寸效应和低分压，它在 700 ℃的低温下开始蒸发。其他研究人员也观察到，氯化锌的失重峰位置显著偏移到较低的温度，他们通过 X 射线衍射检测到了小氯化锌液滴的存在。所以根据推测，扫描电子显微镜图中的小白点是颗粒状的氯化锌蒸气冷凝液。在 700 ℃

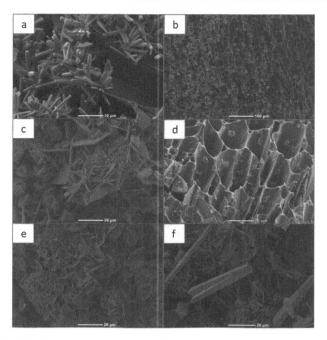

注:a、b所示氯化锌浸渍率为 2 : 1,c、d所示氯化锌浸渍率为 3 : 1,e、f所示氯化锌浸渍率为 4 : 1。

图 2-20 600 ℃时得到的汉麻秆活性炭在盐酸洗涤前的扫描电子显微镜图

注:a、b所示氯化锌浸渍率为 2 : 1,c、d所示氯化锌浸渍率为 3 : 1,e、f所示氯化锌浸渍率为 4 : 1。

图 2-21 700 ℃时得到的汉麻秆活性炭在盐酸洗涤前的扫描电子显微镜图

下,以 3 : 1 和 4 : 1 的氯化锌浸渍率活化时,氧化锌变成六角锥状和六角柱状,这些氧化锌晶体结合成尖晶石。

图 2-22 为在活化温度为 800 ℃下,不同浸渍率的氯化锌活化后得到的泅麻秆活性炭未经盐酸洗涤前的扫描电子显微镜图。扫描电子显微镜显示,在 800 ℃时,氧化锌变成六角锥状和六角柱状,这些氧化锌晶体结合成尖晶石。不同之处在于,活性炭上的氧化锌晶体的数量随着浸渍速率的增加而增加。

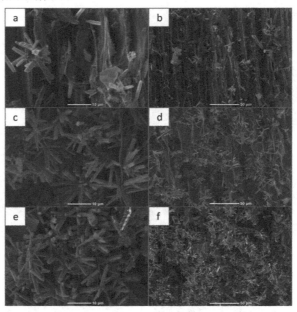

注:a、b 所示氯化锌浸渍率为 2∶1,c、d 所示氯化锌浸渍率为 3∶1,e、f 所示氯化锌浸渍率为 4∶1。

图 2-22　800 ℃时得到的泅麻秆活性炭在盐酸洗涤前的扫描电子显微镜图

图 2-23 为在活化温度为 400 ℃下,以 2∶1 的浸渍率的氯化锌活化后得到的泅麻秆活性炭在盐酸洗涤后的扫描电子显微镜图。该图显示,经过盐酸洗涤的泅麻秆中的大部分活性炭的形态保持了泅麻秆的原始外观。如图 2-23(b)所示,这些内壁上的通道上也具有高孔隙率。有序的天然孔隙通道为生物质前驱体与活化剂反应获得高比表面积微孔活性炭提供了合适的基础。其中微孔主要形成在通道表面,通道也会作为气体分子进入活性炭的通道,使气体分子进入并被吸附在微孔中。

通过氯化锌活化,其他浸渍率和活化温度下得到的活性炭的整体体积和微观形态与图 2-23(a)和图 2-23(b)相似,但横截面有很大不同。横截面的结构不同是由于样品基质在浸渍和氮气气氛中热处理后分解所造成,热处理过程中活化剂的蒸发产生了空间,之前被活化剂占据的空间被释放出来,可以用于吸附。

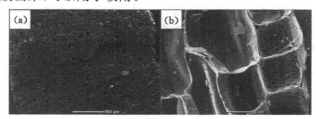

图 2-23　来自泅麻秆的活性炭在盐酸洗涤后的扫描电子显微镜图像

图 2-24 显示了在活化温度 400 ℃下,以不同的氯化锌浸渍率[(a)为 2∶1,(b)为 3∶1,(c)为 4∶1]活化后得到的沤麻秆活性炭经盐酸洗涤后的横截面的扫描电子显微镜图。如图 2-24(a)所示,在活化温度为 400 ℃,氯化锌浸渍率为 2∶1 的活化条件下,沤麻秆的圆形或椭圆形大孔道演变出许多螺旋状结构。如图 2-24(b)、(c)所示,在活化温度为 400 ℃,氯化锌浸渍率分别为 3∶1 和 4∶1 的活化条件下,沤麻秆活性炭融合在一起,形成层状孔隙结构,能够清楚地表明线圈状结构在活性炭表面消失。

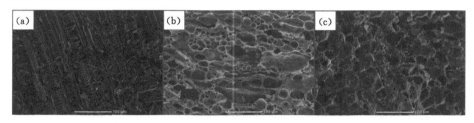

图 2-24　以不同的氯化锌浸渍率在 400 ℃活化沤麻秆活性炭,
经过盐酸洗涤后的横截面的扫描电子显微镜图

图 2-25 显示了在活化温度 500 ℃下,以不同的氯化锌浸渍率[(a)为 2∶1,(b)为 3∶1,(c)为 4∶1]活化后得到的沤麻秆活性炭经盐酸洗涤后的横截面的扫描电子显微镜图。正如扫描电子显微镜图所揭示的,在活化温度 500 ℃下,无论氯化锌活化剂的浸渍率是多少,所得到的沤麻秆活性炭都融合在一起。当氯化锌浸渍率为 2∶1 时,麻秆的部分圆形大孔道依然存在。当氯化锌浸渍率为 4∶1 时,活性炭形成层状孔结构。

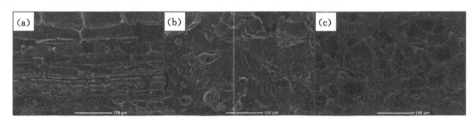

图 2-25　以不同的氯化锌浸渍率在 500 ℃活化沤麻秆活性炭,
经过盐酸洗涤后的横截面的扫描电子显微镜图

图 2-26 显示了在活化温度 600 ℃下,以不同的氯化锌浸渍率[(a)为 2∶1,(b)为 3∶1,(c)为 4∶1]活化后得到的沤麻秆活性炭经盐酸洗涤后的横截面的扫描电子显微镜图。经扫描电子显微镜测定,在 600 ℃下,氯化锌浸渍率为 2∶1 时所得到的沤麻秆活性炭仍保留了沤麻秆的独特结构,但内壁孔隙率增加。在氯化锌浸渍率分别为 3∶1 和 4∶1 时,来自沤麻秆的圆形或椭圆形大孔道的线圈状结构与熔融活性炭结构共存。

图 2-27 显示了在活化温度 700 ℃下,以不同的氯化锌浸渍率[(a)为 2∶1,(b)为 3∶1,(c)为 4∶1]活化后得到的沤麻秆活性炭经盐酸洗涤后的横截面的扫描电子显微镜图。如图 2-27 所示,在活化温度 700 ℃下,氯化锌浸渍率分别为 2∶1 和 3∶1 时所得到的沤麻秆活性炭仍保持具有较高孔隙率的沤麻秆的独特结构。在氯化锌浸渍率为 4∶1 时,沤麻秆的圆形或椭圆形大孔道中存在演变的螺旋状结构。

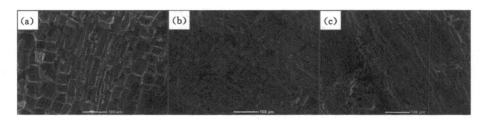

图 2-26　以不同的氯化锌浸渍率在 600 ℃活化沤麻秆活性炭，
经过盐酸洗涤后的横截面的扫描电子显微镜图

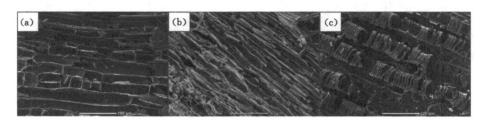

图 2-27　以不同的氯化锌浸渍率在 700 ℃活化沤麻秆活性炭，
经过盐酸洗涤后的横截面的扫描电子显微镜图

图 2-28 显示了在活化温度 800 ℃下，以不同的氯化锌浸渍率[(a)为 2∶1,(b)为 3∶1,(c)为 4∶1]活化后得到的沤麻秆活性炭经盐酸洗涤后的横截面的扫描电子显微镜图。扫描电子显微镜图显示，在活化温度 800 ℃下，氯化锌浸渍率分别为 2∶1 和 3∶1 时所得到的沤麻秆活性炭仍保持麻秆独特的结构，但内壁孔隙率增加。在氯化锌浸渍率为 4∶1 时，沤麻秆活性炭融合在一起。

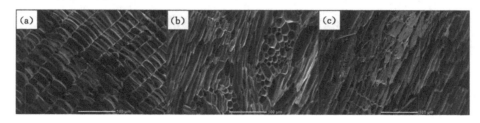

图 2-28　以不同的氯化锌浸渍率在 800 ℃活化沤麻秆活性炭，
经过盐酸洗涤后的横截面的扫描电子显微镜图

综上所述，本部分研究了以不同活化温度、不同浸渍率的氯化锌活化沤麻秆衍生的活性炭的形貌。在盐酸洗涤之前，在高活化温度下（700～800 ℃），锌元素以氧化锌六角锥体和氧化锌六角柱的形式存在于活性炭上，其中一些氧化锌结合成尖晶石，具有更稳定的氧化物形式。值得注意的是，氯化锌在 700 ℃左右蒸发，当活化温度为 700 ℃，以 2∶1 的氯化锌浸渍率活化沤麻秆时，所得活性炭上有颗粒状的氯化锌蒸气冷凝物存在。在低活化温度下（400～500 ℃），液滴状的氯化锌和不规则的氧化锌薄片在所得沤麻秆活性炭上共存。经盐酸洗涤后，活性炭内壁的孔隙率增加，一些活性炭融合在一起形成了层状孔隙结构。

二、沤麻秆

(一)活性炭产量

研究人员研究了活化温度和活化剂浸渍率对活化过程的表面化学特性和多孔结构发展的影响。图 2-29 显示了在不同的氯化锌浸渍率和活化温度下得到的沤麻秆活性炭经盐酸洗涤后的产率,表 2-8 给出了该活性炭在洗涤和干燥后的详细产率数据。结果表明,活化温度对活性炭的最终收率有显著影响。由于前驱体的碳质结构高度脱水,较高的活化温度会导致较低的碳产率。在较低的活化温度下(400～600 ℃),随着浸渍率的增加,碳的收率有增加的趋势。然而,在较高的活化温度下(700～800 ℃),观察到相反的趋势。这种趋势可以归因于高的浸渍率限制了焦油和挥发物的形成,并在较低的活化温度下脱水效果增强,从而增加了碳含量。然而,在较高的活化温度下,这种效果会减弱。

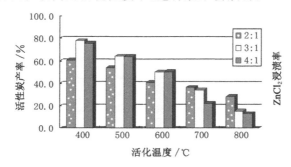

图 2-29　不同氯化锌浸渍率和活化温度下的沤麻秆活性炭经盐酸洗涤后的产率

表 2-8　不同氯化锌浸渍率和活化温度下的沤麻秆活性炭经盐酸洗涤后的产率

样品编号	活化温度/℃	氯化锌浸渍率	产率/wt%
RH-400-2∶1		2∶1	60.8
RH-400-3∶1	400	3∶1	78.0
RH-400-4∶1		4∶1	75.7
RH-500-2∶1		2∶1	54.3
RH-500-3∶1	500	3∶1	64.4
RH-500-4∶1		4∶1	64.0
RH-600-2∶1		2∶1	41.3
RH-600-3∶1	600	3∶1	50.3
RH-600-4∶1		4∶1	50.6
RH-700-2∶1		2∶1	36.6
RH-700-3∶1	700	3∶1	34.3
RH-700-4∶1		4∶1	22.4
RH-800-2∶1		2∶1	28.6
RH-800-3∶1	800	3∶1	15.5
RH-800-4∶1		4∶1	13.2

（二）活性炭比表面积和孔隙率

活性炭的主要特征是比表面积和孔体积。据报道，高质量的活性炭必须具有高于 800 m^2/g 的比表面积和 $0.2\ cm^3/g$ 的总孔容。我们采用实验研究了活化温度和活化剂浸渍率对活性炭的比表面积、孔体积、微孔体积和中孔体积等各种多孔特性的影响。表 2-9 总结了在不同的活化温度（400 ℃、500 ℃、600 ℃、700 ℃和 800 ℃）和氯化锌浸渍率（2：1、3：1 和4：1）下得到的苘麻秆活性炭在用盐酸洗涤前后的比表面积和孔体积数据。

表 2-9　由氮气吸附等温线得到的不同浸渍率和活化温度的
氯化锌活化苘麻秆活性炭的比表面积和孔体积数据

样品编号	S_{BET} /(m²/g)		$S_{Langmuir}$ /(m²/g)		V_{total} /(cm³/g)		V_{micro} /(cm³/g)		V_{meso} /(cm³/g)	
	HCl 洗前	HCl 洗后	HCl 洗前	HCl 洗后	HCl 洗前	HCl 洗后	HCl 洗前	HCl 洗后	HCl 洗前	HCl 洗后
RH-400-2：1	0	1 089	0	1 277	0	0.468	0	0.343	0	0.125
RH-400-3：1	0	1 261	0	1 572	0	0.590	0	0.349	0	0.241
RH-400-4：1	0	1 468	0	1 873	0	0.698	0	0.385	0	0.313
RH-500-2：1	0	794		891	0	0.318		0.273	0	0.045
RH-500-3：1	0	1 558	0	2 071	0	0.741	0	0.330	0	0.411
RH-500-4：1	0	1 708	0	2 411	0	0.861	0	0.278	0	0.583
RH-600-2：1	696	787	784	866	0.276	0.300	0.233	0.282	0.043	0.018
RH-600-3：1	269	1 351	458	1 955	0.149	0.712	0.005	0.204	0.144	0.508
RH-600-4：1	125	1 781	257	2 824	0.083	1.023	0.024	0.133	0.059	0.890
RH-700-2：1	474	1 157	523	1 326	0.177	0.468	0.169	0.384	0.008	0.084
RH-700-3：1	566	1 297	915	1 520	0.307	0.539	0.035	0.412	0.272	0.127
RH-700-4：1	749	1 352	977	2 273	0.340	0.795	0.185	0.064	0.155	0.731
RH-800-2：1	985	1 128	1 134	1 259	0.397	0.442	0.324	0.393	0.073	0.049
RH-800-3：1	1 012	1 357	1 505	2 199	0.546	0.785	0.144	0.075	0.402	0.710
RH-800-4：1	1 128	1 403	1 812	2 287	0.646	0.800	0.078	0.106	0.568	0.694

比表面积是根据 BET 和 Langmuir 方法在 $P/P_0=0.05\sim0.35$ 范围内的相对压力下从吸附分支进行计算的。通过将相对压力为 0.995 时吸附的氮含量转换为液体吸附物的体积来计算总孔体积。通过 T-Plot 法计算微孔体积。将总孔体积与微孔体积之差确定为中孔体积。

由表 2-9 可以看出，活化温度、活化剂浸渍率和盐酸洗涤对所得活性炭的比表面积和孔体积有显著影响。通过氯化锌活化苘麻秆得到活性炭，经过盐酸洗涤后，获得了高质量活性炭，其具有高比表面积（＞780 m^2/g）和大总孔体积（＞0.3 cm^3/g）。

图 2-30 和图 2-31 是由 77 K 的氮气吸附等温线得到的不同浸渍率和活化温度下氯化锌活化的苘麻秆活性炭的 BET 比表面积和总孔容。由图 2-30 可以看出，在盐酸洗涤之前，活性炭的 BET 比表面积随着浸渍率和活化温度的不同而呈现出不规则的变化。当氯化锌

浸渍率为 4∶1,活化温度为 800 ℃时,活性炭的 BET 比表面积达到最大值(1 128 m²/g)。在盐酸洗涤后,所有活性炭的 BET 比表面积都大大增加了。无论活化温度如何,BET 比表面积都随着氯化锌浸渍率的增加而增加。当氯化锌浸渍率为 4∶1,活化温度为 600 ℃时,所得活性炭在盐酸洗涤后具有最优的 BET 比表面积,达到 1 781 m²/g。

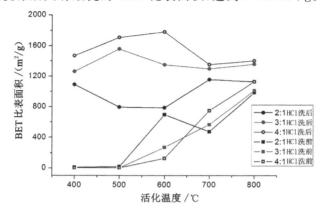

图 2-30　由氮气吸附等温线得到的不同浸渍率和活化温度的
氯化锌活化浤麻秆活性炭的 BET 比表面积

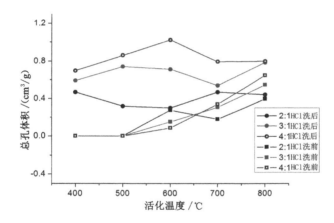

图 2-31　由氮气吸附等温线得到的不同浸渍率和活化温度的
氯化锌活化浤麻秆活性炭的总孔容

　　图 2-30 和图 2-31 表明,来自浤麻秆的活性炭的 BET 比表面积和总孔体积在活性剂浸渍率、活化温度和盐酸洗涤方面具有相似的趋势。在盐酸洗涤之前,当氯化锌浸渍率为 4∶1,活化温度为 800 ℃时,活性炭的总孔体积达到最大值(0.646 cm³/g),然而在浸渍率为 4∶1 的情况下,优化后的总孔体积在 600 ℃时达到 1.023 cm³/g。

　　利用氮气吸附等温线可以分析活性炭的孔结构和吸附行为。活性炭的一般特性可以通过氮气吸附等温线形状来解释。在不同活化温度下,氯化锌浸渍率为 2∶1 的浤麻秆活性炭在盐酸洗涤前后,在 77 K 下的氮气吸附-解吸等温线如图 2-32 所示。

　　由图 2-32 可以看出,RH-400-2∶1 和 RH-500-2∶1 两个组分的浤麻秆生物炭在盐酸洗涤之前几乎没有氮气吸附,这表明它们在盐酸洗涤之前的孔隙率很低。除上述两个组分外,

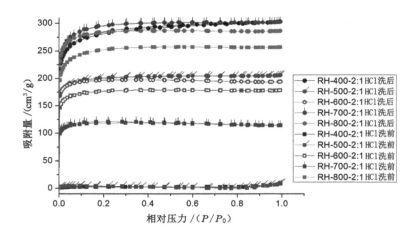

图 2-32　氯化锌浸渍率为 2∶1,在不同活化温度下得到的
泅麻秆活性炭在盐酸洗涤前后的氮气吸附-脱附等温线

其他活性炭表现出典型的 IUPAC 分类中的微孔固体Ⅰ(a)型等温线。在高相对压力下,吸附分支在宽范围内平行于压力轴,表明具有狭缝状或板状孔隙的微孔固体的孔径分布非常窄。然而,在活性炭的氮气吸附-解吸等温线上看到的小滞后回线是由于中孔的存在。氮气吸附-解吸等温线的主要吸收发生在相对压力小于 0.1 时。经盐酸洗涤后,氮气吸附量急剧增加。这表明通过盐酸洗涤后氯化锌活化的活性炭孔隙率显著增加。另外,从氮气吸附数据可以确定,经过盐酸洗涤的 RH-400-2∶1、RH-700-2∶1 和 RH-800-2∶1 组分是具有高 BET 比表面积的优质活性炭,其比表面积>1 000 m^2/g,总孔容>0.4 cm^3/g。

在不同活化温度下,氯化锌浸渍率为 3∶1 的泅麻秆活性炭在盐酸洗涤前后,在 77 K 下的氮气吸附-解吸等温线如图 2-33 所示。由图 2-33 可以看出,RH-400-3∶1 和 RH-500-3∶1 两个组分的泅麻秆生物炭在盐酸洗涤之前几乎没有氮气吸附,这表明它们的孔隙率很低。等温线的形状表明,除上述两个组分外,其他的活性炭都表现出Ⅰ型等温线,在较高的相对压力下具有几乎水平的平台,表明材料具有高度微孔性。在盐酸洗涤前,泅麻秆生物炭对氮气的吸附量随着活化温度的升高而增加,在 800 ℃时达到最大值。经盐酸洗涤后,氮气的吸附量随着活化温度的升高而增加,在 500 ℃时达到最大值(1 558 m^2/g)。将活化温度进一步提高到 600 ℃、700 ℃和 800 ℃时,会导致氮气吸附量减少。

在不同活化温度下,氯化锌浸渍率为 4∶1 的泅麻秆活性炭在盐酸洗涤前后,在 77 K 下的氮气吸附-解吸等温线如图 2-34 所示。由图 2-34 可以看出,RH-400-4∶1 和 RH-500-4∶1 两个组分的泅麻秆生物炭在盐酸洗涤之前几乎没有氮气吸附,这表明它们的孔隙率很低。除上述两个组分外,其他活性炭的等温线属于 IUPAC 分类中的Ⅰ(b)型等温线。等温线在低相对压力部分的急剧上升和高氮气吸附表明活性炭存在很大比例的微孔,而没有观察到明显滞后现象,表明中孔或大孔的数量非常少。在盐酸洗涤前,活性炭对氮气的吸附量随着活化温度的升高而增加,在 800 ℃时达到最大值。经盐酸洗涤后,活性炭对氮气的吸附量随活化温度的升高而增加,在 600 ℃达到最大值(1 781 m^2/g),活化温度进一步升高到 700 ℃和 800 ℃后,会导致所得活性炭对氮气的吸附量减少。

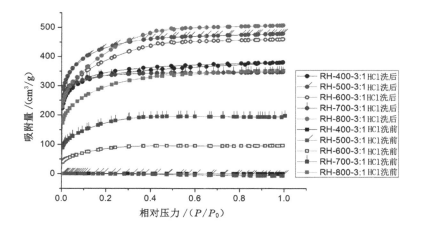

图 2-33 氯化锌浸渍率为 3∶1,在不同活化温度下得到的
汊麻秆活性炭在盐酸洗涤前后的氮气吸附-脱附等温线

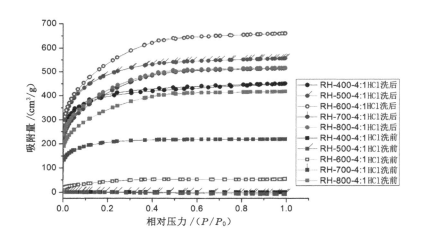

图 2-34 氯化锌浸渍率为 4∶1,在不同活化温度下得到的
汊麻秆活性炭在盐酸洗涤前后的氮气吸附-脱附等温线

（三）活性炭对二氧化碳的吸附能力

表 2-10 提供了在不同活化温度下,不同浸渍率的氯化锌活化的汊麻秆活性炭在盐酸洗涤后对二氧化碳的吸附数据。图 2-35 比较了在不同活化温度下,不同浸渍率的氯化锌活化的汊麻秆活性炭在盐酸洗涤后在 273 K 下对二氧化碳的吸附。由图 2-35 和表 2-10 可以看出,活性炭在 500 ℃的活化温度下达到最大的二氧化碳吸附能力。麻秆活性炭活化温度对二氧化碳吸附能力的影响大于氯化锌浸渍率的影响。在 500 ℃的活化温度下,氯化锌浸渍率分别为 2∶1、3∶1 和 4∶1 时,所得汊麻秆活性炭在盐酸洗涤后在 273 K 下对二氧化碳的吸附量（cm^3/g）分别达到 126、134 和 142。

表 2-10　不同浸渍率的氯化锌活化的苎麻秆活性炭在盐酸洗涤后对二氧化碳的吸附数据

样品编号	活化温度/℃	氯化锌浸渍率	二氧化碳吸附量（HCl 洗后）/(cm³/g)
RH-400-2：1		2：1	102
RH-400-3：1	400	3：1	76
RH-400-4：1		4：1	87
RH-500-2：1		2：1	126
RH-500-3：1	500	3：1	134
RH-500-4：1		4：1	142
RH-600-2：1		2：1	89
RH-600-3：1	600	3：1	82
RH-600-4：1		4：1	86
RH-700-2：1		2：1	79
RH-700-3：1	700	3：1	81
RH-700-4：1		4：1	74
RH-800-2：1		2：1	116
RH-800-3：1	800	3：1	77
RH-800-4：1		4：1	83

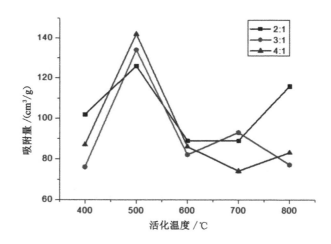

图 2-35　在不同活化温度下,不同浸渍率的氯化锌活化的苎麻秆活性炭在盐酸洗涤后对二氧化碳的吸附

三、竹纤维

(一)活性炭产量

图 2-36 和表 2-11 给出了在不同活化温度下,不同浸渍率的氯化锌活化的竹纤维衍生活性炭在盐酸洗涤后的产率。由图 2-36 和表 2-11 可以看出,活化温度越高,源自竹纤维的活性炭的产率越低。在较低的活化温度(400 ℃和 600 ℃)下,随着氯化锌浸渍率的增加,活性炭的产率有增加的趋势。然而,在较高的活化温度(800 ℃)下,观察到相反的趋势。

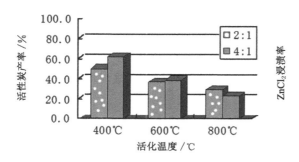

图 2-36　在不同活化温度下,不同浸渍率的氯化锌活化的竹纤维活性炭在盐酸洗涤后的产量

表 2-11　在不同活化温度下,不同浸渍率的氯化锌活化的竹纤维活性炭在盐酸洗涤后的产量

样品编号	活化温度/℃	氯化锌浸渍率	产率/wt%
BF-400-2∶1	400	2∶1	50.1
BF-400-4∶1		4∶1	61.5
BF-600-2∶1	600	2∶1	36.4
BF-600-4∶1		4∶1	38.8
BF-800-2∶1	800	2∶1	29.1
BF-800-4∶1		4∶1	23.0

（二）活性炭比表面积和孔隙率

表 2-12 总结了在不同活化温度（400 ℃、600 ℃和 800 ℃）下,不同浸渍率（2∶1 和 4∶1）的氯化锌活化的竹纤维衍生活性炭在盐酸洗涤前后的比表面积和孔体积,数据来源于所得活性炭在 77 K 下对氮气的吸附等温线。为了便于比较,所有参数的计算方式与以前的麻秆和沤麻秆活性炭的计算方式相同。

表 2-12　在不同浸渍率和活化温度下,氯化锌活化的竹纤维活性炭在盐酸洗涤前后的比表面积和孔容数据

样品编号	S_{BET} /(m²/g)		$S_{Langmuir}$ /(m²/g)		V_{total} /(cm³/g)		V_{micro} /(cm³/g)		V_{meso} /(cm³/g)	
	HCl 洗前	HCl 洗后	HCl 洗前	HCl 洗后	HCl 洗前	HCl 洗后	HCl 洗前	HCl 洗后	HCl 洗前	HCl 洗后
BF-400-2∶1	0	783	0	892	0	0.322	0	0.259	0	0.063
BF-400-4∶1	0	1 587	0	2 176	0	0.786	0	0.334	0	0.452
BF-600-2∶1	712	763	783	856	0.286	0.305	0.251	0.263	0.035	0.042
BF-600-4∶1	550	1 366	839	1 905	0.287	0.656	0.073	0.300	0.214	0.356
BF-800-2∶1	1 110	1 213	1 286	1 402	0.455	0.496	0.366	0.399	0.089	0.097
BF-800-4∶1	1 108	1 370	1 396	1 761	0.505	0.641	0.304	0.363	0.201	0.278

图 2-37 和图 2-38 分别是由在不同活化温度下,以不同浸渍率的氯化锌活化的竹纤维衍生的活性炭在 77 K 下对氮气的吸附等温线得到的活性炭的 BET 比表面积和总孔容。在

盐酸洗涤之前,在活化温度为 800 ℃,氯化锌浸渍率为 2∶1 时,所得竹纤维活性炭的 BET 比表面积达到最大值(1 110 m²/g)。在盐酸洗涤后,所有竹纤维活性炭的 BET 比表面积都大大增加。无论活化温度如何,BET 比表面积都随着氯化锌浸渍率的增加而增加。在活化温度为 400 ℃,氯化锌浸渍率为 4∶1 时,所得竹纤维活性炭在盐酸洗涤后的 BET 比表面积达到最优值(1 587 m²/g)。

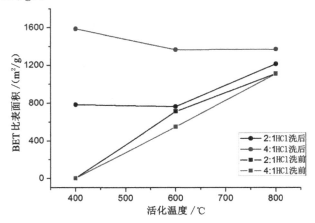

图 2-37　不同浸渍率和活化温度的竹纤维活性炭在盐酸洗涤前后的 BET 比表面积

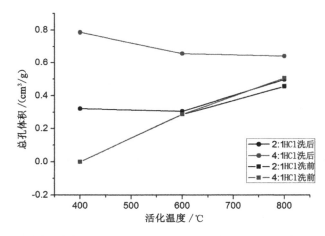

图 2-38　不同浸渍率和活化温度的竹纤维活性炭在盐酸洗涤前后的总孔容

在盐酸洗涤之前,在活化温度为 800 ℃,氯化锌浸渍率为 4∶1 时,所得竹纤维活性炭的总孔体积达到最大值(0.505 cm³/g)。然而,在盐酸洗涤后,在活化温度为 400 ℃时,优化后的总孔体积达到 0.786 cm³/g。由图 2-37 和图 2-38 可以看出,来自竹纤维的活性炭的 BET 比表面积和总孔体积在浸渍率、活化温度和盐酸洗涤方面与来自泡麻秆的活性炭具有相似的趋势。

图 2-39 是在不同活化温度下,浸渍率为 2∶1 的氯化锌活化竹纤维活性炭在盐酸洗涤前后,在 77 K 下的氮气吸附-脱附等温线。由图 2-39 可以看出,由 BF-400-2∶1 组分得到的竹纤维活性炭在盐酸洗涤前几乎没有氮气吸附,这表明其孔隙率低。除了这个组分外,其他组分的竹纤维活性炭的氮气吸附-脱附等温线属于 IUPAC 分类中的类型Ⅰ(a)。等温线显示,氮气吸附量随着压力增加而迅速上升到饱和,这是微孔固体的特征。经盐酸洗涤后,氮

气吸附量增加,这表明通过盐酸洗涤后氯化锌活化竹纤维活性炭孔隙率显著增加。对于BF-600-2∶1样品,在盐酸洗涤前后,在相对压力接近饱和时有明显的吸附"尾部",表明该活性炭中存在大孔,可能是由于颗粒堆叠所导致的。在经盐酸洗涤前,竹纤维活性炭的氮气吸附量随着活化温度的升高而增加,在800 ℃时达到最大值(1 110 m²/g)。经盐酸洗涤后,氮气吸附量也达到最大值(1 213 m²/g)。

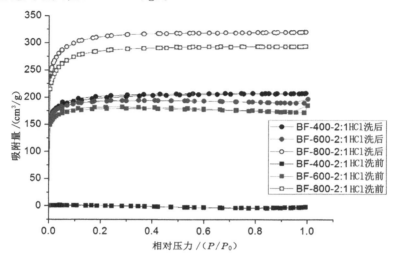

图 2-39　氯化锌浸渍率为 2∶1,在不同活化温度下得到的
竹纤维活性炭在盐酸洗涤前后的氮气吸附-脱附等温线

　　图 2-40 是在不同活化温度下,浸渍率为 4∶1 的氯化锌活化竹纤维活性炭在盐酸洗涤前后,在 77 K 下的氮气吸附-脱附等温线。图 2-39 和图 2-40 表明,随着氯化锌浸渍率从2∶1 增加到 4∶1,等温线趋于展开,表明微孔扩大。由图 2-40 可以看出,BF-400-4∶1组分的竹纤维活性炭在盐酸洗涤之前几乎没有氮气吸附,这表明其孔隙率极低。根据 IUPAC分类,除了上述组分之外,其他组分的竹纤维活性炭的氮气吸附等温线的形状可以认为是I(b)型。对于 BF-800-4∶1 样品,在盐酸洗涤前后,氮气吸附-脱附等温线在相对压力接近饱和时,有明显的吸附"尾部",表明该组分的竹纤维活性炭存在大孔,可能来自颗粒的堆叠。在盐酸洗涤前,氮气的吸附量随着活化温度的升高而增加,在800 ℃时达到最大值。然而,在盐酸洗涤后,氮气吸附量在 400 ℃时达到最大值(1 587 m²/g)。活化温度进一步升高至600 ℃和 800 ℃时,会导致所得竹纤维活性炭对氮气的吸附量减少。

　　(三)活性炭对二氧化碳的吸附能力

　　表 2-13 总结了在不同活化温度下,不同浸渍率的氯化锌活化竹纤维活性炭在盐酸洗涤后,在 273 K 时对二氧化碳的吸附数据。图 2-41 比较了在不同活化温度下,不同浸渍率的氯化锌活化的竹纤维活性炭在盐酸洗涤后,在 273 K 时对二氧化碳的吸附量。由图 2-41 和表 2-13 可知,竹纤维活性炭对二氧化碳的吸附量随着活化温度的升高先增大后减小,活性炭在活化温度为 800 ℃时达到最大二氧化碳吸附能力。当活化温度为 800 ℃,氯化锌浸渍率分别为 2∶1 和 4∶1 时,竹纤维活性炭在 273 K 时对二氧化碳的吸附量分别达到108 cm³/g 和 98 cm³/g。

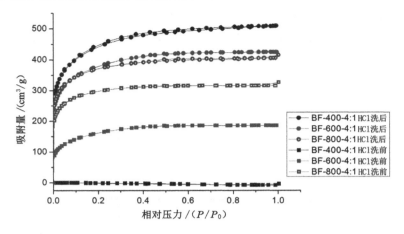

图 2-40　氯化锌浸渍率为 4∶1,在不同活化温度下得到的
竹纤维活性炭在盐酸洗涤前后的氮气吸附-脱附等温线

表 2-13　在不同活化温度下,不同浸渍率的氯化锌活化竹纤维活性炭在盐酸洗涤后对二氧化碳的吸附数据

样品编号	活化温度/℃	氯化锌浸渍率	二氧化碳吸附量(HCl 洗后)/(cm³/g)
BF-400-2∶1	400	2∶1	86
BF-400-4∶1		4∶1	93
BF-600-2∶1	600	2∶1	77
BF-600-4∶1		4∶1	88
BF-800-2∶1	800	2∶1	108
BF-800-4∶1		4∶1	98

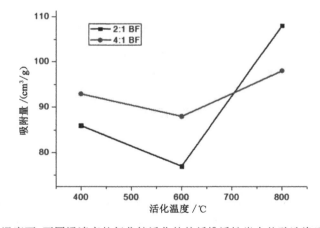

图 2-41　在不同活化温度下,不同浸渍率的氯化锌活化的竹纤维活性炭在盐酸洗涤后对二氧化碳的吸附量

四、麻秆

(一)活性炭产量

图 2-42 和表 2-14 给出了不同活化温度和不同氯化锌浸渍率的麻纤维衍生的活性炭在

盐酸洗涤后的产率,数据表明,活化温度越高,麻纤维衍生活性炭的产率越低。麻纤维在较低的活化温度(400 ℃和600 ℃)下,随着氯化锌浸渍率的增加,活性炭的产率有增加的趋势。然而,在较高的活化温度(800 ℃)下,观察到相反的规律。经氯化锌活化的竹纤维和麻纤维衍生的活性炭的产率趋势相同。

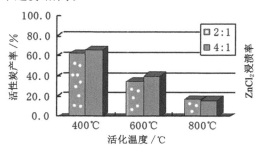

图 2-42　在不同活化温度下,不同浸渍率的氯化锌活化的麻纤维活性炭在盐酸洗涤后的产量

表 2-14　不同氯化锌浸渍率和活化温度的麻纤维活性炭在盐酸洗涤后的产量

样品编号	活化温度/℃	氯化锌浸渍率	产率/wt%
HF-400-2∶1	400	2∶1	62.5
HF-400-4∶1		4∶1	66.3
HF-600-2∶1	600	2∶1	35.3
HF-600-4∶1		4∶1	40.2
HF-800-2∶1	800	2∶1	17.2
HF-800-4∶1		4∶1	16.4

(二)活性炭比表面积和孔隙率

表 2-15 总结了不同活化温度(400 ℃、600 ℃和 800 ℃)和不同氯化锌浸渍率(2∶1 和 4∶1)的麻纤维衍生活性炭在盐酸洗涤前后的比表面积和孔体积。数据由在 77 K 下的氮气吸附等温线计算得出。为了便于比较,所有参数的计算方式与麻秆、沤麻秆、竹纤维活性炭的计算方式相同。

表 2-15　不同氯化锌浸渍率和活化温度的麻纤维活性炭在盐酸洗涤前后的比表面积和孔容数据

样品编号	S_{BET} /(m²/g)		$S_{Langmuir}$ /(m²/g)		V_{total} /(cm³/g)		V_{micro} /(cm³/g)		V_{meso} /(cm³/g)	
	HCl 洗前	HCl 洗后	HCl 洗前	HCl 洗后	HCl 洗前	HCl 洗后	HCl 洗前	HCl 洗后	HCl 洗前	HCl 洗后
HF-400-2∶1	0	1 576	0	2 406	0	0.884	0	0.201	0	0.683
HF-400-4∶1	0	1 464	0	2 169	0	0.823	0	0.201	0	0.622
HF-600-2∶1	404	1 368	618	2 000	0.220	0.735	0.053	0.227	0.167	0.508
HF-600-4∶1	213	1 409	442	2 270	0.151	1.026	0.010	0.088	0.141	0.938
HF-800-2∶1	853	1 413	1 362	2 289	0.553	0.941	0.070	0.124	0.483	0.817
HF-800-4∶1	722	1 314	976	2 275	0.353	1.009	0.166	0.055	0.187	0.954

　　图 2-43 和图 2-44 分别是不同活化温度和不同氯化锌浸渍率的麻纤维衍生活性炭在盐酸洗涤前后的 BET 比表面积和总孔容。在盐酸洗涤之前，当氯化锌浸渍率为 2∶1 时，麻纤维活性炭的 BET 比表面积在 800 ℃时达到最大值（853 m²/g）。在盐酸洗涤后，所有麻纤维活性炭的 BET 比表面积都大大增加。无论活化温度如何，BET 比表面积都随着氯化锌浸渍率的增加而增加。在活化温度为 400 ℃，氯化锌浸渍率为 2∶1 时，优化后的麻纤维活性炭的 BET 比表面积达到 1 576 m²/g。

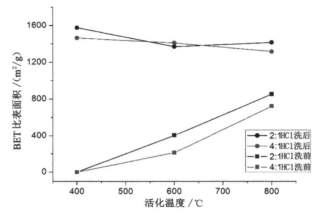

图 2-43　不同氯化锌浸渍率和活化温度的麻纤维活性炭在盐酸洗涤前后的 BET 比表面积

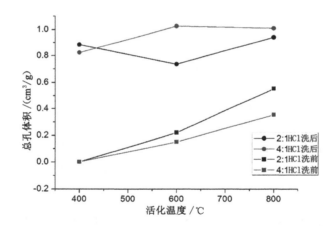

图 2-44　不同氯化锌浸渍率和活化温度的麻纤维活性炭在盐酸洗涤前后的总孔容

　　图 2-45 是在不同活化温度下，氯化锌浸渍率为 2∶1 的麻纤维衍生活性炭经盐酸洗涤前后，在 77 K 下的氮气吸附-脱附等温线。由图 2-45 可以看出，HF-400-2∶1 组分的活性炭在盐酸洗涤之前几乎没有氮气吸附，这表明其孔隙率很低。HF-600-2∶1 组分的活性炭在盐酸洗涤前的氮气吸附等温线属于 IUPAC 分类中的 I 型。除了这两个组分外，其他活性炭的氮气吸附等温线表现为 IV 型。经盐酸洗涤后的 HF-600-2∶1、盐酸洗涤前后的 HF-800-2∶1 麻纤维活性炭都具有明显的 H4 型磁滞回线，这是介孔材料的典型特征。IV 型等温线描述了微孔和中孔混合物的吸附，以及以吸附剂的单层-多层吸附为特征的吸附性质。当通过毛细管冷凝填充中孔的机制与中孔排空机制不同时，可能会出现滞后回线。

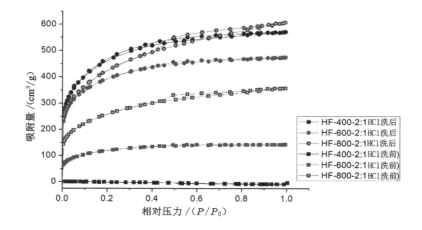

图 2-45 氯化锌浸渍率为 2∶1,不同活化温度的麻纤维活性炭
在盐酸洗涤前后的氮气吸附-解吸等温线

经盐酸洗涤后,麻纤维活性炭对氮气的吸附量急剧增加,这表明通过氯化锌活化的麻纤维活性炭的孔隙率在盐酸洗涤后显著增加。图 2-45 还表明,氮气等温线的"拐点"倾向于通过盐酸洗涤打开,表明微孔扩大。在相对压力达到约 0.1 后,随着相对压力的增加,氮气吸附量仍有进一步的增加(盐酸洗涤前的 HF-400-2∶1 组分的活性炭例外),这反映了活性炭样品中存在一定量的中孔。在盐酸洗涤前,氮气的吸附量随着活化温度的升高而增加,在 800 ℃时达到最大值。然而,在盐酸洗涤后,氮气吸附量在 400 ℃时达到最大值(1 576 m²/g)。活化温度进一步升高至 600 ℃和 800 ℃会导致氮气吸附量减少。

图 2-46 是在不同活化温度下,氯化锌浸渍率为 4∶1 的麻纤维衍生活性炭经盐酸洗涤前后,在 77 K 下的氮气吸附-脱附等温线。由图 2-46 可以看出,HF-400-4∶1 组分的活性炭在盐酸洗涤之前几乎没有氮气吸附,这表明其孔隙率很低。盐酸洗涤前的 HF-600-4∶1、HF-800-4∶1 和盐酸洗涤后的 HF-400-4∶1 麻纤维活性炭的等温线属于 IUPAC 分类中的Ⅰ型。很显然,经盐酸洗涤后,在 0.4～1.0 的高相对压力区域,HF-600-4∶1 和 HF-800-4∶1 活性炭的氮气吸附等温线中出现了 Type-H4 滞后回线,并表现为Ⅳ型,这证明了活性炭中具有广泛分布的中孔。经盐酸洗涤后氮气吸附能力急剧增加,氮气吸附等温线的"拐点"趋于通过盐酸洗涤打开,表明微孔扩大。在盐酸洗涤前,氮气的吸附量随着活化温度的升高而增加,在 800 ℃时达到最大值。经盐酸洗涤后,氮气的吸附量随着活化温度的升高而降低,在 400 ℃时,经盐酸洗涤后,氮气的吸附量达到最大值(1 464 m²/g)。在相对压力达到约 0.1 后,随着相对压力的增加,吸附量仍有进一步的增加,这进一步反映了盐酸洗涤后样品中存在一定量的中孔。

(三)活性炭对二氧化碳的吸附能力

表 2-16 总结了在不同活化温度和不同氯化锌浸渍率下所得到的麻纤维活性炭经盐酸洗涤后,在 273 K 下对二氧化碳的吸附数据。图 2-47 比较了在不同活化温度和不同氯化锌浸渍率下所得到的麻纤维活性炭经盐酸洗涤后,对二氧化碳的吸附量的变化。由图 2-47 和表 2-16 可以看出,氯化锌浸渍率和活化温度对麻纤维活性炭的二氧化碳吸附能力的影响都

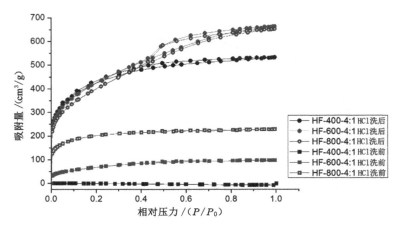

图 2-46 氯化锌浸渍率为 4∶1,不同活化温度的麻纤维活性炭
在盐酸洗涤前后的氮气吸附-解吸等温线

很大。二氧化碳吸附量随着氯化锌浸渍率的增加而降低。当活化温度为 400 ℃,氯化锌浸渍率为 2∶1 时,麻纤维活性炭在 273 K 下对二氧化碳的吸附量达到最大值(86 cm³/g)。

表 2-16 不同浸渍率和活化温度的麻纤维活性炭在盐酸洗涤后对二氧化碳的吸附数据

样品编号	活化温度/℃	氯化锌浸渍率	HCl 洗后的二氧化碳吸附量/(cm³/g)
HF-400-2∶1	400	2∶1	86
HF-400-4∶1		4∶1	84
HF-600-2∶1	600	2∶1	86
HF-600-4∶1		4∶1	79
HF-800-2∶1	800	2∶1	84
HF-800-4∶1		4∶1	77

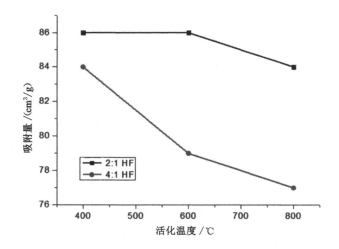

图 2-47 不同浸渍率和活化温度的麻纤维活性炭在盐酸洗涤后对二氧化碳的吸附量

五、不同前驱体活性炭比较

（一）活性炭产量

本部分对沤麻秆、竹纤维和麻纤维衍生的活性炭进行了比较。图 2-48 为通过不同活化温度和浸渍率的氯化锌活化，衍生自沤麻秆、竹纤维和麻纤维的活性炭在盐酸洗涤后的产率。由图 2-48 可以看出，活化温度的影响大大超过生物前驱体种类和氯化锌浸渍率的影响。

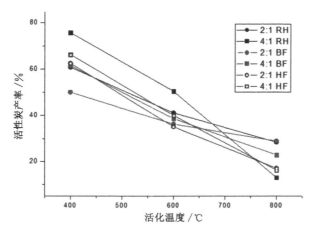

图 2-48　不同浸渍率和活化温度的沤麻秆、竹纤维和麻纤维活性炭在盐酸洗涤后的产率

无论前驱体是沤麻秆、竹纤维还是麻纤维，氯化锌浸渍率和活化温度对活性炭产率的影响规律是相似的，即活化温度越高，产率越低。在较低的活化温度下，随着浸渍率的增加，活性炭的产率有增加的趋势，而在较高的活化温度下则出现相反的趋势。

（二）活性炭比表面积和孔隙率

前面研究了活化参数对活性炭的性能的影响。本部分将比较不同前驱体对活性炭性能的影响。图 2-49 为不同前驱体通过不同浸渍率的氯化锌活化，在不同的活化温度下得到的活性炭的 BET 比表面积、总孔体积和微孔体积。由图 2-49 可知，沤麻秆和竹纤维活性炭的 BET 比表面积和总孔容随着浸渍率的提高而显著增加。然而，浸渍率对麻纤维活性炭的影响并不显著。

当氯化锌浸渍率为 2：1 时，麻纤维活性炭的 BET 比表面积和总孔体积优于麻秆和竹纤维衍生的活性炭，但其微孔体积最小。当氯化锌浸渍率为 4：1 时，沤麻秆活性炭（RH-600-4：1）提高了 BET 比表面积（1 781 m^2/g）和总孔容（1.023 cm^3/g），但其微孔量相对较低。尽管这些活性炭的 BET 比表面积和总孔体积不同，但氯化锌活化，即熔盐路线被证明是从生物质中合成高质量活性炭的有效途径。

图 2-50 为不同前驱体在不同的活化温度下，通过浸渍率为 2：1 的氯化锌活化得到的活性炭经盐酸洗涤后，在 77 K 时的氮气吸附-解吸等温线。由图 2-50 可以看出，来自麻秆和竹纤维的活性炭上的氮气吸附-解吸等温线纤维相似（Ⅰ型），与大麻纤维（Ⅳ型）的活性炭上的等温线完全不同。麻秆和竹纤维的活性炭是高度微孔材料，在它们的等温线上没有观

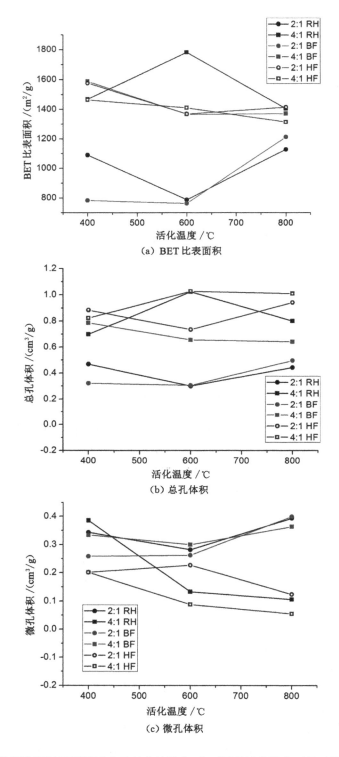

图 2-49　不同前驱体通过不同浸渍率的氯化锌活化,在不同的活化温度下得到的活性炭的性能

察到明显的滞后现象,表明中孔或大孔的数量非常少。来自大麻纤维的活性炭具有微孔和中孔的混合物,在高相对压力区域的等温线中出现 H4 型磁滞回线,表明了具有广泛的中孔分布特征。麻纤维等温线的弯度比沤麻秆和竹纤维的等温线宽,表明微孔扩大。

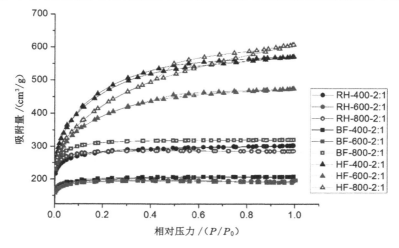

图 2-50　由不同前驱体在氯化锌浸渍率为 2∶1 和不同活化温度下
制备的活性炭经过盐酸洗涤后的氮气吸附-脱附等温线

图 2-51 为不同前驱体在不同的活化温度下,通过浸渍率为 4∶1 的氯化锌活化得到的活性炭经盐酸洗涤后,在 77 K 时的氮气吸附-解吸等温线。由图 2-51 可以看出,来自麻秆和竹纤维的活性炭上的氮气吸附-解吸等温线相似[Ⅰ(b)型],这与来自大麻纤维(HF-600-4∶1 和 HF-800-4∶1)的活性炭上的一些等温线(Ⅳ型)不同。麻秆和竹纤维活性炭的中孔或大孔的数量很少。来自大麻纤维的活性炭(600 ℃和 800 ℃)具有微孔和中孔的混合物,具有广泛的中孔分布特征。

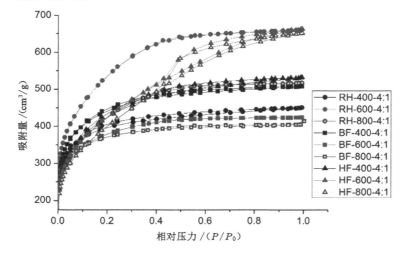

图 2-51　由不同前驱体在氯化锌浸渍率为 4∶1 和不同活化温度下
制备的活性炭经过盐酸洗涤后的氮气吸附-脱附等温线

（三）活性炭对二氧化碳的吸附能力

活性炭的物理化学性质在很大程度上取决于前驱体的性质和活化条件，下面进一步探讨前驱体对活性炭吸附性能的影响。

图 2-52 为不同前驱体在不同的活化温度下，通过浸渍率为 2∶1 的氯化锌活化得到的活性炭经盐酸洗涤后，在 273 K 下对二氧化碳的吸附曲线。具有最高二氧化碳吸附能力的活性炭前驱体是沤麻秆。对于从沤麻秆和竹纤维衍生活性炭，吸附二氧化碳的最佳活化温度为 800 ℃。对于麻纤维衍生的活性炭，活化温度对二氧化碳吸附能力的影响较小。

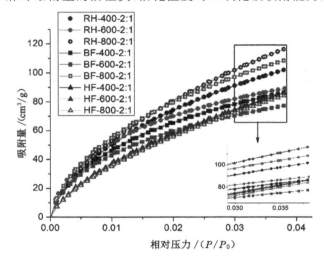

图 2-52　由不同前驱体在氯化锌浸渍率为 2∶1 和不同活化温度下
制备的活性炭经过盐酸洗涤后的二氧化碳吸附曲线

图 2-53 为不同前驱体在不同的活化温度下，通过浸渍率为 4∶1 的氯化锌活化得到的活性炭经盐酸洗涤后，在 273 K 下对二氧化碳的吸附曲线。竹纤维活性炭在所有活化温度下对二氧化碳的吸附能力均高于沤麻秆和麻纤维。对于竹纤维衍生的活性炭，吸附二氧化碳的最佳活化温度为 800 ℃。对于从沤麻秆和麻纤维衍生的活性炭，吸附二氧化碳的最佳活化温度为 400 ℃。

图 2-54 是在 400 ℃ 的活化温度下，通过不同浸渍率的氯化锌活化得到的活性炭经盐酸洗涤后，在 273 K 下对二氧化碳的吸附曲线。如图 2-54 所示，在 400 ℃ 的活化温度下，当氯化锌浸渍率为 2∶1 时，得到的沤麻秆活性炭具有最高的二氧化碳吸附能力，其他活性炭对二氧化碳吸附能力的差异不大。

图 2-55 是在 600 ℃ 的活化温度下，通过不同浸渍率的氯化锌活化得到的活性炭经盐酸洗涤后，在 273 K 下对二氧化碳的吸附曲线。结果表明，当活化温度为 600 ℃ 时，沤麻秆、竹纤维和麻纤维的最高二氧化碳吸附量（89、88 cm^3/g 和 86 cm^3/g）差异较小。

图 2-56 是在 800 ℃ 的活化温度下，通过不同浸渍率的氯化锌活化得到的活性炭经盐酸洗涤后，在 273 K 下对二氧化碳的吸附曲线。在 800 ℃ 的活化温度下，氯化锌浸渍率为 2∶1 时的麻秆活性炭对二氧化碳的吸附量达到 116 cm^3/g。来自麻纤维的活性炭具有最少的二氧化碳吸附量。

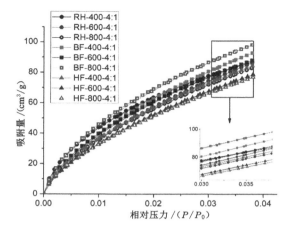

图 2-53　由不同前驱体在氯化锌浸渍率为 4∶1 和不同活化温度下
制备的活性炭经过盐酸洗涤后的二氧化碳吸附曲线

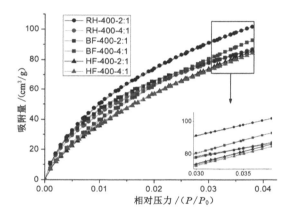

图 2-54　由不同前驱体在不同的氯化锌浸渍率下,在 400 ℃活化温度下
制备的活性炭经过盐酸洗涤后的二氧化碳吸附曲线

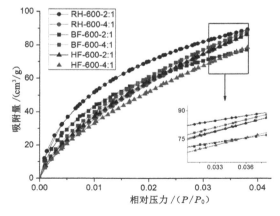

图 2-55　由不同前驱体在不同的氯化锌浸渍率下,在 600 ℃活化温度下
制备的活性炭经过盐酸洗涤后的二氧化碳吸附曲线

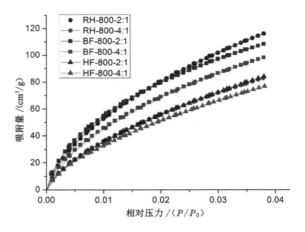

图 2-56 由不同前驱体在不同的氯化锌浸渍率下,在 800 ℃ 活化温度下
制备的活性炭经过盐酸洗涤后的二氧化碳吸附曲线

第五节 小 结

在本章中,大麻纤维的工业副产品,麻秆和沤麻秆,被用作活性炭前驱体,通过氯化锌化学活化和二氧化碳物理活化分别制备活性炭,然后在相似的条件下对制备的麻秆、沤麻秆、竹纤维和麻纤维衍生的活性炭进行比较。

结果表明,麻秆包含大小不同的大孔通道。一种是直径为 40～60 μm 的圆形或椭圆形大孔道,另一种是直径较小的 20～30 μm 的多边形或圆形孔道。这些孔隙通道在其内壁上也具有高孔隙率,导致形成分级孔隙结构和连通的孔隙几何形状。沤制过程导致部分较大的孔隙通道解体,并将其中一些通道变成线圈状结构。沤制过程还提高了麻秆的热稳定性。麻秆活性炭经盐酸洗涤后的形态基本保留了麻秆的原结构,但是内壁孔隙率大大增加。

研究发现,活化方法显著影响活性炭的比表面积和孔体积。氯化锌活化被证实是一种从生物质中合成具有高比表面积和多孔体积的活性炭的好方法。与二氧化碳活化相比,氯化锌活化所得的活性炭具有更大的比表面积。通过氯化锌活化从麻秆、沤麻秆和竹纤维中获得的活性炭经盐酸洗涤后,具有高比表面积(＞1 100 m^2/g)和高总孔体积(＞0.4 cm^3/g)。

在二氧化碳活化过程中,二氧化碳在高温下会与麻秆中的碳发生反应,碳气化产生孔隙和高比表面积。在氯化锌活化过程中,氯化锌首先作为脱水剂,在加热过程中催化糖苷键的断裂和羟基、羰基的消除,导致纤维素材料降解,并在碳化时脱水,导致碳化和碳骨架的芳构化以及孔结构的产生。其次,氯化锌气体的扩散,导致在酸洗后形成了更高比表面积和孔体积的活性炭。

孔的发展在很大程度上取决于活化剂的浸渍率和活化温度。盐酸洗涤可以进一步增加活性炭的孔隙率。在盐酸洗涤后,所有活性炭的 BET 比表面积都大大增加。沤麻秆和竹纤维活性炭的 BET 比表面积和总孔容随着氯化锌浸渍率的提高而大幅度增加。然而,浸渍率对大麻纤维活性炭的影响并不显著。来自麻秆和竹纤维的活性炭的氮气吸附等温线相似(Ⅰ型),这与来自大麻纤维的活性炭(Ⅳ型)的等温线有很大不同。来自麻秆和竹纤维的活性炭是高度微孔材料,来自大麻纤维的活性炭同时具有微孔和中孔,在高相对压力区域的等温线中出现的 H4 型磁滞回线表明了其中具有广泛的中孔分布。在 600 ℃ 的活化温度下，当氯化锌浸渍率为 4∶1 时，所得沤麻秆活性炭优化后的 BET 比表面积达到 1 781 m²/g，总孔容达到 1.023 cm³/g。由于前驱体的碳质结构高度脱水，高活化温度导致低活性炭产率。在较低的活化温度下，随着氯化锌浸渍率的增加，活性炭的产率有增加的趋势，而在较高的活化温度下观察到相反的趋势。这可能是因为较高的氯化锌浸渍率限制了焦油和挥发物的形成，而在较低的活化温度下脱水效果增强，从而增加了碳含量。

氯化锌活化的活性炭与二氧化碳活化的活性炭相比具有更高的二氧化碳吸附能力。麻秆活性炭的活化温度对二氧化碳吸附能力的影响大于氯化锌浸渍率的影响。在 500 ℃ 的活化温度下，当氯化锌浸渍率为 4∶1 时，所得沤麻秆活性炭在 273 K 时具有最高的二氧化碳吸附能力。

总之，麻秆和沤麻秆衍生的活性炭保留了麻秆独特的中孔-大孔结构，同时在活化过程中会产生微孔。这些相互连接的微孔-中孔-大孔对于电解液的快速扩散是非常理想的，未来可拓展麻秆和沤麻秆活性炭作为电极的应用。

第三章　活性炭应用

活性炭在吸附、水相处理和超级电容器等领域都有相关应用。图 3-1 显示了目前活性炭的主要应用领域。将合适的前驱体活化,会形成高度多孔的活性炭,其大的比表面积和孔体积决定了它们的应用。定制的孔隙率和孔径分布增强了活性炭的实用性,例如在催化、多尺寸分子的分离、电容器、电极和锂离子电池中的应用。

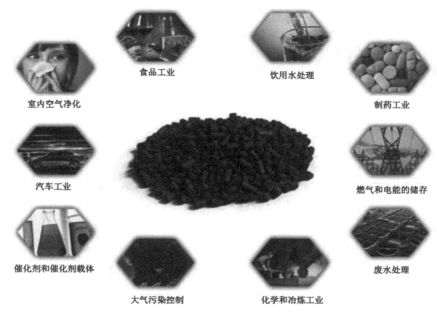

图 3-1　活性炭的应用领域

第一节　二氧化碳气体吸附

一、温室效应及其危害

全球温室气体尤其是二氧化碳的排放量正以惊人的速度上升,这极大地改变了自然生态系统,会对人类健康、森林物种甚至整体生态系统安全造成危害。地球温度持续上升,将会导致冰川融化、冰层枯竭和海平面上升。大气中二氧化碳排放量剧增主要是因为人类活动,其中化石燃料、农业和工业活动发挥了主导作用。自进入工业化时代以来,化石燃料在发电领域的利用是二氧化碳和其他有害气体的主要来源。此外,随着经济快速增长,能源需求不断增加。2000—2010 年释放到环境中的二氧化碳量约 49 Gt,78％的二氧化碳排放来自工业过程和化石燃料的燃烧。政府间气候变化专门委员会在一份报告中提到,大气中的二氧化碳水平将在 2035 年上升到 450 ppm,从而导致全球气温上升 2 ℃[46-48]。

随着大气中二氧化碳浓度的增加,自然温室效应使地球气候变暖。温室效应的机制是,当太阳辐射进入大气并撞击地球表面时,它会反射回大气,同时以红外线或紫外线的形式重新发射能量,在逸出大气时被温室气体特别是二氧化碳吸收。这些气体再次向各个方向反射光能,从而加热地球大气。

气候模型表明,低于 350 ppm 的二氧化碳浓度是安全的。为了减少大气中的二氧化碳排放量,应考虑采用不同的清洁能源方案。这些方案包括使用低碳燃料(核能、氢燃料),利用可再生能源(太阳能、风能和生物能源)以及从其排放源捕获、储存和利用二氧化碳。科学界不断尝试寻找合适的策略和开发新的方法、材料来解决这些问题,包括碳捕获、利用和储存技术,通过这些技术可以捕获、储存和利用大气中过量的二氧化碳,将其用于可持续能源生产。该技术也被认为是不同气候变化应对计划的重要组成部分。

研究人员设计了不同的吸收和吸附方法,用于从废气中分离二氧化碳气体。利用胺洗涤法,从烟气中吸收 CO_2 是发电厂的一种方法,目前被广泛应用。然而,由于胺洗涤法会腐蚀机械部件、释放有毒化学物质和气体、再生需要高能量,所以带来了一些限制。吸附是更有效的捕获二氧化碳的替代方法,可以替代基于胺的吸收技术。在吸附中,固体多孔吸附剂包括金属有机骨架、多孔炭、沸石等。这些吸附剂具有成本低、效益高、环境友好、比表面积大、耐水和耐化学品的特点。

二氧化碳的捕获和封存过程是指直接从源头去除二氧化碳,将其压缩并运输到封存地点,在那里将其安全地沉积在地下或海洋基岩中,而不会释放回大气。如何选择合适的二氧化碳捕获、吸附技术主要取决于燃料燃烧系统的类型和燃烧过程中产生的二氧化碳量。该技术需要考虑的关键点是:降低捕获、运输和储存过程的成本;储存必须是长期的;应该消除或最小化储存对环境的影响和意外泄漏风险。

二氧化碳的吸附通常需要使用具有优越的结构和表面特性,或经过适当功能化改造以产生高吸附能力的材料。在吸附材料中,多孔碳基材料和有序纳米多孔材料是最常用的,并已用于不同的应用,如二氧化碳捕获、环境修复、催化、能量存储和转换等。

二、二氧化碳捕捉技术

二氧化碳捕获和分离过程根据燃烧方法和过程中产生的二氧化碳量分为三种类型。二氧化碳捕获和储存技术如图 3-2 所示。每种类型的二氧化碳捕获技术的工作条件,例如压力、温度和材料都不同。因此,在这些燃烧过程中需要对基础设施进行定制,这些条件使捕获技术仅在大型工厂中才具有可行性。

(一)燃烧前捕捉二氧化碳

煤是最重要的化石燃料之一,它是低成本的能源,广泛存在于地球上。燃煤发电系统和其他行业使用的低效煤粉产生了很多二氧化碳,燃烧前捕获二氧化碳是目前使用的技术之一。综合气化联合循环发电厂大多使用这种技术来捕获二氧化碳。这些发电厂首先通过部分氧化或气化过程将生物质或化石燃料转化为合成气,合成气是一氧化碳和氢气的混合物。其次使用分离器从合成气中去除颗粒物,然后将气体转移到水煤气变换重整器中,与水反应,将一氧化碳转化为二氧化碳。在脱硫后,对二氧化碳使用液体或固体吸附剂进行封存,如图 3-3(a)所示。

氢燃料通常由这种类型的碳捕获技术生产,其可用于不同行业的发电,同时减少二氧化

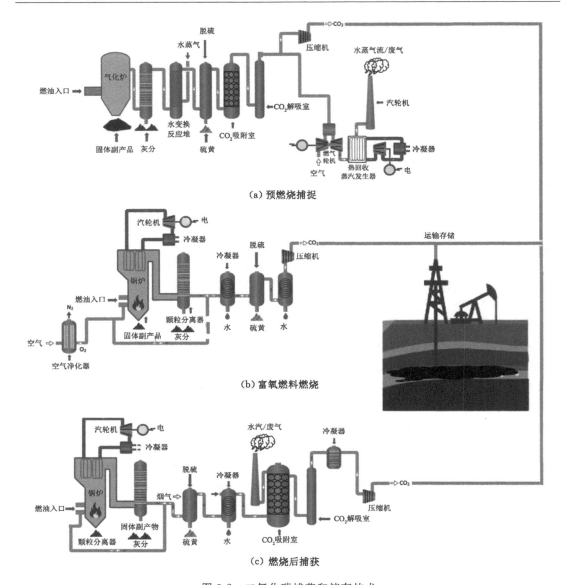

图 3-2　二氧化碳捕获和储存技术

碳排放。燃烧前捕获工艺通常用于化肥和氢气的生产,此过程中产生的二氧化碳浓度在15%～60%之间,因此很容易捕获。然而,气化和水煤气变换反应的过程很昂贵而且具有挑战性。

（二）富氧燃烧捕捉

近年来,富氧燃烧封存二氧化碳因其分离捕获成本低而备受关注。在此过程中,空气被替换为纯氧气用于燃料燃烧,因此与水和二氧化碳相比,烟气中 N_2 的浓度显著降低。富集二氧化碳和水的烟气通过干燥和液化过程进一步净化。富含液化炭的产品可以通过船舶和管道安全运输到储存地点。

为了获得适中的炉温,需要最佳的火焰温度,该温度是通过在摩尔分数为 27%～35%

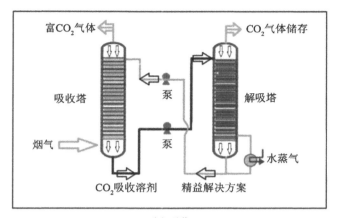

（a）吸收

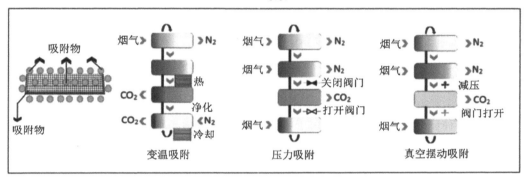

（b）吸附

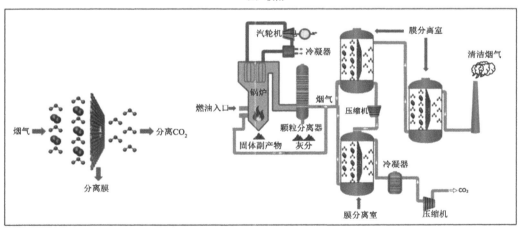

（c）膜分离

图 3-3 燃烧过程中的分离方法

的氧气中回收烟气来控制的。此外,燃烧过程所需的最佳氧气水平是以锅炉入口处计算的,取决于锅炉设计和所用燃料的特性。富氧燃烧过程如图 3-3(b)所示。通过升级工艺,燃煤电厂全氧燃烧系统的效率损失可降低 7%～11%。该技术的缺点是从空气中分离氧气需要额外的能量。

（三）燃烧后捕获

燃烧后捕获的主要目标是从化石燃料燃烧后产生的烟气中分离和捕获二氧化碳。近些年来,该技术越来越受到关注,因为该技术可以使用多种材料和方法来分离和捕获二氧化碳。当化石燃料在燃煤电厂中燃烧时,它产生的废气主要是氮气和二氧化碳以及一小部分水蒸气、颗粒物、二氧化硫和二氧化氮。该气流在 1 atm 和 40～120 ℃温度下被转移到二氧化碳捕获系统。系统温度由发电机组释放的蒸汽维持,以提高过程效率,燃烧后捕捉过程如图 3-3(c)所示。

在各种技术中,燃烧后捕获工艺是在工业规模中使用最广泛的方法。这种技术在加拿大和挪威每年分别捕获 1 000 000 t 和 300 000 t 二氧化碳。此过程适用于所有现有的发电厂,只需对基础设施进行轻微修改。在燃烧后捕捉过程中从捕获的二氧化碳中分离杂质是这个技术的主要障碍,因为烟气中的二氧化碳含量较低(天然气燃烧系统中的二氧化碳含量约为 4%vol,燃煤系统中为 13～15%vol)。

（四）燃烧烟气中二氧化碳分离方法

目前,在燃烧过程中,从烟气中分离二氧化碳的方法包括吸收法、吸附法、膜分离法和钙循环法。

1. 吸收

吸收是一种应用广泛的方法,因用于吸收发电厂和化学工业的大量排放物而受到广泛关注。化学吸收是燃煤电厂用于分离二氧化碳的主要方法,因为它适用于现有运营成本低的电厂的基础设施。二氧化碳化学吸收技术具有技术成熟度高、处理能力强和效率高等优点,且具有商业规模。在此过程中优选使用具有良好吸附能力和低再生能量的溶剂。

该方法中使用的典型吸附剂包括二乙醇胺、单乙醇胺和碳酸钾。单乙醇胺被发现是最有效的吸附剂,因为它对二氧化碳的吸收效率超过 90%。研究人员对在吸收过程中使用液体吸附剂从烟气中分离二氧化碳提出了不同的反应机制。最被接受的反应机理之一是两性离子机理。在这种机制中,首先二氧化碳与烷醇胺(初级和二级)反应时产生两性离子,随后两性离子立即被胺或碱中和后转化为氨基甲酸酯。液体吸附剂表面吸收二氧化碳的反应机理及其最终产物如下式所示:

(1) $CO_2 + RNH_2 \Longleftrightarrow RNH_2^+ COO^-$。

(2) $RNH_2^+ COO^- + RNH_2 \Longleftrightarrow RNHCOO^- + RNH_3^+$。

此外,两性离子机理很好地解释了二氧化碳与其他溶剂如改性离子液体和混合胺的吸收过程。长期以来,液体吸附剂在酸性气体混合物的净化过程中显示出良好的效果。由于其在操作过程中易于处理和具有快速的二氧化碳吸附能力,目前它仍在工业中被大量使用。为了使再生液体溶剂能够用于下一个循环,需要对液体吸附剂进行加热或减压。图 3-3(a)所示为吸收法分离二氧化碳,虽然吸收效率高,但该方法的主要缺点包括某些溶剂的再生需要高能量;由于烟气中存在二氧化碳、NO_x 和 SO_x 而导致溶剂降解,产生的挥发性化合物会腐蚀设备。

2. 吸附

水性溶剂对二氧化碳的吸收具有高度选择性,但使用化学吸收剂的主要缺点是再生过程中的高能耗,消耗了发电厂产生的约 30% 的总能量。因此,需要开发经济、高效、环保且易于安装在现有电厂中的二氧化碳捕获方法。研究人员发现,通过吸附从其他气体中分离二氧化碳是一种有前途的技术。

吸附过程需要良好的吸附剂、再生和吸附循环时间来进行系统中吸附物的有效去除。反应器的压力和温度等操作条件以及反应器内使用的气体决定了其吸附性能。在吸附过程中,二氧化碳通过化学吸附或物理吸附等不同机制在吸附剂表面被捕获。

在物理吸附中,在静电力和范德瓦耳斯力的作用下,吸附质被吸附在具有高比表面积和多孔结构的吸附剂表面。在化学吸附中,吸附质通过共价键结合在吸附剂表面的结合位点上。

不同的材料表现出不同的化学吸附机制,例如,在金属-有机框架中,二氧化碳与金属-有机框架的化学相互作用是通过未配位的金属位点以及金属-有机框架中表面存在的官能团发生的。而在碳质材料中,二氧化碳的化学吸附通常是通过天然产生的官能团或通过化学修饰引入的官能团进行的。

研究表明,二氧化碳的化学吸附可以通过分别引入有机碱性基团和无机金属氧化物,如胺和碱金属来增强。吸附材料对二氧化碳的化学吸附有两种实现方法:碳酸盐和氨基甲酸盐。碳酸盐可以是有机的或无机的,具有 1∶1 和 1∶2 的化学吸附机制。不同的理论表明,气体分子在吸附剂表面的物理吸附是通过传质过程发生的,选择性吸附是通过静电力和范德瓦耳斯力进行的。二氧化碳具有高极化率值,与氮气和甲烷相比,这有利于其在吸附剂表面上静电吸附。此外,热力学平衡和扩散速度也决定了吸附剂表面对二氧化碳的选择性吸附。

研究人员对吸附二氧化碳后,吸附剂再生用于循环吸附烟气进行了广泛的研究。吸附剂的循环吸附是通过三种不同的再生过程完成的:变温吸附、变压吸附和变真空吸附。在变压吸附和变真空吸附过程中,通过降低吸附剂固定柱的压力将捕获的气体解吸。变压吸附和变真空吸附之间的区别在于,在变压吸附中,固定柱首先充满气体直到饱和,随后柱压降低到环境压力,导致解吸,而在变真空吸附中,气体饱和吸附剂的解吸是通过在柱中施加真空来实现的。

与变压吸附和变真空吸附相比,变温吸附越来越受到关注,因为它可以利用低热能发电厂产生的能量,而且它被认为具有捕获二氧化碳的潜力。将变温吸附的吸附剂中放置的固定柱充满烟气,随后加热至材料的解吸温度。这种温度升高会使气体分子离开吸附剂表面,而增加压力和气体吹扫有助于将解吸的气体从色谱柱中移出。

选择合适的吸附剂的考虑因素主要包括对其比表面积、吸附容量、孔径和体积、密度、再生能力、生产方法的选择,以及其对吸附物的选择性和可持续性。一些典型的用于二氧化碳吸附的吸附剂是沸石、活性炭、金属有机骨架和二氧化硅材料。最近,开发可再生资源的新型吸附剂越来越受到关注。

3. 膜分离

膜分离是一种通过半透膜从其他烟气中物理分离二氧化碳的方法。与传统的溶剂吸收方法相比,膜分离技术的能源需求较低,是一种低成本的工艺。近二三十年来,膜分离技术已成功应用于选择性气体分离的各个领域,如沼气提质、制氢、分离空气和天然气脱硫等。如今,研究人员已开始广泛研究开发可用于分离不同行业运营过程中释放的二氧化碳的膜材料。从环境和经济角度来看,该技术已显示出优异的效果。

图 3-3(c)所示的是用膜分离法从烟气中分离二氧化碳的过程。各种类型的用于分离二氧化碳的膜被制造出来,主要是混合基质膜、微孔有机聚合物、碳分子筛膜,以及无机膜和聚合物膜。聚合物膜通常被认为是更有效、更耐用和更灵活的膜,可以从工业中经济高效地捕获二氧化碳。研究人员分析了聚合物膜捕获二氧化碳的选择性和渗透性之间的相关性,根据尺寸和扩散能力,使用具有不同分离原理的玻璃状和橡胶状材料可以合成聚合物膜,从而获得更好的分离二氧化碳的效果。玻璃状和橡胶状聚合物膜对气体的分离是由气体分子的可冷凝性、动力学的差异、气体分子大小的差异决定的。

通常,气体分离系统中使用的膜的容量是通过模型计算出来的。为了在工业规模上取得更好的效果,膜的性能不应受到烟气中存在的杂质的影响。有研究已经实现了从其他气体中高效分离二氧化碳,效率为 82%～88%。然而,对这种分离方法进行商业化的主要限制是:膜材料的渗透性低;在恶劣的操作条件下性能差;在高压力和高浓度的烟气条件下,以及二氧化碳的含量低时,对二氧化碳的选择性不高。

4. 钙循环

通过使用石灰形式的钙捕获二氧化碳是一种古老的方法,但其用于从废气中可逆地捕获二氧化碳是相对较新的第二代低成本技术,称为钙循环技术。钙循环技术的应用在燃烧前和燃烧后的系统中显示出相同的工作原理。在该技术中,使用廉价的可再生氧化钙,如石灰石作为吸附剂,通过碳化作用捕获二氧化碳和煅烧循环。

气体在高温(650～850 ℃)下被碳酸化反应器中的氧化钙吸附剂捕获,然后将吸附剂转移或循环至煅烧反应器,在该反应器中碳酸钙的煅烧要在高于 930 ℃ 的温度下进行,以将浓缩二氧化碳流收集转移至储存地点。再生的氧化钙再次循环到碳酸化器反应器中,继续进行碳酸化-煅烧循环。

钙循环技术与其他碳捕获和储存技术的区别在于:它利用的吸附剂价格低廉,例如地球上丰富的石灰石;它可以从碳酸化器或煅烧反应器产生的蒸汽中产生额外的能量,从而减少能源损失,使用过的吸附剂可进一步用于水泥等行业。然而,使用钙循环技术的主要缺点是吸附剂的高衰减率,由于磨损和烧结,它会在 20～30 次循环后降低吸附效率。

三、生物炭对二氧化碳的捕捉性能

碳质吸附剂广泛用于净化含有不同气体混合物的工业排放物。与非碳质材料相比,它们具有许多优点。碳质材料具有化学和热稳定性,具有非常高的孔体积和比表面积,并且容易再生。此外,这些材料本质上是疏水的,并且它们的吸附效率在存在水分的情况下不受影响。碳质吸附剂的表面化学性质也可以通过加入不同的官能团来改变。在碳基质中,这些表面官能团增加了酸度/碱度,从而改变了表面电荷分布并提高了吸附剂的吸附能力。碳质吸附剂可以是热解碳材料(生物炭、木炭、碳化生物质)、活性炭、碳纤维和有序碳纳米材料(石墨烯、纳米管)。

尽管有许多多孔碳基材料可供使用,但生物质衍生的多孔炭材料多被尝试用于捕获二氧化碳,因为它们具有增强的结构特性、相对简单易行的合成方法、高的二氧化碳吸附能力。更重要的是,生物质的廉价和可再生特性可以降低二氧化碳捕获过程的总体成本。传统上,生物质在没有氧气的情况下,可以使用中等温度热处理转化为生物炭。一系列生物质前驱体如木质、非木质以及动物和水果废料已被用于制造生物炭。多孔活性炭以类似的方式生产,但需要在生物炭制备前或制备后添加活化剂。

　　活性炭优于生物炭,因为它们具有更高的比表面积和更发达的孔隙率。活性炭和生物炭表面官能团的性质和数量取决于制备方法和所用生物质前驱体的性质。图 3-4 描述了各种生物质前驱体在热解过程中形成的生物炭、多孔活性炭和其他副产物,及其在不同领域的潜在应用。

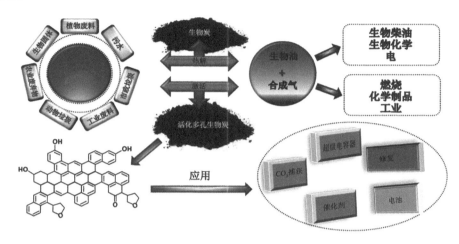

图 3-4　从生物质中生产生物炭和活性炭及其在各个领域的潜在应用

　　使用化学气相沉积、催化化学气相沉积、电弧放电、机械剥离和使用硬模板的纳米铸造等技术,可以生产出性能可控的碳纤维、碳纳米管、石墨烯和氮化碳。但是这些合成路线复杂且耗时,需要使用大量刺激性化学品,并且需要非常高的碳化温度,这个过程不仅对环境不友好,而且增加了生产吸附剂和处置剩余残留物的成本。

　　生物质为二氧化碳捕获提供了两个关键优势。首先,大气中的二氧化碳通过光合作用被植物生物质固定,然后生物质被热解,以生物炭或多孔活性炭的形式封存碳。其次,生物质炭具有在工业中用作吸附剂的潜力,例如燃烧前和燃烧后捕获二氧化碳。不同类型的生物质,如稻壳、蟹壳、锯末、椰子壳、奶牛粪和其他固体生物废物已被探索用于生产捕获二氧化碳的活性炭,并为活性炭在二氧化碳捕获方面的实际应用潜力提供了证据。这些材料价格低廉,易于合成,此外,它们在低压和高压状态下都能提供较高的二氧化碳捕获能力。具有碱性官能团的活性炭的改性还可以进一步增强它们对酸性二氧化碳的亲和力。因此有必要深入了解独特环境下生物炭形成的理化机制。图 3-5 描述了纤维素、半纤维素和木质素及其最终产品的热化学转化机理[52]。

　　研究发现,由于高比表面积、微孔和多种官能团,由棕榈果废料通过水热碳化生产的改性生物炭对二氧化碳具有吸附作用。同样,由棉秆制成的生物炭也显示出二氧化碳吸附特性。吸附动力学表明,二氧化碳在低温(20 ℃)下的吸附是由于生物炭上存在微孔,而在高温(120 ℃)下的吸附归因于化学吸附,这是由于生物炭上存在氮官能团。可以看出,对于二氧化碳吸附,生物炭的多孔结构非常重要,因为吸附主要是由于生物炭表面上存在的 0.5～0.8 nm 的孔而发生的,然而,如果孔隙直径增加,生物炭的表面络合能力会大大降低。此外,生物炭上的天然官能位点或生物炭表面的性能在吸附过程中也起着关键作用。

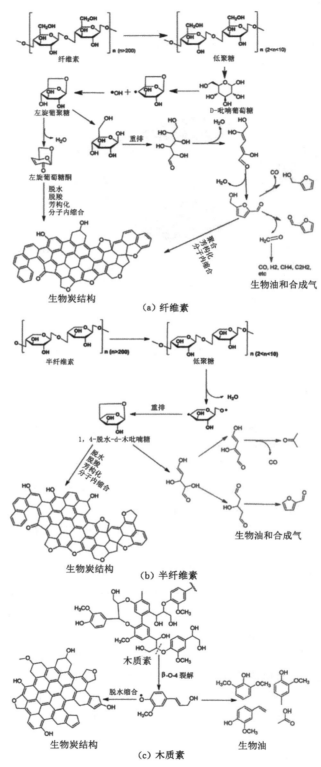

（a）纤维素

（b）半纤维素

（c）木质素

图 3-5 生物质中的热化学转化机理

表 3-1 描述了不同生物质前驱体通过物理活化和化学活化制备的多孔炭的制备条件和表面性质[53]。表 3-2 描述了来自不同生物质的活性炭在不同的实验条件下对二氧化碳的捕获作用[33]。多孔炭材料可以抑制腐烂生物质的二氧化碳排放,改良土壤从而产生更少的二氧化碳,用于在燃烧前和燃烧后过程中捕获烟气中的二氧化碳。

表 3-1　不同生物质前驱体通过物理活化和化学活化制备的多孔炭的制备条件和表面性质

生物质	热解温度 /℃	活化时间 /min	活化剂	BET 比表面积 /(m²/g)	孔体积 /(cm³/g)
物理活化					
橡木	500	—	—	92	0.15
玉米壳	500	—	—	48	0.06
玉米秸秆	500	—	—	38	0.05
橡木	800	120	CO_2	985	0.64
玉米壳	800	120	CO_2	975	0.38
玉米秸秆	800	120	CO_2	616	0.23
橡胶木屑	740	60	CO_2	465	0.24
橡木	800	—	—	249	0.11
橡木	900	60	CO_2	1 126	0.52
橄榄核	600	60	—	209	0.09
橄榄核	850	60	CO_2	572	0.32
橄榄核	850	60	蒸汽	1 074	0.53
橄榄核	850	60	CO_2＋蒸汽	1 187	0.55
麻风树皮	600	60	—	480	0.42
麻风树皮	900	30	CO_2	1 284	0.87
麻风树皮	900	19	蒸汽	1 350	1.07
椰子壳	700	60	—		
椰子壳	900	90	蒸汽	1 054	—
柳木	650	—		11.4	0.01
柳木	800	78	CO_2	512	0.28
柳木	800	78	蒸汽	840	0.58
松木锯末	550	120			
松木锯末	825	60	CO_2	750	—
稻壳	700	180	—	237	0.05
稻壳	700	45	蒸汽	251	0.08
化学活化					
芦竹	600	120	KOH	1 122	0.50
杉木	780	60	KOH	2 794	1.54
樱桃核	900	120	KOH	1 624	—

表 3-1(续)

生物质	热解温度 /℃	活化时间 /min	活化剂	BET 比表面积 /(m²/g)	孔体积 /(cm³/g)
化学活化					
玉米芯	550	60	KOH	1 320	—
生麻韧皮	200	60	—	1.85	0.03
生麻韧皮	800	60	KOH	2 671	1.80
葡萄籽	800	60	KOH	1 222	0.52
葡萄梗	700	120	ZnCl₂	1 411	0.72
阿江榄仁树的果实	500	60	ZnCl₂	1 260	—
狐狸果壳	600	60	ZnCl₂	2 869	1.96
玉米秸秆	500	90	—	33	0.01
玉米秸秆	800	30	KOH	59	0.08
云杉白木	875		KOH	2 673	1.68
竹子	700	120	KOH	792	0.38
啤酒糟	650	—	—	9.8	0.01
啤酒糟	—	—	KOH	11.6	8.74
黑水木质素	550	60	—	44	0.10
黑水木质素	750	60	KOH	2 943	1.90
红花籽饼	500	—	—	14	—
红花籽饼	800	60	KOH	1 277	0.50
椰子壳	800	120	ZnCl₂	1 421	0.98
榛子壳	700	—	—	5.92	—
榛子壳	700	—	ZnCl₂	736	
菠萝废料	500	60	ZnCl₂	915	0.56
东方阿魏	550	30	ZnCl₂	1 476	0.14
樱桃核	700	120	ZnCl₂	1 704	1.56
椰子壳	900	60	ZnCl₂	1 874	1.21
红花籽饼	900	—	ZnCl₂	801	0.39
橡子壳	600	30	ZnCl₂	1 289	
海藻	800	120	ZnCl₂	792	—
石榴籽	600	60	—	2.63	0.03
石榴籽	600	60	ZnCl₂	979	0.33
蘑菇	650	120	H₃PO₄	788	—
芦竹	450	60	H₃PO₄	675	0.31
柚子皮	450	60	H₃PO₄	1 252	1.33
向天果壳	500	120	H₃PO₄	1 195	0.84
柚子皮	700	120	H₃PO₄	1 272	—

表 3-1（续）

生物质	热解温度 /℃	活化时间 /min	活化剂	BET 比表面积 （$m^2 \cdot g^{-1}$）	孔体积 （$cm^3 \cdot g^{-1}$）
化学活化					
枣干	550	60	H_3PO_4	1 455	1.045
芦竹	500	120	$ZnCl_2$	3 298	1.9
芦竹＋壳聚糖	500	120	$ZnCl_2$	1 863	1.00
芦竹＋尿素	600	120	KOH	982	0.62
芦竹	600	120	H_2SO_4/KOH	2 232	1.01

表 3-2　不同生物质衍生的活性炭对二氧化碳的吸附作用

生物质 前驱体	碳化(C)和活化(A)条件 [温度(℃)/停留时间(min)]	比表面积 /(m^2/g)	CO_2吸附量 /(mmol/g)	工艺	吸附热 /(kJ/mol)	CO_2/N_2 选择性
松果	C-600/60 A-700/60-(KOH)	2 110	4.7/7.7	容积式	27～30	—
芦竹	C＋A-600/(KOH)	1 122	3.6/6.3	重量法	31	—
椰子壳	C-500/120 A-350/120-[$(NH_2)_2CO$] A-650/60-(KOH)	1 535	4.8/7.0	固定床	29～33	19
椰子壳	C＋A-800/210-(CO_2)	1 327	3.9/5.6	容积式	—	—
刺槐木	C-650/180 A-830/90-(KOH) A-600/120-(NH_3)	2 511	5.0/7.2	容积式	25～33	30.75
板栗	C-600/120 A-800/20-(NH_3)	747	2.3/3.4	重量法	21～26	14.4
空的棕榈果壳	C-250/20 A-800/30-(KOH)	2 510	3.7/5.2	容积式	19～23	11.2
花生壳	C-550/30 A-680/90-(KOH)	1 713	4.4/7.3	热重法	24～25	7.9
稻壳	C-520/20 A-780/60-(KOH)	2 695	3.7/6.2	容积式	—	19.9
蟹壳	C-450/90 A-650/90-(KOH)	1 196	4.3/—	容积式	26～36	19
橄榄核	C＋A-800/360-(CO_2)	1 113	3.0/—	热重法	27	—
非洲棕榈果壳	C-600/60 A-850/60-(KOH)	1 890	4.4/6.3	容积式	—	—
竹子	C-500/90 A-600/90-(KOH)	1846	4.5/7.0	—	—	8.6～10.2
莴苣叶	C-600/-A-800/60-(KOH)	3 404	4.4/6.0	容积式	—	—

表 3-2(续)

生物质前驱体	碳化(C)和活化(A)条件 [温度(℃)/停留时间(min)]	比表面积 /(m²/g)	CO₂吸附量 /(mmol/g)	工艺	吸附热 /(kJ/mol)	CO₂/N₂ 选择性
纤维素	C-250/120 A-700/60-(KOH)	2 370	3.5/5.8	容积式	5.4	20±2
芦竹	C＋A-500/(ZnCl₂)	3 298	2.2/3.1	重量法	21.8	—
芦竹＋壳聚糖	C＋A-500/(ZnCl₂)	1 863	2.1/3.6	重量法	32.2	—
芦竹＋尿素	C＋A-600/(KOH)	982	2.2/4.8	重量法	39	—
芦竹	H₂SO₄预处理 /C＋A-600/(KOH)	2 232	3.2/4.1	重量法	15.4	—

将碱性或富电子杂原子(如氮)掺杂到多孔活性炭骨架中是提高吸附剂对二氧化碳的吸附能力的一种方法。因为其表面上大量碱性位点的存在可以作为捕获弱酸性二氧化碳的锚分子。最近的许多研究集中于寻找合适的天然富含氮的生物质,因为这将降低额外胺化过程的成本。预计生物炭中的氮掺杂将有助于从本质上增强无孔的二氧化碳吸附,然而,氮掺杂的生物炭可能对具有发达孔隙率和高比表面积的活性炭的二氧化碳吸附作用影响不大,因为在这种情况下,孔隙填充是二氧化碳吸附的主要机制。

用金属原子对多孔活性炭进行功能化是提高二氧化碳吸附能力的另一种方法,因为它会产生更多的表面活性位点。有一些报道证明了金属功能化对二氧化碳吸收的影响。如图 3-6(a)所示[51,53-54],含有氮和金属掺杂剂的碳以及结构中存在的超微孔(<0.7 nm)被认为是由 KOH 活化的松果活性炭对二氧化碳具有高吸附能力的原因。在 700 ℃下使用两种 KOH 浸渍率制备活性炭,其结构中含有 0.5%的氮和钙,在 1 bar 和 25 ℃下显示出最高的二氧化碳吸附值(4.7 mmol/g)。在不同温度和浸渍条件下制备的活性炭的二氧化碳吸附率存在很大差异。如图 3-6(b)所示,具有良好分散性金属元素(Mg 和 Ca)的 KOH 活化的伦敦梧桐叶对二氧化碳具有很好的吸附能力,因为其具有高微孔率和高比表面积(超过 2 000 m²/g)。这种材料还显示出良好的氧化还原反应性能,表明金属功能化的多孔活性炭在广泛的应用中非常有用,例如在二氧化碳捕获、转化和能量转化装置中的应用。

四、二氧化碳捕获机制

要进一步深入了解二氧化碳捕获过程,必须讨论其吸附机制。图 3-7 显示了通过物理和化学吸附在吸附剂表面捕获二氧化碳的途径。

具有大量微孔和大孔的碳质材料被认为可用于二氧化碳吸附。具有多孔结构、高比表面积和结构均匀性是良好吸附剂的基本要求。由于它们的可调特性,活性炭已广泛用于吸附二氧化碳。原料的组成对生产的活性炭的理化性质起着至关重要的作用。因此,在生产活性炭之前选择合适的原料非常重要。此外,含有 O、S、P 和 N 等杂原子的生物质往往会产生亲水性而具有改进催化反应性的碱性活性炭,从而导致更好的二氧化碳吸附效果。研究表明,生物质包括玉米芯、木质素、壳聚糖、真菌、淀粉和明胶等衍生的生物炭,具有较高的比表面积和更好的气体吸附能力。

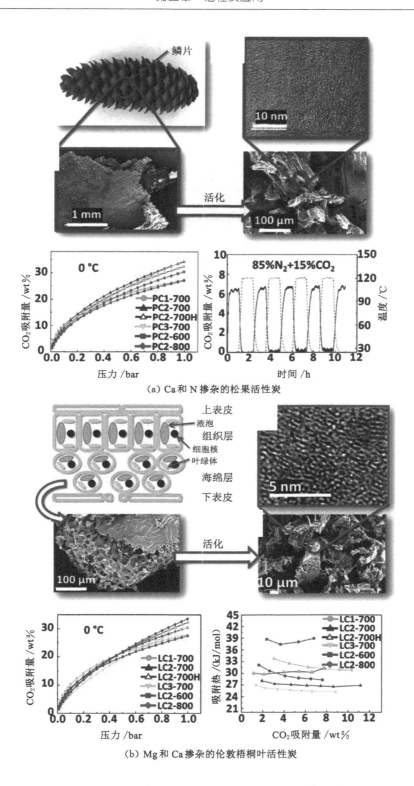

（a）Ca 和 N 掺杂的松果活性炭

（b）Mg 和 Ca 掺杂的伦敦梧桐叶活性炭

图 3-6　生物质炭的合成方案和二氧化碳吸附等温线

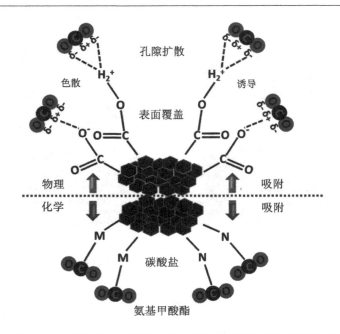

图 3-7 二氧化碳在吸附剂表面上的物理吸附和化学吸附机理

存在多孔活性炭的情况下,二氧化碳吸附主要通过物理吸附进行。化学吸附涉及在二氧化碳和吸附剂之间形成化学键,从而导致观察到的吸附热值很大。研究人员提出了涉及两性离子中间体的化学吸附作为使用聚乙烯亚胺官能化介孔二氧化硅捕获二氧化碳的机制。研究表明,伯胺和仲胺官能团比叔胺基团对二氧化碳的反应性更强,它们结合在一起形成两性离子中间体,然后转变成氨基甲酸酯。研究人员研究了使用四亚乙基五胺功能化的Y型沸石吸附二氧化碳。其中伯胺和仲胺基团与二氧化碳反应形成氨基甲酸酯,而叔胺基团形成碳酸氢盐。

合适的物理化学性质,如吸附剂的孔体积、形状、表面官能团和比表面积,可以通过原料的类型、活化化学品、前驱体的比例和反应条件来控制。此外,材料表面的官能团也可以通过不同的活化条件来控制。

五、前景及局限性

过量二氧化碳排放会导致全球温度升高并造成地球大气的不平衡,科学家们开发了从大气中封存或去除二氧化碳的技术,每种技术和分离方法都具有商业应用的优点和缺点。

基于溶剂的吸收需要很多的能量来进行溶剂再生。此外,再生过程中释放的各种有害气体成为其处理二氧化碳的主要缺点。与液体吸收剂相比,固体吸附剂的能量强度较低,对环境友好,具有快速特性和高吸附动力,并且在极端条件下稳定。因此,通过固体碳质吸附剂进行吸附是气体吸附中有希望的方法,并有望在工业规模中应用。

生物炭具有丰富的表面官能团、高比表面积、亲水性和极性,有望用于二氧化碳的分离和捕获。无论碳质吸附剂的尺寸如何,它们的二氧化碳捕获能力均大于非碳质吸附剂。碳质吸附剂的性能可以通过在其表面掺杂各种金属而轻松地通过大量官能团(胺、羧基、酚类等)进行调节。此外,碳质吸附剂的结构特性,包括孔数、孔体积和孔径分布,在捕获二氧化碳中也起着重要作用。尽管碳质吸附剂具有良好的吸附能力,但碳质吸附剂的商业规模应用仍存在一些挑战。这些挑战包括快速动力特性、对烟气的其他成分(NO_x 和 SO_x)的长期稳定性、低再生能量和高重复使用性。

生物质衍生多孔碳材料的所有合成策略都应考虑材料的实验室成果向工业生产能力的转变,这将是一个很大的挑战。文献中的许多报告都涉及在非常理想的条件下使用几毫克材料在实验室规模上捕获二氧化碳。然而,为了适应工业化应用,科研人员必须在与现实生活场景非常相似的条件下测试这些材料,例如在发电厂、炼油厂的烟气中。从实验室向工业应用转化,要求建立生产工厂,这将产生大量的启动和运营成本。将材料从克级扩大到千克级批量生产,其主要障碍包括生物质供应的不确定性,以及与生物质原料的物流和运输相关的高成本。通常将微孔和中孔碳粉末材料转化为颗粒、丸粒、珠粒或挤出物,粒状材料的特性包括优异的机械强度、较少的磨损、较低的吸附床阻力。然而,已知造粒方法会导致比表面积的损失。

从商业角度来看,由于人口增长、工业消费量大、空气和水系统净化的严格环境法规等多种因素的综合作用,人们对活性炭的需求急剧上升。目前,商业规模的活性炭生产以使用椰子壳和煤基前驱体为中心,但仅靠这些原材料无法应对不同行业对活性炭日益增长的需求。因此,应该探索替代前驱体,来满足预期的需求。

本节已经详细讨论和比较了生物质多孔炭的结构参数(例如比表面积、孔径和孔体积),这些参数是吸附剂的关键性能参数,特别是在二氧化碳捕获方面。多孔活性炭在孔隙率和表面活性位点方面高度发达。多种生物质前驱体可用于制备多功能生物质衍生炭,从而扩大其在能源、环境和医学等领域的应用范围。未来的研究应该针对在各种温度和压力条件下制造具有高二氧化碳吸附能力的吸附剂。

由生物质衍生材料制备的多孔活性炭显示出优异的二氧化碳吸附性能,其中 KOH 和 $ZnCl_2$ 是用于产生微孔的最有效的活化剂。另外,通过将多孔活性炭与无机和有机纳米结构耦合来开发下一代功能化生物混合材料值得进一步研究。与胺、金属、金属氧化物、金属氮化物和过渡金属硫化物结合,是获得具有独特性能的生物炭的方法,这些特性可能会提高它们的整体性能并开辟许多新的应用和商机。

使用生物质衍生的多孔活性炭有助于减少二氧化碳排放到大气中,可以在未来几年减缓气候变化。然而,其挑战在于,如何从生物质中制造具有可调特性的复杂活性炭,控制其再现性和二氧化碳捕获性能。另外,将吸附的二氧化碳分子原位转化为清洁能源燃料,如甲醇、乙醇、醚和其他增值化学品,也是一个新兴的研究方向。

第二节　水　处　理

近年来,许多科研人员致力于研究生物炭在去除水溶液中的污染物的应用。考虑到原料的广泛可用性、低成本和有利的物理/化学表面特性,生物炭在处理水污染物方面表现出巨大的潜力。本节对生物炭对各种污染物的吸附行为、关键影响因素以及吸附行为的潜在机制进行了全面研究。

生物炭具有比表面积大、多孔结构、丰富的表面官能团和矿物成分等特性,可作为合适的吸附剂从水溶液中去除污染物(图 3-8)。作为一种吸附剂,生物炭具有类似于活性炭的多孔结构,是世界范围内去除水中多种污染物常用和有效的吸附剂。与活性炭相比,生物炭是一种低成本吸附剂。活性炭的生产需要更高的温度和额外的活化过程。相比之下,生物炭的生产成本更低,能耗更低。生物炭生产原料丰富且成本低廉,主要来源于农业生物质和固体废弃物。此外,将入侵植物转化为生物炭,并将其可以保护环境。因此,将生物质转化为生物炭作为吸附剂是一个很好的策略[62-71]。

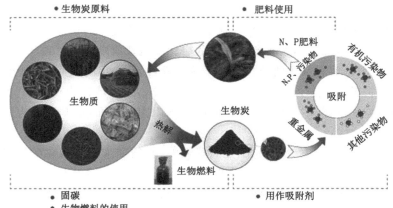

图 3-8　生物炭作为废水处理的有效吸附剂

　　许多研究表明,生物炭具有出色的去除水溶液中重金属、有机污染物和其他污染物的能力,同时,表现出与商业活性炭相当甚至更好的吸附能力。此外,负载铵、硝酸盐和磷酸盐的生物炭也被提议作为一种缓释肥料来提高土壤肥力,因为吸附后的生物炭可能含有丰富的养分。

　　随着对生物炭在水净化和废水处理方面的科学研究和未来工程应用的兴趣日益浓厚,人们迫切需要全面了解生物炭在水溶液中的功能。在过去的几年里,已经有许多关于生物炭吸附各种污染物的报道,根据现有的文献,大部分研究集中于生物炭对重金属和对有机污染物的去除能力。

一、等温吸附

　　水溶液中有毒金属的污染已成为全世界普遍存在的问题。因此,重金属的去除成为生物炭在水处理中应用的主要研究热点之一。生物炭对各种重金属的吸附特性如表 3-3 所示[72-74],涉及的重金属包括铝、砷、镉、铬、铜、铅、汞、镍、铀、和锌等(铝和砷常常表现出类似于重金属的危害,所以往往把它们放在重金属中一起叙述)。

表 3-3　生物炭对多种重金属的吸附特性

生物质	热解温度/℃	停留时间	重金属	吸附温度/℃	吸附pH值	最大饱和吸附量/(mg/g)	等温线	动力学模型
油菜秸秆	400	3.75 h	铜(Ⅱ)	25±1	5.0	0.59	Langmuir	—
牛粪	100	6 h	铝	25±1	4.3	0.242 4±15.0	Langmuir	—
牛粪	400	6 h	铝	25±1	4.3	0.296 3±6.2	Langmuir	—

表 3-3(续)

生物质	热解温度/℃	停留时间	重金属	吸附温度/℃	吸附pH值	最大饱和吸附量/(mg/g)	等温线	动力学模型
牛粪	700	6 h	铝	25±1	4.3	0.243 2±4.0	Langmuir	—
玉米秸秆	600	2 h	铜(Ⅱ)	22±2	5	12.52	Langmuir	粒子群算法
玉米秸秆	600	2 h	锌(Ⅱ)	22±2	5	11.0	Langmuir	粒子群算法
硬木	450	<5 s	铜(Ⅱ)	22±2	5	6.79	Langmuir	粒子群算法
硬木	450	<5 s	锌(Ⅱ)	22±2	5	4.54	Langmuir	粒子群算法
芒草	300	1 h	镉(Ⅱ)	25	7	11.40±0.47	Langmuir	粒子群算法
芒草	400	1 h	镉(Ⅱ)	25	7	11.99±1.02	Freundlich	粒子群算法
芒草	500	1 h	镉(Ⅱ)	25	7	13.24±2.44	Freundlich	粒子群算法
芒草	600	1 h	镉(Ⅱ)	25	7	12.96±4.27	Freundlich	粒子群算法
花生秸秆	400	3.75 h	铜(Ⅱ)	25±1	5.0	1.40	Langmuir	—
松针	200	16 h	U(Ⅵ)	25	—	62.7	Langmuir	粒子群算法
松林	300	20 min	铅(Ⅱ)	25	—	3.89	Langmuir	粒子群算法
稻壳	300	20 min	铅(Ⅱ)	25	—	1.84	Langmuir	粒子群算法
稻草	100	6 h	铝	25±1	4.3	0.130 9±16.0	Langmuir	—
稻草	400	6 h	铝	25±1	4.3	0.397 6±11.0	Langmuir	—
稻草	700	6 h	铝	25±1	4.3	0.353 7±8.2	Langmuir	—
污泥	550	2 h	铅(Ⅱ)	25	—		Freundlich	粒子群算法
污泥	400	2 h	铅(Ⅱ)	25±2	5.0		Langmuir	粒子群算法
污泥	400	2 h	铬(Ⅵ)	25±2	5.0		Freundlich	粒子群算法
大豆秸秆	400	3.75 h	铜(Ⅱ)	25±1	5.0	0.83	Langmuir	—
互花米草	400	2 h	铜(Ⅱ)	25	6.0	48.49±0.64	Langmuir	粒子群算法
甜菜尾矿	300	～2 h	铬(Ⅵ)	22±0.5	2.0	123	Langmuir	粒子群算法
柳枝稷	300	30 min	铂(Ⅵ)	25	3.9±0.2	2.12	Langmuir	—

　　吸附等温线对于优化吸附剂的性能至关重要,因为它描述了吸附质如何与吸附剂相互作用。许多经验模型已被用于分析实验数据并描述重金属吸附在生物炭上的平衡。其中使用最广泛的是 Langmuir、Freundlich(弗罗因德利希)、Langmuir-Freundlich 和 Temkin(特姆金)方程。正如收集的数据所证明的那样,当用于描述生物炭对重金属的平衡吸附时,Langmuir 和 Freundlich 模型比其他方程更适合。生物炭的性质和目标重金属不同,描述结果差异很大。Langmuir 等温线假定吸附质在吸附剂的均质表面上单层吸附。Freundlich 等温线揭示了关于异质吸附的信息,并且不限于单层。在城市污水污泥热解生物炭对 Pb(Ⅱ)和 Cr(Ⅵ)吸附的研究中,利用 Langmuir 和 Freundlich 方程模拟了生物炭对 Pb(Ⅱ)和 Cr(Ⅵ)的吸附等温线。结果表明,对 Pb(Ⅱ)的吸附行为更符合 Langmuir 方程,而 Cr 吸附等温线更符合 Freundlich 方程。

　　生物炭还表现出对有机污染物的高亲和力。在过去的几年中,许多学者实验研究了生物炭作为吸附剂从水溶液中去除有机污染物的潜力。这些研究结果表明,生物质衍生的炭可用作一种低成本的吸附剂,从水环境中去除有机污染物。污染物包括染料、杀虫剂、除草剂、抗生素和其他有机污染物等。生物炭对有机污染物的吸附特性见表3-4[72]。生物炭对有机污染物的吸附也显示出实验数据与 Langmuir 或 Freundlich 等温线模型之间的有效契合。

表 3-4　生物炭对各种有机污染物的吸附特性

原料	热解温度 /℃	停留时间	污染物	吸附温度 /℃	最大饱和吸附量 /(mg/g)	等温线	动力学模型
油菜秸秆	350	4 h	甲基紫	25±1	—	Langmuir	—
桉木	400	30 min	亚甲蓝染料	40	2.06	Langmuir	粒子群算法
红麻纤维	1 000	—	亚甲蓝染料	30	18.18	Langmuir	粒子群算法
玉米秸秆	300	1.5 h	土霉素	25±0.5	—	Freundlich	粒子群算法
棕榈树皮	400	30 min	亚甲蓝染料	40	2.66	Langmuir	粒子群算法
花生壳	300	3 h	三氯乙烯	25	12.12	Langmuir	—
花生壳	700	3 h	三氯乙烯	25	32.02	Langmuir	—
花生秸秆	350	4 h	甲基紫	25±1	256.4	Langmuir	—
稻壳	350	4 h	甲基紫	25±1	123.5	Langmuir	—
大豆秸秆	300	3 h	三氯乙烯	25	12.48	Langmuir	—
大豆秸秆	700	3 h	三氯乙烯	25	31.74	Langmuir	—
大豆秸秆	350	4 h	甲基紫	25±1	178.6	Langmuir	—
猪粪	400	1 h	百草枯	25	14.79	—	粒子群算法
废水污泥	550	1 h	氟喹诺酮类抗生素	25±2	19.80±0.40	Freundlich	—

除重金属和有机污染物外,其他污染物如铵、硝酸盐、磷酸盐、氟化物和高氯酸盐也可以用生物炭进行去除。研究人员对生物炭从水溶液中去除铵、硝酸盐和磷酸盐进行了评估,以量化其在水生生态系统中减轻养分污染的潜力。生物炭可以向土壤中添加和缓慢释放必需的养分,从而改善农业特性。有研究表明,应用生物炭可以去除水中的银纳米颗粒、碳纳米管和二氧化钛。此外,就其物理化学性质而言,生物炭可用于进一步去除其他污染物,例如超氧阴离子、病原菌和内分泌干扰化合物。

二、吸附动力学

吸附动力学与生物炭的物理或化学特性密切相关。吸附动力学效应会影响吸附机制,这可能涉及质量传递和化学反应过程。因此,需要了解生物炭在去除污染物中的动力学,以进一步扩展其实际应用。

目前,三种最流行的动力学模型已被用于研究生物炭对污染物的吸附:准一级动力学模型、准二级动力学模型和颗粒内扩散模型。这些动力学模型为涉及吸附剂表面、化学反应和扩散机制的吸附过程提供了有价值的信息。

大多数研究使用准一级和准二级动力学模型来模拟水污染物在生物炭上的吸附。大多数情况下,生物炭对重金属的去除过程都很好地遵循了准二级动力学模型。准二级动力学模型基于这样的假设——限速步骤可能是化学吸附,通过吸附剂和被吸附物之间的电子共享或交换实现。值得注意的是,准二级动力学模型比准一级动力学模型能更恰当地描述金属离子的吸附。

此外,大多数关于有机污染物吸附到生物炭上的研究也与准二级动力学模型相符。研究表明,准二级动力学模型是描述亚甲基蓝染料被吸附到由厌氧消化残渣、棕榈树皮和桉木制备的生物炭上最合适的模型。

三、影响吸附的因素

生物炭的吸附效率受生物炭的性质、脱矿除灰处理、pH 值、共存离子和温度的影响。

(一) 生物炭的性质

如上文所述,热解温度、停留时间、原料和热化学转化技术对生物炭的性质有着深远的影响。相应的,这些因素也对生物炭对各种污染物的吸附效率有显著的影响。

其中,温度是一个关键参数。研究发现,热解温度对生物炭的结构特征和等温线形状的影响大于生物质原料。吸附的贡献随着温度的升高而增加,这与其比表面积作用一致。生物质的热解温度会影响生物炭对化合物的吸收率,因为温度会影响生物炭的碳化程度。在较高温度下,生物质中的有机物被完全碳化,比表面积大大增加,形成了更多的纳米孔,从而导致吸附率急剧提高。其他研究人员也得出了类似的结论,即更高的热解温度使生物炭具有更大的吸附容量。随着热解温度的升高,携带氧和氢的官能团被去除,导致生物炭疏水性的增加,进而导致生物炭对疏水基团的吸附性增强。

大多数研究得出了相同的结论:热解温度的升高在有机污染物的吸附中发挥了积极作用。实质上,热解温度也被报道对重金属的吸附有影响。因为热解温度显著影响着生物炭的结构、元素和形态特性,生物炭的 pH 值和比表面积,会导致对重金属的吸附容量随着热解温度的升高而增加。

然而,也有研究表明,随着热解温度的升高,椰壳生物炭对 $Cr(Ⅵ)$ 的去除能力降低。椰壳生物炭对 $Cr(Ⅵ)$ 的去除原理主要是生物质将 $Cr(Ⅵ)$ 还原为 $Cr(Ⅲ)$,这取决于材料中含氧官能团的类型和数量,而不是它们的比表面积。热解温度的升高增加了炭的比表面积,而炭的含氧官能团数量减少,从而导致吸附量减少。由于在高温碳化过程中,生物炭表面的含氧基团被释放,所以在甘蔗渣生物炭吸附铅的研究中也出现了类似的结果。

生物炭的吸附能力也受到原料中天然成分的显著影响。在相同的热解条件下,生物炭对污染物的吸附能力因生物质的类型而异。由于原料中的矿物成分对其衍生的生物炭的吸附性能起着重要作用,因此生物炭的吸附能力随生物炭原料来源的不同而不同。研究人员研究了四种作物残渣衍生的生物炭对甲基紫的吸附,发现吸附能力随原料的变化顺序为:油菜秸秆炭>花生秸秆炭>大豆秸秆炭>稻壳炭,这与生物炭的负电荷量基本一致。据报道,在去除单金属和多金属溶液中的 Pb、Cu、Zn 和 Cd 方面,奶牛粪生物炭比稻壳生物炭更有效。

一些研究人员进一步比较了通过不同热处理过程产生的生物炭的吸附特性。研究发现,水热处理比热解过程在生物炭表面产生了更多的含氧基团。水热碳化生产的生物炭对废水中铜的去除表现出比热解更好的效果。与水热碳化相比,由于热解过程中生物质的碳化程度更高,因此热解过程会导致生物炭表面上的含氧基团更少。

（二）脱矿除灰处理

目前,关于脱盐和脱灰处理生物炭对其从水中吸附污染物的研究很有限。然而,值得注意的是,脱盐和脱灰处理对生物炭的吸附性能有显著影响。这主要是因为脱矿除灰会极大地影响生物炭的组成和表面特性。除碳元素外,除灰后所有表面元素含量均下降。

研究人员发现,随着无机化合物的去除,脱灰生物炭的吸附量大大增加,从而阻塞了原始生物炭中的一些有机吸附位点。另一些研究人员认为,生物炭在脱灰后具有更好的疏水性和更少的极性官能团,因此疏水吸附位点增加。此外,这种效应对于在高温下生产的生物炭表现得更为突出。然而,目前关于脱矿除灰处理的效果在各种生物炭中是不统一的,因为实验证据较少,需要进一步研究。

（三）溶液 pH 值

水源的 pH 值对重金属的特性有显著影响。水溶液中重金属的形态高度依赖于 pH 值。它不仅影响吸附剂的表面电荷,还影响吸附质的电离程度和形态。因此,大多数涉及污染物吸附到生物炭上的研究都考虑了 pH 值的影响。在中性至酸性下,重金属通常以阳离子状态存在,并且在水源中更易溶解和移动。随着 pH 值的升高,复合物开始与水中可能存在的氢氧化物和其他阴离子结合。除了对重金属的这些影响,pH 值还会影响吸附剂的表面电荷、吸附剂官能团上的离子浓度以及吸附剂的电离状态。

一些研究已经证明了 pH 值对重金属形态和重金属去除的影响。例如,铜的稳定性和流动性都显示出随着 pH 值的降低而增加。然而,随着 pH 值的增加,重金属与氢氧根离子形成络合物,从而影响重金属的氧化态。在许多情况下,当 pH 值增加到中性以上时,重金属会形成固体,从水中沉淀出来。例如,随着 pH 值的增加,铬的氧化态会从更稳定的 $Cr(III)$ 变为更具毒性的 $Cr(VI)$。在酸性条件下,Pb 以 Pb^{2+} 形式存在于溶液中,但炭的强正电荷表面通过静电斥力抑制了铅离子的吸附。随着 pH 值升高至中性,铅仍主要以游离离子形式存在,但与 H^+ 的竞争作用明显减弱。在碱性条件下,铅以氢氧化物的形式沉淀。

生物炭带有各种表面官能团（主要是含氧基团,例如羧基和羟基）,这些官能团的行为随着溶液 pH 值的增加而变化。在低 pH 值下,生物炭上的大部分官能团被质子化并以带正电的形式呈现。生物炭表面带正电荷时,有利于阴离子的吸附。此外,水溶液中大量存在的 H^+ 和 H_3O^+ 阳离子,可能与阳离子竞争生物炭上的吸附位点。因此,在阳离子污染物和带正电荷的生物炭表面之间会发生静电排斥。因此在大多数研究中,在低 pH 值下会观察到较低的吸附量。随着 pH 值的升高,金属离子和质子对结合位点的竞争减弱,由于官能团去质子化,因此会释放出更多的结合位点。故在较高的 pH 值范围内,阳离子很容易被生物炭表面捕获。

在评估吸附去除重金属时,低 pH 值（<4.0）的水源具有高浓度的 H^+ 离子,这通常会通过竞争吸附位点来干扰可溶性金属离子与吸附剂表面之间的相互作用,因此不利于重金属去除。然而,当 pH 值增加时,通常会随着吸附剂表面带更多负电荷并能够更容易与带正电荷的重金属相互作用而增加吸附。

研究人员研究了 pH 值对生物炭吸附有机污染物和其他无机污染物的影响。结果表明,由于生物炭表面电荷和污染物性质随溶液 pH 值的变化而变化,因此这些污染物在生物炭上的吸附也高度依赖于 pH 值。例如,由于阳离子染料分子与生物炭带负电荷的表面之间的静电相互作用,生物炭在碱性条件下具有较高的染料吸附效率。而生物炭在酸性条件下具有较低的吸附效率,这可能是由于染料的质子化和过量 H^+ 的存在,而与阳离子染料分子竞争生物炭上可用的吸附位点。

总体而言,pH 值是影响重金属行为和去除的重要参数。目前,普遍的共识是低 pH 值(<4)已被证明会阻碍重金属的吸附,而 5 至 7 之间的 pH 值已被证明是最有效的。因此,待处理的水源的 pH 值应保持在中性水平,以最大限度地吸附重金属。

（四）共存离子

离子的共存对平衡吸附能力有显著影响,尤其是在实际水系统中,复杂的污染物通常在环境中共存,对生物炭的吸附效率有相互影响。因此,对吸附共存离子的研究有助于更好地理解生物炭对环境中的污染物的吸附机理。

已公开的吸附研究中使用的污染水均为模拟废水,与实际情况仍有差距。此外,复杂的污染物和各种离子通常同时存在于真实的水系统中,它们可能对平衡吸附容量有显著影响。为了使研究符合实际情况,并更好地了解影响机制,需要对溶液中的阳离子和阴离子及其浓度（离子强度）进行仔细评估。

（五）温度

在评估重金属的行为及其随后的去除时,温度是另一个应考虑的重要参数。许多已确定的重金属去除作用在较高温度下得到增强,包括表面络合反应和各种形式的离子交换。例如,当温度从 25 ℃ 升高到 60 ℃ 时,使用茶叶废料去除 Ni(Ⅱ)的效果增加了约 22%,这归因于重金属的流动性增加,以及键断裂而增加的吸附位点。在另一项研究中,通过将温度从 5 ℃ 提高到 40 ℃,提高了使用开心果壳废料去除 Cr(Ⅵ)的效率,这归因于吸附剂表面可能会形成额外的吸附位点。然而,在许多情况下,温度升高会导致重金属去除率下降。例如,随着温度的升高,红藻对总铬的去除率从 90% 降低到 78%,这可能是由于离子倾向于留在水相中。此外,随着温度的升高,对 Pb(Ⅱ)和 Ni(Ⅱ)等重金属的去除率降低,这归因于吸附剂表面活性降低。因此,在评估温度对去除重金属的影响时,必须专门评估每种吸附剂和相应的金属离子,以确定温度变化对吸附过程的整体影响。

生物炭对污染物的吸附似乎是一个吸热过程,其吸附能力随着温度的升高而增强。研究表明,染料在生物炭上的吸附在较高温度下更有利,而且,较高的温度有利于铅离子被吸附到由松木和稻壳衍生的生物炭上,升高的温度为铅离子被捕获到生物炭的内部结构提供了足够的能量。

四、吸附机理

为了评估生物炭对污染物的去除效率,需要确定吸附过程的潜在机制。生物炭对不同污染物（即重金属、有机污染物和其他污染物）的吸附行为是不同的,并且与污染物的性质密切相关。此外,吸附机制还可能取决于生物炭的各种性质,包括表面官能团、比表面积、多孔结构和矿物成分。

（一）重金属

淡水是人类和野生动物的基本需求。获得清洁的饮用水对于维持健康的生活至关重要。然而,全球用水需求每年都在增加,各种形式的污染已经损害了潜在的水源。此外,研究人员发现,气候变化例如更高的温度和水循环的变化,也会加剧这些水问题,并可能导致洪水增加、更严重的干旱以及环境中化学污染物的毒性增强。被污染的水源对人类有害,用受污染的水灌溉植物或用于娱乐目的(例如游泳)可能使人类暴露于病原体或有毒化学物质中。表 3-5 是常见重金属的特征。

表 3-5　常见重金属的特征

重金属	对人类健康的影响	常见来源	最大污染物水平	
			美国环保局	世界卫生组织
砷(As)	皮肤损伤	自然发生	0.010 mg/L	0.010 mg/L
	循环系统问题	电子产品生产		
镉(Cd)	肾损伤	自然发生	0.005 mg/L	0.003 mg/L
	致癌物	各种化工行业		
铬(Cr)	过敏性皮炎	自然发生	0.1 mg/L	0.05 mg/L
	腹泻、恶心和呕吐	钢铁制造		
铜(Cu)	胃肠道损害	自然发生	1.3 mg/L	2.0 mg/L
	肝或肾损害	家用管道系统		
铅(Pb)	肾损伤	含铅产品	0.0 mg/L	0.01 mg/L
	减缓神经发育	家用管道系统		
汞(Hg)	肾损伤	化石燃料燃烧	0.002 mg/L	0.006 mg/L
	神经系统损伤	电子行业		

近年来,世界的工业和城市活动剧增,导致了重金属污染的加剧。来自不同行业的废水排放,包括燃煤电厂和采矿业,以及废物回收和固体废物处置,是污染的主要来源,同时,车辆和其他城市活动的排放也造成了污染。此外,由于重金属对人类健康的影响已得到充分证明,所以,研究人员对从饮用水源以及城市废水、工业废水中去除重金属的方法进行了大量研究。目前有许多技术被用来处理重金属,例如膜过滤、电凝、微生物修复、活性炭吸附、碳纳米技术和利用各种改性吸附剂。然而,有些技术成本很高,运行和维护成本也很高。

吸附作为一种去除重金属的方法受到了较多的关注。由于重金属与各种材料之间的相互作用,吸附通常以两种不同的方式发生:表面吸附和间隙吸附。

在表面吸附过程中,重金属离子通过扩散从水溶液迁移到含有相反表面电荷的吸附剂表面。一旦重金属离子通过边界层,它们就会附着在吸附剂的表面,随后从溶液中去除。这种类型的吸附通常是通过范德瓦耳斯力、偶极相互作用或氢结合实现的。图 3-9 说明了重金属的表面吸附机理[78]。

在间隙吸附过程中,重金属离子向吸附剂扩散,离子进入吸附剂的孔隙,并被吸附到材料内部的表面上。这种类型的吸附最常发生在微孔吸附中。图 3-10 说明了间隙吸附机理[79]。一些研究人员认为,吸附剂和重金属离子之间的离子交换是主要机制,其基于反应的活化能和在各种水质条件下的一致吸附能力。

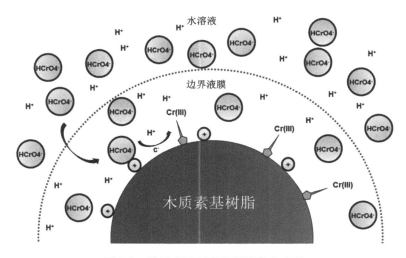

图 3-9　通过表面吸附机理吸附 Cr(Ⅵ)

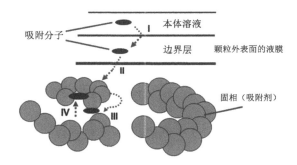

图 3-10　通过间隙吸附机理去除重金属

　　另一些研究人员描述了重金属去除的离子交换机制(图 3-11)。他们提出,使用吸附剂去除重金属是由羧基和羟基促进的,羧基和羟基通过两对电子与二价重金属离子连接,随后释放出两个 Na^+ 和/或 H^+ 离子进入溶液,如图 3-12 所示。溶液的 pH 值在离子交换机制中起重要作用,在较低 pH 值下吸附量会减少,这归因于 H^+ 的增加,会与含水重金属离子竞争吸附位点,从而导致吸附剂去除重金属的效率较低。

　　静电力也被认为是重金属吸附的一个促成因素。静电力的存在很大程度上取决于溶液的 pH 值。较低的 pH 值有助于使与吸附重金属相关的各种官能团质子化,从而导致吸附剂整体具有正电荷,结果,静电排斥发生,进而阻止带正电的重金属离子的吸附。相反,静电斥力随着 pH 值的增加而减弱。当利用代表吸附剂零电荷点的 pH 值评估吸附剂的去除效率时,可以清楚地看到在吸附过程中静电力的影响。当吸附剂的表面是正电荷时,溶液的 pH 值小于吸附剂表面电荷为中性时的 pH 值,重金属去除率较低;当吸附剂的表面是负电荷时,溶液的 pH 值大于吸附剂表面电荷为中性时的 pH 值,重金属去除率会增加,这表明在吸附过程中存在显著的静电力作用。随着离子强度的变化,也可以看到静电力的影响。

　　吸附也与重金属与生物质表面各种官能团之间的相互作用相关。通常被确定为重金属吸附位点的官能团包括羧酸盐(—COO—)、酰胺(—NH₂)、磷酸盐(PO_4^{3-})、硫醇(—SH)和氢氧化物(—OH)。这些官能团作为重金属吸附位点的能力受到溶液 pH 值的显著影响。

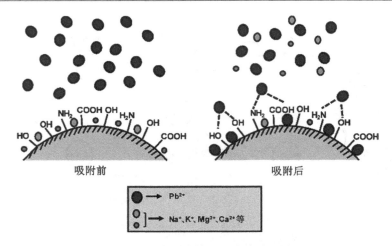

图 3-11　离子交换机理去除重金属

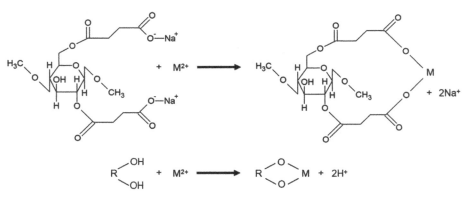

图 3-12　离子交换释放 Na^+ 和 H^+ 离子

许多官能团的解离常数的范围是 3.5～5.5,包括羧基和酚基,这意味着这些基团中的大多数将在这个 pH 范围内去质子化,并且将有更多的带负电荷的位点用于吸附。图 3-13 显示了—OH 基团和 Mn(Ⅱ)之间的相互作用,并证明了这种机制[79]。

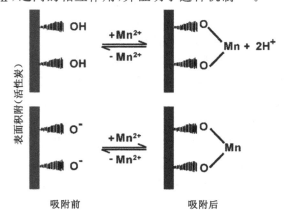

图 3-13　—OH 官能团对 Mn(Ⅱ)的吸附

　　研究人员使用活性染料改性了他们使用的吸附剂,以将金属离子暴露于—OH 基团中,从而增强重金属去除效果。如图 3-14 所示[80],改性染料负载吸附剂上的—OH 基团的位置允许更好的螯合,随后可以去除重金属。

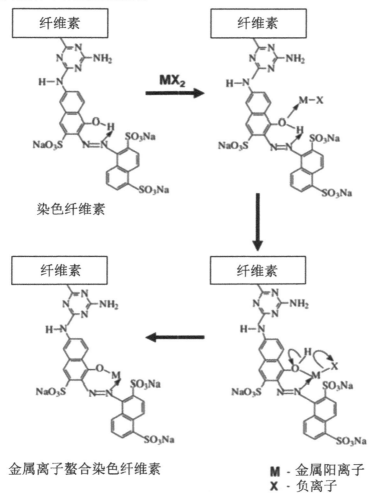

图 3-14　使用染料吸附剂去除重金属的机理

　　对于重金属,可能的吸附机制通常涉及多种相互作用的综合效应,包括静电吸引、离子交换、物理吸附、表面络合、沉淀等。图 3-15 所示是重金属和有机污染物在生物炭上吸附的机制总结[72]。由图 3-15 可以看出,不同重金属的具体作用机制不同,生物炭的性质对重金属的吸附有很大影响。

　　生物炭表面存在丰富的表面官能团(主要是含氧基团,如羧酸根:COOH;羟基:OH),可与重金属发生静电引力、离子交换、表面络合等强相互作用。这些影响可以通过金属吸附前后生物炭官能团的变化来证明。例如,甜菜生物炭通过 Cr(Ⅵ)的静电吸附,以及 Cr(Ⅵ)还原为 Cr(Ⅲ)和 Cr(Ⅲ)络合,能有效去除 Cr(Ⅵ)。该吸附过程可以概括为三个部分:首先,在低 pH 值条件下,带负电的 Cr(Ⅵ)在静电驱动力的帮助下迁移到带正电的生物炭表面;其次,在氢离子和生物炭给电子体的参与下,Cr(Ⅵ)被还原为 Cr(Ⅲ);最后,由 Cr(Ⅵ)

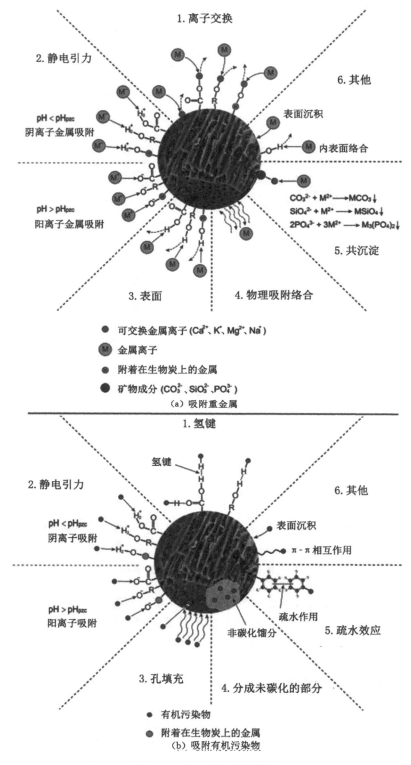

图 3-15　生物炭的吸附机制

还原的一部分 Cr(Ⅲ)释放到水溶液中,另一部分 Cr(Ⅲ)与生物炭上的官能团络合。另一个典型的例子是,官能团在污泥衍生生物炭吸附 Pb 中起重要作用,包括由于静电外球络合而与 K^+ 和 Na^+ 进行金属交换,与游离羧基官能团和游离羟基官能团的表面络合,以及与游离羟基的内球络合。类似的机制也可以在大豆秸秆生物炭吸附 Hg(Ⅱ)和玉米秸秆生物炭吸附 Cd(Ⅱ)中观察到。

此外,生物炭中的矿物成分在吸附过程中起着至关重要的作用。研究人员比较了稻壳生物炭和奶牛粪生物炭同时去除水溶液中 Pb、Cu、Zn 和 Cd 的效果。结果表明,不同生物炭原料的去除能力不同,原料中的 CO_3^{2-}、PO_4^{3-} 等矿物成分对生物炭的吸附能力有重要影响。在另一项关于奶牛粪生物炭去除铜、锌和镉的研究中,研究人员发现,用奶牛粪生产的生物炭富含 PO_4^{3-} 和 CO_3^{2-},这些矿物成分作为额外的吸附位点,有助于提高生物炭对重金属的吸附能力。在乳粪衍生生物炭对铅的吸附中也发现了类似的结果。有研究指出,铝与有机基团(羟基和羧基)的络合、表面吸附以及铝与硅酸盐颗粒的共沉淀都有助于铝在生物炭上的吸附。

此外,生物炭的比表面积和多孔结构也会对重金属的吸附产生影响。但是,一般来说,生物炭的比表面积和多孔结构对重金属吸附的影响小于含氧官能团。研究表明,含氧官能团导致低温生物炭(250 ℃和 400 ℃)对铅具有高吸附性。此外,研究者使用油棕生物炭和稻壳生物炭吸附不同的重金属,结果表明,前者比表面积较小,对重金属的吸附能力高于后者。

(二)染料和有机污染物

1. 吸附剂的稳定性、再生和再利用

吸附剂不仅应具有高的染料吸附能力,而且在应用过程中需要保持稳定。由于吸附是一种传质过程,如果吸附剂在其应用过程中分解,吸附的载体可能会因为解吸而造成污染,而且它们与处理过的流出物的分离也会成为问题。一般来说,活性炭非常稳定,如果在其活化温度以下使用,它们则具有非常出色的热稳定性。此外,当某些活性炭、聚合物复合材料通过静电相互作用结合在一起时,可能会因酸碱条件的变化而破坏活性炭的稳定性。

吸附过程结束后,染料吸附剂将被作为废物丢弃。为了减少废弃物的产生,将用过的吸附剂进行再生和再利用是非常有吸引力的。再生过程应该是低成本的并且应该具有潜在的低能耗。活性炭可以通过各种方法再生,包括热处理法、化学法、生物法和真空法。活性炭及其复合材料通常从处理后的流出物中被分离出来,并在再生后重新投入使用。有时,精细的活性炭难以从处理过的污水中分离出来,会与吸附质一起被丢弃。

再生方法包括蒸汽、氧化剂、溶剂、电流、物理波和微生物等。在热再生过程中,将用过的废弃吸附剂暴露在低于 300 ℃ 的热惰性气体中,从而去除挥发性吸附物,或使吸附物降解形成挥发性化合物并去除。也可以通过蒸汽加热或用微波、射频进行电磁加热来去除吸附质。在化学再生过程中,利用高纯水、溶剂、碱或酸溶液、亚临界或超临界二氧化碳以及各种氧化剂,如过氧化氢、臭氧气体和紫外线辐射对用过的废弃吸附剂进行再生。在生物再生中,将用过的废弃吸附剂与微生物群接触来去除吸附物,并且这些微生物可以从碳中解吸到发酵液中,随后对其进行代谢。在真空再生过程中,吸附平衡通过吸附-再生循环中的压力变化向解吸方向移动。目前,活性炭的再生主要采用热再生和化学再生方法。

活性炭的染料吸附能力在活性炭再生后略有下降,因为在再生过程中不会发生 100%

的解吸或吸附染料的去除。

2. 染料吸附机制

了解染料在碳质吸附剂上的吸附机理对于染料厂污水处理的设计至关重要。碳质材料的官能团在染料在这些吸附剂上的吸附中起重要作用。生物炭具有由生物质的半纤维素、纤维素和木质素热分解形成的表面酸性基团(羟基、羧基和酚基等),可以为结合生物炭提供活性位点。与阴离子染料相比,生物炭对阳离子染料具有更好的吸附能力。关于生物炭表面阴离子交换位点的性质,以及与 pH 值无关的含氧官能团对生物炭阴离子交换位点的贡献值得进一步研究。

活性炭与染料的结合机制非常复杂,可能是物理吸附或化学吸附。根据所使用的活化过程和碳化温度,活性炭可能具有阴离子羟基、羧基和磺酸盐基团。不同类别的染料,与活性炭的结合机制可能不同,因为其具有不同的官能团。图 3-16 显示了活性炭与阳离子染料的结合机制[81]。阳离子染料具有氨基或季铵阳离子基团,也可能具有羟基和疏水性甲基官能团,使其能够通过静电力、氢键、范德瓦耳斯力和 π-π 堆积进行结合。

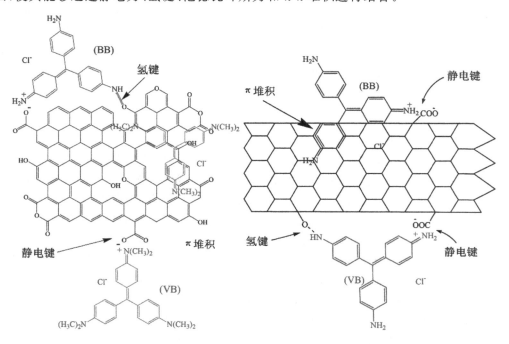

图 3-16　亚甲基蓝(BB)和革兰氏染料(BV)分别与活性炭(左)和碳纳米管(右)的结合机制

活性炭和碳纳米管结合阴离子染料的机理如图 3-17 所示[81]。直接染料、酸性染料和活性染料都是阴离子染料,因为它们具有磺酸基团,所以具有水溶性。未改性的活性炭也可以通过氢键和 π-π 堆积吸附阴离子染料,但与静电键相比,这些键的作用较弱。活性炭是多孔的,当染料分子通过活性炭时,染料分子只是被困在活性炭的多孔结构内,而与染料的离子特性无关。因此,活性炭对染料的吸附可以描述为物理吸附和化学吸附的结合。然而,为了提高活性炭的阴离子染料去除能力,阳离子氨基通过硝化和胺化被引入到活性炭中,从而提高了活性炭与阴离子染料的静电结合力。

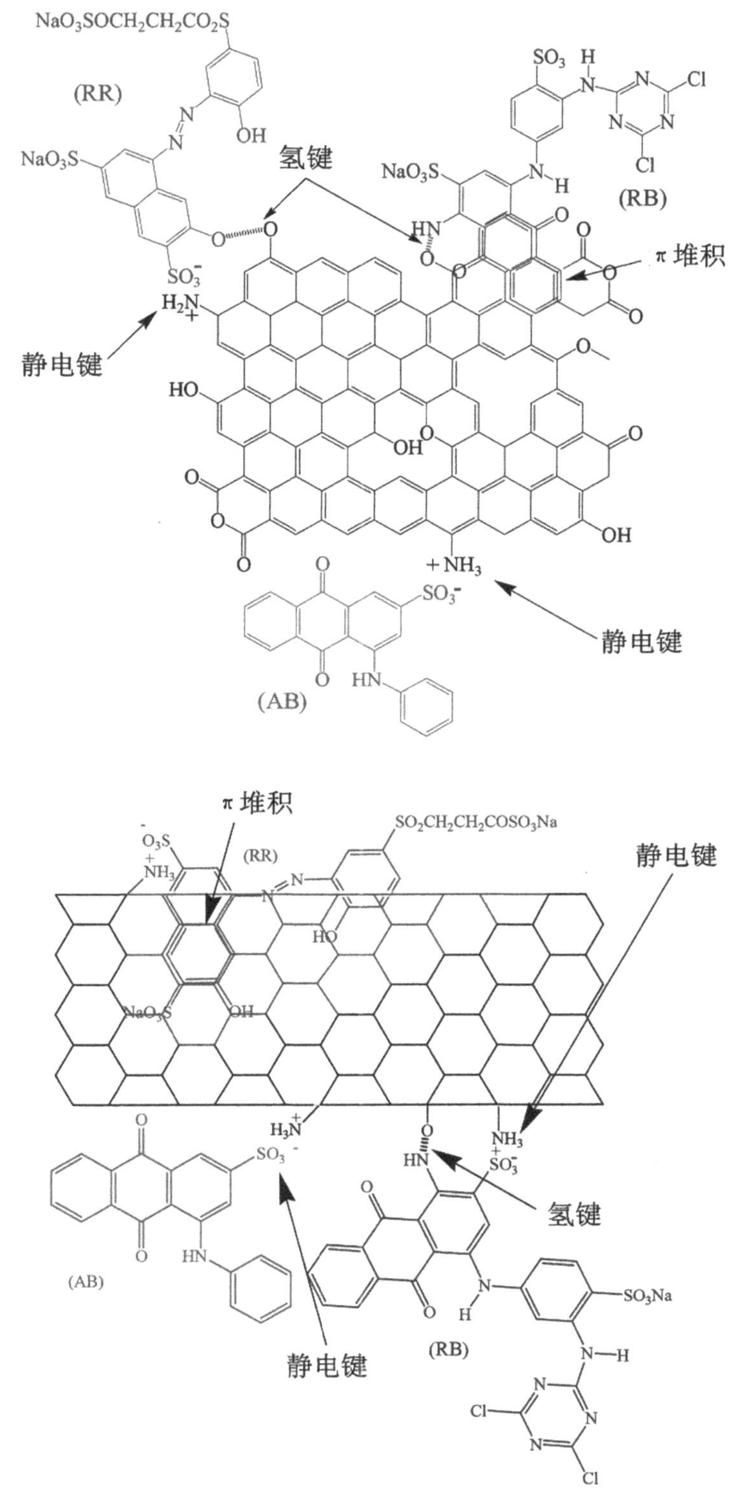

图 3-17　阴离子酸性蓝 25、活性蓝 4 和活性红 2 染料分别与活性炭(上)和碳纳米管(下)的结合机制

石墨烯和碳纳米管的表面官能团及其表面缺陷在吸附染料分子方面起着很大的作用。碳纳米管由石墨烯或石墨片卷成圆柱形,具有 π 共轭结构和高度疏水的表面。基于石墨烯和碳纳米管表面的官能团,染料分子可以通过离子相互作用、π-π 堆积、范德瓦耳斯力和氢键附着在它们上面。

3. 影响染料吸附的因素

进行吸附的条件决定了活性炭对染料的吸附能力。染料吸附受多种因素的影响,如 pH 值、温度、流出物中染料的浓度以及染料的化学结构。

(1) pH 值对染料吸附能力的影响

对于特定的碳质吸附剂,有必要确定其发生最大染料吸附时的最佳 pH 值。在通过静电相互作用吸附染料的情况下,染料溶液的 pH 值对染料的吸附作用很大,使吸附剂与染料分子之间的亲和力达到最高时的 pH 值,会使染料吸附量达到最大,最大亲和力可以通过测量吸附剂的 Zeta 电位来确定。为了吸附阳离子染料,碳质材料需要带负电,为了结合阴离子染料,吸附剂需要带正电。在通过范德瓦耳斯力、氢键或疏水相互作用进行染料吸附的情况下,流出物的 pH 值可能不会起很大作用,并且吸附会发生在更宽的 pH 值范围内。活性炭结合染料的最佳 pH 值取决于所使用的活化过程和所用碳原料的类型。

研究表明,使用不同前驱体和活化过程,活性炭去除活性染料的最佳 pH 值可能在 1～6 之间。在生物炭吸附的情况下,阳离子碱性染料的最大吸附情况发生在酸碱度为中性至碱性。据报道,来自刨花、燃烧过的刨花的生物炭和活性炭在 pH 值分别低于 5.7、7.3 和 6.0 时显示正电荷增加,即阴离子染料在这些 pH 值以下被吸附,阳离子染料在高于这些 pH 值时被吸附。阳离子和阴离子染料与活性炭的结合分别在碱性和酸性下更有利。由杏仁壳、椰壳、锯末、纺织污泥和石榴皮生产的活性炭在 pH 值为 1～2 时显示出最高的阴离子吸附作用。由海藻、松果壳和扇贝产生的活性炭在 pH 值为 6 时显示出最高的阴离子吸附作用。

(2) 温度的影响

进行吸附的温度对碳材料的染料吸附能力也有很大影响。染料分子与活性炭的反应可能是吸热的或放热的。由于原子和分子的持续热运动,染料分子扩散和结合到活性炭中,这取决于可用的能量。温度升高提供了热能,会增加染料分子的分子运动并有助于它们扩散到吸附剂中。

在相对较高的温度下进行吸附,活性炭的吸附能力会增加,但这会增加成本。基于活性炭的过滤器的安装成本并不高,它们显示出最佳的流体动力学特性,并且可以轻松再生。

(3) 染料浓度的影响

染料吸附能力还取决于流出物中染料的浓度。如果染料浓度过低,染料吸附可能达不到饱和点,吸附剂就会被充分利用。染料吸附能力随着流出物中染料浓度的增加而增加,直至吸附剂的染料结合位点达到饱和点。当超过该饱和点时,由于染料结合位点被染料分子完全占据,因此不会观察到吸附增加。相反,由于吸附剂表面吸附位点的饱和,染料吸附效率会随着流出物中染料浓度的增加而降低。

(4) 染料官能团的影响

染料的官能团(尤其是离子基团的数量)、分子量和取代基对各种纺织染料的结合能力有很大的影响。与高分子量染料相比,低分子量染料更容易被活性炭吸收。表 3-6 显示了几种染料的化学结构及其分子量[81]。在通过商业活性炭去除活性染料时,发现活性蓝 2 的吸附量为 4.9 mg/g,而活性黄 2 仅为 3.17 mg/g。它们都具有相似数量的磺酸盐基团,但前一种染料的分子量低于后一种染料。活性蓝和活性红 2 的分子量更接近,并且具有相似数量的阴离子磺酸盐基团,但活性红 2 中二亚乙基基团的存在大大降低了其与活性炭吸附剂的吸附。研究表明,染料的取代基也会影响活性炭的吸附。因此,可以得出结论,功能性离子基团的数量、分子量和染料的取代基会影响活性炭对染料的吸附。

表 3-6　几种碱性和活性染料的化学结构和分子量

染料名称	化学结构	分子量/(g/mol)
C.I.活性蓝 2		840.11
C.I.活性黄 2		872.97
C.I.活性蓝 4		681.39
C.I.活性蓝 171		1 418.93

表 3-6(续)

染料名称	化学结构	分子量/(g/mol)
C.I.活性红 23	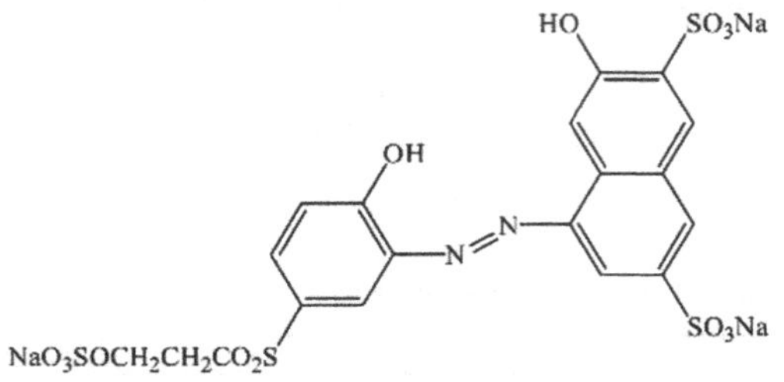	678.53
C.I.活性红 2	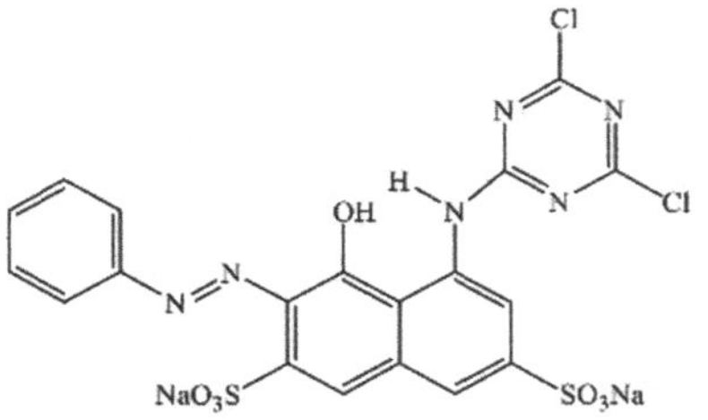	615.34
C.I.活性黄 145	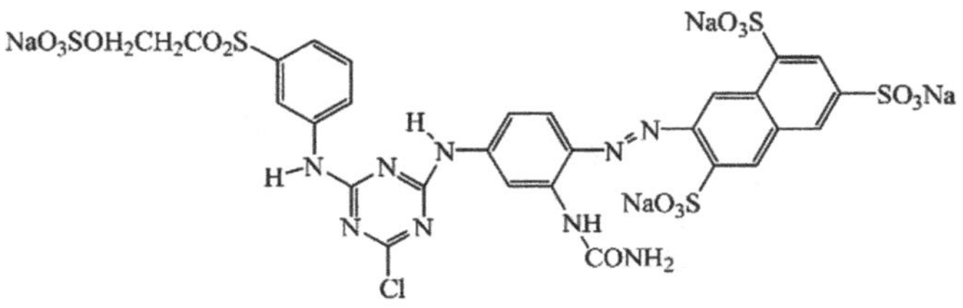	1 026.25
C.I.基本蓝 9	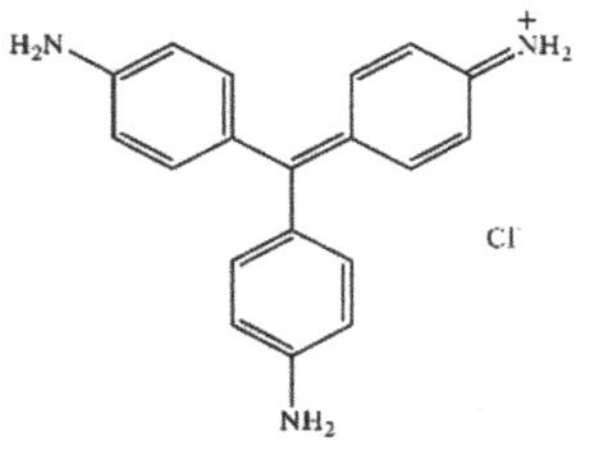	373.89
C.I.基本紫 3	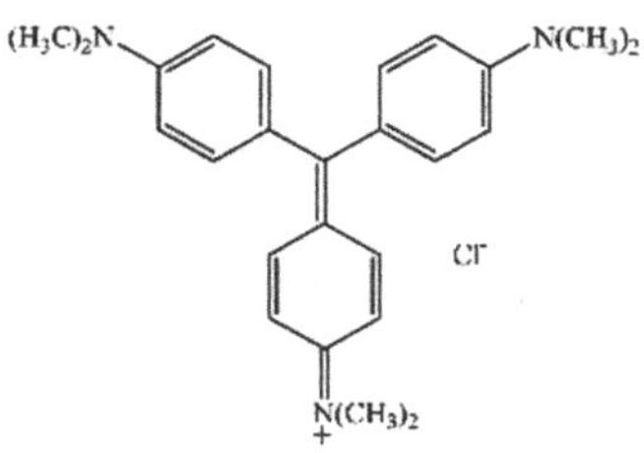	407.98

(5) 吸附剂孔体积的影响

吸附剂的孔体积在染料吸附中起着重要作用,因为孔体积是允许多少数量的染料分子与活性炭结合的关键因素。研究人员研究了微孔和中孔活性炭的比表面积对溶液中几种活性染料吸附的影响,结果表明,活性炭的比表面积与染料吸附之间的相关性很差,而染料的吸附与其孔体积有更好的相关性。当多孔材料的孔径小于吸附质分子大小 1.7 倍时,吸附质分子之间的排斥力会显著增加,从而需要更高的吸附能。最有效的孔径范围是吸附物分子大小的 1.7～6 倍。因此,不是吸附剂的比表面积而是它们的孔体积决定了染料的吸附量。

4. 染料吸附等温线模型

活性炭对阴离子和阳离子染料的吸附可以用各种等温线模型表示,最常见的是 Langmuir、Freundlich、Temkin 模型,它们是了解染料分子在固体吸附和液相平衡时分布的重要工具。吸附等温线用于描述染料分子与碳质吸附剂的相互作用、吸附平衡以及吸附剂与染料结合的活性位点。吸附等温线表示碳质吸附剂表面上的吸附量与其在恒定温度下的浓度的函数,它们用于预测特定碳质吸附剂对染料的吸附能力,也可用于拟合实验数据。

Langmuir 模型基于四个假设:所有吸附位点是等效的,每个位点只能容纳一个分子;表面在能量上是均匀的;吸附的分子不相互作用,没有相变;在最大吸附时,仅形成单层。Langmuir 模型假定吸附能量恒定且与表面覆盖率无关。当单层染料分子覆盖吸附表面时,可以观察到最大吸附。吸附只发生在表面的局部位置。

根据 Freundlich 模型,吸附发生在具有不同亲和力的异质表面上。Temkin 等温线模型与 Freundlich 模型一样,是较早的等温线模型之一,用于描述在酸性水溶液中氢原子在铂电极上的吸附。在 Temkin 吸附等温方程中,吸附能量是表面覆盖率的线性函数,该吸附模型仅适用于中等离子浓度。活性炭对活性染料的吸附可以使用 Freundlich 和 Langmuir 模型来描述。

5. 动力学模型

动力学模型用于确定吸附的过程机制,包括吸附速率、扩散控制和传质。根据吸附速率,反应动力学可以是一级或二级的。有学者提出了用一级反应速率来描述草酸和丙二酸在木炭上的液固相吸附动力学过程,这可能是第一个描述吸附速率的模型。1995 年,有学者提出了一种新的准二级动力学模型。这两个动力学模型主要用于描述各种吸附剂对活性染料的吸附。例如,据报道,热化学活性碳质吸附剂对碱性染料的吸附显示出准二级吸附模型(图 3-18)。

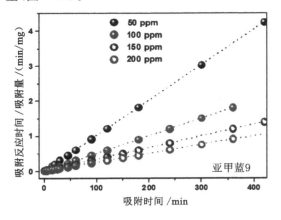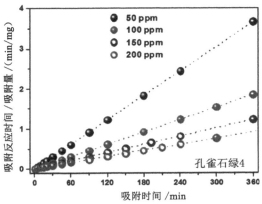

图 3-18　准二级动力学模拟热化学活性炭吸附亚甲蓝 9 和孔雀石绿 4 染料

6. 影响有机污染物吸附的因素

有机污染物与生物炭结合的吸附机制也有不同的种类。一般来说,静电相互作用、疏水效应、氢键和孔隙填充是生物炭吸附有机污染物的主要机制。不同有机污染物的具体作用机制也不同,其与生物炭的性质密切相关。

首先,生物炭的表面性质对有机污染物的吸附起主要作用。由于碳化和非碳化部分共存,所以生物炭表面是不均匀的,生物炭的碳化和非碳化相通常代表不同的吸附机制。有机化合物的吸收取决于非碳化有机物的分配和碳化物质的吸附。有研究结果表明,静电吸引是有机污染物吸附到生物炭上的主要机制,而其他吸附机制则起到了促进作用。此外,研究人员研究了染料吸附在秸秆基生物炭上的机理,提出染料吸附的机制涉及染料分子与生物炭石墨烯层之间的 π-π 相互作用、静电吸引/排斥和分子间氢键。在进一步的研究中,研究人员使用 Zeta 电位、FTIR-PAS 和吸附等温线研究了甲基紫的吸附机制。结果表明,静电引力、染料与羧基和酚羧基团之间的特定相互作用,以及表面沉淀有助于甲基紫在生物炭上的吸附。猪粪来源的生物炭对萘酚和阿特拉津的吸附可以通过疏水效应、孔隙填充和 π-π 电子供体-受体相互作用等来进行解释。不同生物炭对磺胺的吸附与石墨化程度密切相关,表明磺胺分子与生物炭石墨表面之间的 π-π 电子供体-受体相互作用是主要的吸附机制。

此外,孔隙填充是生物炭吸附有机物的另一个重要机制。吸附与生物炭的表面性质相关,吸附能力与微孔比表面积成正比。由于突出的孔隙填充效应,碳质材料的高比表面积和孔体积通常促进有机污染物的吸附。

五、前景及局限性

值得注意的是,生物炭对水中的各种污染物(重金属、染料和有机污染物等)具有显著的去除能力。然而,在使用生物炭进行水处理之前,必须考虑与生物炭相关的潜在负面影响。一些研究人员调查了生物炭中含有的可提取有毒元素的浓度,并提出了一些关于尽量减少潜在有毒元素风险的建议。热解可能会抑制生物炭中重金属的潜在释放。与生物炭相关的有毒元素的产量和组成在很大程度上取决于原生物材料和热解温度。其他因素,如热解技术、热解时间和污染水的状况等,都会影响生物炭中的毒素水平。在这种情况下,生物炭在水处理中的应用需要更多的研究。

尽管许多研究表明,与生物炭相关的大多数有毒元素是微量的,但热解温度和原料类型的变化如何影响这些有毒元素的浓度和组成尚不清楚,而且这些有毒元素在较长时期内的稳定性仍然未知。因此,应不断研究在不同生产条件下用不同原料生产的生物炭的安全性。

考虑到生物炭对水污染物的优异吸附能力,它可以作为一种新的潜在原位吸附剂用于污染沉积物管理。因此,进一步的研究应侧重于分析这一假设的成立性,为碳封存和沉积物修复提供机会。

生物炭在水溶液中去除污染物的应用主要是处理有毒污染物。图 3-19 是生物炭去除水中污染物、生物炭解吸/再生等处理过程的系统示意图。载有铵、硝酸盐和磷酸盐且不含其他有毒污染物的生物炭可用作缓释肥料以提高土壤肥力。然而,用于吸附重金属和有机污染物等有毒污染物的生物炭需要小心处理。

在未来的吸附过程中,需要对解吸/再生过程的可重复使用性和经济可行性进行评估。此外,再生的生物炭也有其有限的使用周期。经过多次吸附-解吸循环并表现出低吸附能力

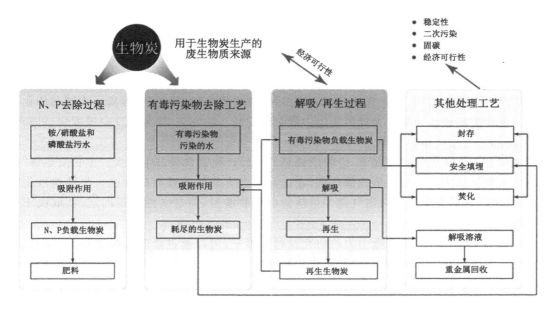

图 3-19　生物炭去除水中污染物、解吸/再生处理系统示意图

的生物炭由于其潜在的毒性也需要妥善处理,处理过程必须遵循危险废物处理标准。处理过程可采用封存、焚烧和安全填埋等多种方法,然而,关于使用这些方法处理废生物炭的信息很少,使用这些方法处理废生物炭的稳定性、潜在的二次污染、对碳封存的影响以及经济可行性尚不清楚。因此,如何处理负载各种污染物的生物炭可能成为促进生物炭实际应用的新挑战,未来需要开展更多的研究。

第三节　碳基催化剂

在生物质热解/气化过程中,生物质焦油与合成气会一起产生。具有化学惰性的碳基吸附剂/催化剂通过高效吸附和催化转化消除焦油是商业化的有效方法。生物炭是生物质热解/气化的副产品,可作为低成本的碳基吸附剂吸附重金属或有机污染物等。炭负载催化剂可以简单地气化/燃烧以从炭中回收能量,而无须在失活后频繁再生。

源自生物质的合成气有望成为生产化学品、生物燃料和电力的一种有吸引力的途径。与化石燃料相比,生物质气化在降低二氧化碳和其他气态污染物如 H_2S、SO_2、NO_x 排放方面具有若干环境优势。生物质气化过程的特点包括干燥和脱挥发分、挥发物和炭燃烧,以及用蒸汽和二氧化碳进行的气化和焦油重整。随后,焦油和生物炭是原料热解/气化的副产品。生物炭还含有大量最初存于母体燃料中的矿物质。此外,生物炭可以气化成气体物质。然而,H_2O 和二氧化碳的炭气化速率比初级热解低几个数量级,因此初级炭的转化受到限制。影响热解挥发物的组成因素包括初级热解和次级转化的综合作用。

可冷凝(环境条件下的液体)有机化合物,被称为焦油,它是一种复杂的混合物,是包含多种不同分子量和沸点范围宽泛的化学物质。生物质气化的焦油产量在 $0.5 \sim 100 \text{ g/m}^3$ 之间,焦油产量取决于气化器的设计、原料和操作条件。焦油会在下游设备的管道、过滤器或热交换器中凝结形成复杂的结构,从而导致整个系统的机械故障。此外,焦油可能会使精炼过程中的催化剂失活。值得注意的是,焦油中存在的芳香族化合物,例如苯和多环芳烃具有毒性并且会对环境造成危害。通过有效吸附和重整合成气手段去除焦油,对于将该技术商业化是必不可少的。

一般来说,焦油去除技术可分为两种:气化炉内处理(初级方法)和气化炉外的气体净化(二级方法)。众所周知,消除焦油的方法有多种,如物理处理、热裂解、等离子裂解和催化重整等。催化重整被认为是在大规模应用中最有前途的一种方法,因为其反应速度快,可靠性高,并增加了可用气体的数量。

在部分有氧或无氧的情况下,生物质被热分解以产生富含碳的生物炭。生物质热解/气化产生的炭被认为是一种廉价的催化剂,在去除焦油方面具有良好的性能。与其他催化剂相比,炭载催化剂在失活后只需气化即可从炭中回收能量,但是炭性质不固定,其取决于生物质的类型和工艺条件。

焦油催化裂化是一个有吸引力的研究课题。第一,可以通过修改其配置和工艺参数来减少气化炉内的焦油形成,这需要研究焦油和焦炭之间的相互作用。第二,去除焦油的另一种方法是在重整器中使用焦炭作为催化剂,进行热裂解。第三,炭可以负载金属催化剂,从而大大提高催化性能。例如,研究人员通过机械混合氧化镍和炭颗粒,制备炭负载镍催化剂,研究了其焦油重整能力。第四,通过焦炭气化升级蒸汽是可行的,炭催化焦油裂解可以通过直接利用自动产生的蒸汽进行炭气化来节省这种能量消耗。

生物炭衍生的碳基吸附剂/催化剂对焦油的去除主要包括物理吸附、热化学裂解/重整以及吸附与催化转化一体化。使用炭负载催化剂的焦油转化可以通过气化炉中的原位催化或重整器中的异位催化来进行。与热解反应器内的原料接触,原位放置的催化剂可以提高固体生物质的转化效率,并调节挥发产物的分布。同时,焦油催化重整已被证明对通过热化学转化有效生物质而言能提高产气量,降低焦油含量,提高转化率。生物质在第一阶段分解,然后衍生的热解气体、挥发物和焦油在第二阶段重整,在第二阶段添加不同的催化剂以及蒸汽等也对生物质气体转化和减少焦油等方面产生了积极影响。

一、焦油吸附

由于有高度多孔的结构,生物炭和煤炭已被用作焦油转化的吸附剂、催化剂或催化剂载体。它们的大孔和中孔结构不仅可以大大提高金属离子的分散性,还可以促进反应物分子(如甲苯的分子大小为 0.68 nm)迁移到催化剂的内表面。事实证明,活性炭对烃类化合物具有较高的亲和性和吸附选择性。特别是活性炭的中孔被认为在将重质烃转化为轻质馏分方面有效地发挥了作用,同时限制了焦炭的形成。此外,炭负载催化剂由于其呈中性或弱碱性,所以在抗焦炭和重金属沉积失活方面优于固体酸催化剂。

在快速热解过程中,停留时间是影响生物炭特性(如比表面积和官能团含量)的关键因素,决定了它们的吸附能力。研究人员首先评估了由稻壳和玉米芯热解制备的生物炭的吸附能力,随后,提出了生物炭对苯酚的吸附机制。结果表明,当苯酚初始浓度从 5 000 mg/L 上升到 8 000 mg/L 时,不同生物炭的吸附量都显著增加;而在初始苯酚浓度高于 8 000 mg/L 时,它们的吸附能力几乎保持不变。生物炭的吸附能力不仅与比表面积有关,还与影响保留时间的总官能团含量有关。通常,生物质表面的氧、氮官能团及其分解过程有热解和碳化两个阶段[图 3-20(a)][10,82-84]。在前者中,挥发性蒸气,如 H_2O、O_2、CO、NH_3、HCN 随机释放,导致有机官能团减少。增加保留时间,可以释放更多的挥发性物质,促进孔隙的形成。生物炭的单位比表面积在这个阶段呈上升趋势,然而,进一步增加保留时间,一些大分子化合物可以烧结并封闭生物炭的孔隙,从而减少比表面积。在碳化阶段,含氧化合物(即 CO 和 CO_2)的释放导致有机官能团减少,同时,孔壁也可能被破坏,显著降低生物炭的比表面积。除了物理过程外,苯酚分子与生物炭表面官能团之间的化学相互作用是苯酚吸附的另一个重要驱动力。生物炭含有许多含氮或氧基团,如—NH_2、—OH、C—O、CO 等。首先,—NH_2 所在炭表面是一种碱性基团,而苯酚是路易斯酸,因此,苯酚易于与—NH_2 通过酸-碱相互作用结合。其次,—OH、C—O 和 CO 基团可以通过氢键与苯酚相互作用[图 3-20(b)]。此外,羟基的强给电子能力使苯酚的芳环成为一个富 π 电子体系。因此,不同苯酚分子的芳环很容易形成 π-π 堆积相互作用,从而形成多层吸附体系。与范德瓦耳斯力相比,这是活性炭吸附的主要驱动力,官能团与苯酚分子之间的化学相互作用更能有效地增强吸附。

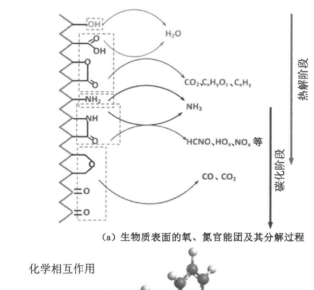

(a) 生物质表面的氧、氮官能团及其分解过程

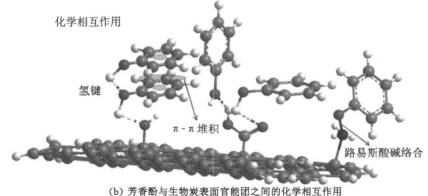

(b) 芳香酚与生物炭表面官能团之间的化学相互作用

图 3-20　生物质表面的官能团

　　研究人员提出了一种分解、吸附两步作用的焦油去除新方法,并评估了活性炭、木屑、多孔堇青石三种吸附剂的焦油吸附性能,尤其是可冷凝焦油的吸附性能。结果表明,与其他吸附剂相比,活性炭对轻质芳烃焦油和轻质多环芳烃焦油均表现出最佳吸附性能,而木屑在不降低系统效率的情况下,可最大限度地减少可冷凝焦油,适合作为焦油吸附剂实际应用的扩

展。之后,研究人员研究了各种焦油吸附剂,包括油性材料(地沟油、植物油)和稻壳炭的吸收性能。稻壳炭经过高温热分解后,孔隙已发育良好,并伴随着比表面积的增加。例如,生稻壳的 BET 比表面积较低,而在 600 ℃下产生的热解炭的 BET 比表面积较高,吸附性能在较长的运行期内不会迅速下降并达到饱和点。在大规模应用中,建议在设计气体净化系统之前,分别研究在每种操作条件下生物炭吸附剂的饱和点。

一般来说,有多种方法可用于处理或再生废吸附剂,例如热萃取和化学再生。研究人员将油洗涤器和炭吸附床从实验室规模推广到综合热解再生工厂的中试规模,图 3-21 所示为回转窑热解的示意图[85-87],结果表明,在 41 g 栗木炭热解装置中吸附装有 1 L 油的油洗涤器,达到 97.6wt% 的焦油去除率。值得注意的是,各种焦油化合物在炭上吸附的使用寿命、详细机理和动力学尚不清楚,有待进一步研究。

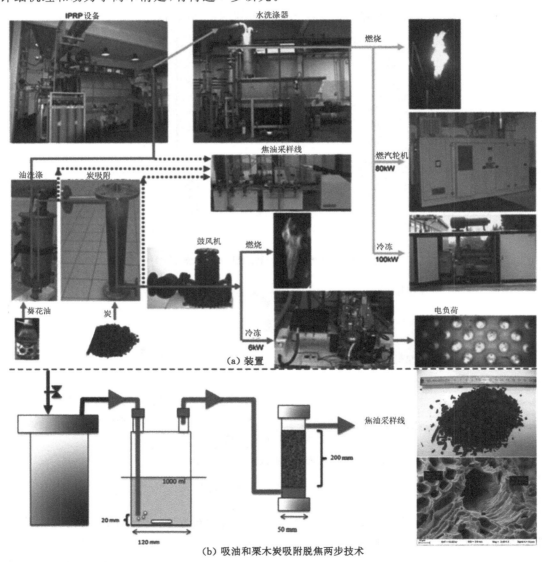

(a) 装置

(b) 吸油和栗木炭吸附脱焦两步技术

图 3-21　回转窑热解过程

二、焦油催化转化

随着化石燃料储备的枯竭和对温室气体排放的日益关注，开发使用可再生和可持续能源资源的技术变得越来越紧迫。太阳能、风能、地热能、水能以及核能都被视为清洁能源，可以（部分）替代化石燃料用于能源生产。然而，生物质仍然是唯一由碳氢化合物组成的可再生能源，这是制造化学工业基本构件的必要条件。开发可行的气化技术生产合成气（主要是 H_2 和 CO）受到焦油问题的极大限制：产品气体中的焦油含量必须极低，以有效利用下游气体，例如合成液体燃料和发电。尽管焦油的去除、裂解和催化的选择范围很广，但以炭为催化剂的催化重整方法具有很大的吸引力。

根据国际能源署的展望，到 2040 年，在发电方面，包括风能、太阳能和地热能、生物质能和生物燃料在内的可再生能源的份额将显著增加至 20% 以上。目前，如图 3-22 所示的生物质废料是主要的可再生碳资源[88]，其可用于生产化学品、燃料和碳材料以及产生热能和动力，从而可以减少温室气体排放。生物质气化是将生物质材料转化为合成气（CO 和 H_2）的关键途径。

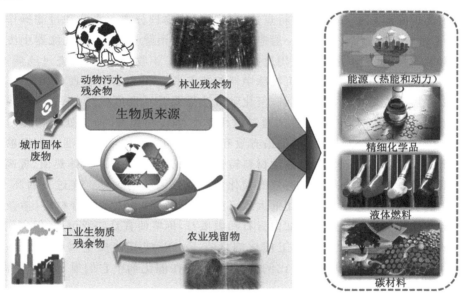

图 3-22　可作为再生碳资源的生物质废弃物及其主要产品

一方面，生物质是气化反应的有利原料，因为它含有高挥发性物质并且对气化剂（即蒸汽和氧气）表现出高反应性，这使我们能够在比化石燃料更温和的温度和压力下气化生物质，从而显著降低运营和维护成本。另一方面，分解产生的大量挥发物通常会部分逸出气化炉，最终作为可冷凝的焦油材料或气体产物的一部分（图 3-23）[89-90]。

下游工艺装置和管道中的冷凝焦油会导致结垢、腐蚀和堵塞问题，从而导致连续运行的不必要中断，而作为最终气体产品的一部分，残留的焦油是其潜在应用的严重障碍。例如，要在燃气发动机、涡轮机中使用合成气，气体中的焦油含量通常不高于 $50\sim100$ mg/m，否则会形成微小尺寸的固体烟灰颗粒，可能会损坏高速旋转的叶片。因此，除焦效果在很大程度上是决定任何新开发的生物质气化技术可行性的决定性因素。

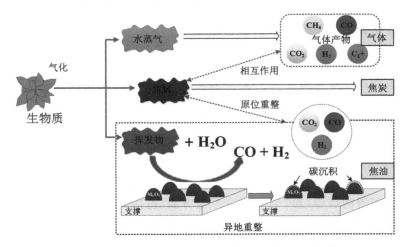

图 3-23　生物质气化过程和焦油形成与重整

　　学者们已经研究和试验了多种方法来消除生物质气化产生的焦油,水洗、过滤和静电沉淀可归类为物理除焦方法,其原理是将焦油与产品气体物理分离。水洗和过滤操作起来很简单,技术要求较低。然而,工业上一般避免选择水洗来消除焦油,因为洗涤器中废水的处理非常具有挑战性,且成本高昂。使用过滤装置(如砂床、织物过滤器、陶瓷过滤器等)会增加系统压力,干扰正常运行,而静电沉淀除尘器的缺点是价格高,操作不便。相比之下,使用化学方法去除焦油更受青睐,前景广阔,但化学方法需要升高温度或注入氧气,这将牺牲冷气效率。近期的一项研究[17]甚至尝试通过电化学方法转化焦油,但仍处于初步阶段。因此,热催化重整方法似乎是消除焦油的最有效和最经济的方法。催化焦油重整能够在温和或中等温度下通过合适的催化剂将焦油材料转化为合成气,同时提高气体热值,提高效率。

　　催化剂的选择是开发出可靠且有效的催化焦油重整系统的关键。在过去的几十年中,有许多催化剂被研究。焦油重整催化剂大致可分为天然矿物和人造复合材料(掺杂有活性金属物质的载体)两种。天然矿物,如白云石和橄榄石,价格便宜且广泛可用,但它们的反应性较低且缺乏机械强度。大多数人工催化剂含有 Fe、Ni 或其他贵金属(例如 Pt、Rh、Pd 等),这些贵金属很昂贵,尤其是在按比例放大时,尽管在催化剂中它们显示出活性高、催化期短,但是容易因形成焦炭而失活。

　　来自煤或生物质热解和气化的焦炭最近已作为廉价可行的焦油重整催化剂,研究人员对其进行了深入研究。更重要的是,用过的焦炭可以回收到气化炉中进行气化,而不会对环境产生额外的废物。研究人员在通过研究多孔结构来提高碳基催化剂的活性方面做出了很多努力,尤其是在催化金属物质方面得到很大进展。

　　据报道,生物炭的 BET 比表面积通常与其活性关系不大,表明来自气化条件的生物炭的孔隙率可能不是影响其催化性能的控制因素。同时,对于相同负载的金属催化剂,不同制备方法产生的炭可以产生明显不同的催化活性。

　　(一)用于焦油转化的生物炭

　　吸收、吸附等物理处理是一种可持续、可行的焦油去除方法。此外,焦油去除的物理过程并不复杂,适用于任何气化系统。但是,它还取决于特定下游应用所需的气体质量和规格。通常,炭材料可以吸附轻焦油化合物,而重焦油可以通过催化和非催化热转化等化学方法去除。值得注意的是,催化重整被认为是在蒸汽存在或不存在的情况下将焦油转化为 H_2 和 CO 的有前景的方法之一。表 3-7 为在各种实验条件下使用炭或炭负载催化剂进行焦油重整的典型示例[88]。

表 3-7　在各种实验条件下使用炭或炭负载催化剂进行焦油重整的典型示例

生物质	焦油来源	主要条件	重整效率/效果	结论
松木屑	稻壳快速热解生物油	第一阶段在 350~600 ℃;第二阶段在 700 ℃;15%的蒸汽(体积)	铁-碳催化剂与 Ni-Ca/γ-Al_2O_3 结合,在 500 ℃左右气化效率可达 50%以上	铁-碳催化剂是通过热解浸渍含 Fe^{3+} 的锯末制备的
褐煤	褐煤	第一阶段在 800 ℃;第二阶段在 900~1 050 ℃	在 1.2 s 停留时间和 1 050 ℃时,焦油去除率可达 90.5%	第二阶段重整器中使用的焦炭催化剂由第一阶段气化制备
各种燃料	褐煤	在热解和气化条件下(15%蒸汽),焦油生产和焦油重整的温度相同(800℃)	来自生物质的氢-碳表现出最高的活性	研究证明了来自不同碳源的氢-碳焦油重整活性的差异
褐煤和生物质	马利木	含有焦油化合物的合成气通过集成炭床在 800 ℃下重整	焦油含量可通过生物炭催化剂很好地降低到 100 mg/m^3 以下	试验在实验室中试规模反应器中进行
稻壳	稻壳	焦油生产和重整在 800 ℃的氮气中进行	焦油原位转化效率可达 92%以上	将负载有 Fe 和 Ni 的炭与生物质原料混合用于原位焦油重整反应
雪松木	雪松木	焦油生产和重整在 550~750 ℃的温度下进行,蒸汽供应	碳化钼的 H_2 产量可能比非催化测试高 5 倍	将载有 Mo_2C 的炭与生物质原料混合用于原位焦油重整反应
稻草	萘	萘在炭催化剂上的催化重整在 700~1 000 ℃下进行	由于催化裂化反应,萘的转化率提高了 2~3 倍	负载镍的炭的性能不如原始炭,因为它会因结焦而迅速失活
稻壳	模型化合物	在固定床反应器中在 800 ℃下检测负载钾和钙的炭催化剂的重整活性	钾表现出明显优于钙的活性	K 的易脱挥发分不利于保持催化活性
硬木	混合模型化合物	苯、甲苯和萘在 650~850 ℃的温度下在木材衍生的炭床上重整	CO_2 活性炭具有很高的甲苯和萘转化活性	甲苯和萘在此条件下可转化为苯,导致其在最终产品中积累

表 3-7(续)

生物质	焦油来源	主要条件	重整效率/效果	结论
褐煤	纤维素	在500~850 ℃的煤衍生炭催化剂上催化重整纤维素热解产生的挥发物	负载铁的炭催化剂可以在低温(<700 ℃)下有效地重整纤维素衍生化合物(非芳烃)	炭负载的 Fe 增强了糖类化合物的脱水,催化剂在反应过程中可以吸附含氧的官能团
稻壳	稻壳	炭负载的铜纳米粒子在600~800 ℃的温度范围内重整稻壳热解在600 ℃时产生的焦油挥发物	丰富的孔隙与 CuCl₂和ZnCl₂结合,在稻壳焦油裂解中具有优异的催化活性	通过一步热解法浸渍有CuCl₂和 ZnCl₂的生物质制备纳米颗粒催化剂
混合煤和生物质	稻草和银合欢木	不同生物质热解产生的焦油在不同的炭催化剂上在800 ℃下原位重整	在700 ℃下生成的焦油相对容易去除,尤其是银合欢木焦油	由于复制过程增加了比表面积,混合炭催化剂显示出比单个炭催化剂更高的活性
褐煤	玉米芯	玉米芯在900 ℃下的热解挥发物在450 ℃的两级反应器中通过负载 Ni 和/或Co 的褐煤炭重整	双金属 Ni-Co/炭对焦油重整和 H₂生产显示出最佳催化活性	双金属炭负载催化剂分两步制备:Ni 通过离子交换法负载,而 Co 通过初湿浸渍法负载

生物炭作为催化剂的吸引力来源于其低成本和气化炉内的自然生产。但是,它可能被产生的蒸汽或二氧化碳消耗。是否需要连续供应外部焦炭,取决于气化系统中焦炭消耗和生产的平衡。生物炭还表现出良好的焦油转化催化活性。将生物炭与其他催化剂减少焦油进行了比较,催化反应性的排序如下:活性炭>生物质炭>灰分>流体裂解催化剂。

研究人员研究了两种焦油模型(甲苯和萘)在三种不同炭材料(椰子炭、煤炭和干污泥炭)上的催化分解。焦油在含碳材料上转化的主要机制是沉积、脱氢(在焦炭表面形成烟灰)和烟灰气化,这类似于多孔颗粒上的焦油转化。然而,焦炭中的碱金属和碱土金属物质会显著影响烟气化率。900~1 000 ℃以下的均相芳烃焦油重整率小于碳质表面的非均相转化率。在炭上重整苯和萘等芳烃分子不能产生其他芳烃。相反,烷基和杂原子化合物可以通过脱烷基和脱羧产生较轻的化合物。如图 3-24 所示[91],焦油化合物最初遇到一个新的炭,其表面分布有一定数量的活性位点。焦油被吸附到炭基质上并进行聚合反应,产生氢气和烟灰,后者作为固体沉积物停留在炭表面上。这种烟灰阻塞了活性位点,阻碍了活性位点与气态焦油的相互作用。如果碳沉积速率高于碳消耗速率,则会在表面发生烟灰堆积,从而减少可用于与焦油分子反应的活性位点数量,进而降低炭活性。

焦炭的催化性能取决于生物质资源、气化/热解条件、催化条件、气化炉类型和焦油成分等。研究人员详细讨论了用作焦油转化催化剂的残炭,并研究了焦炭的催化性能。研究表明,更高的温度会导致更高的总微孔体积。研究人员观察到了二氧化碳的微孔气化,而在用蒸汽气化期间没有形成微孔,或者发生烧结,这说明消除了可能已经形成或存在于原材料中的微孔。研究人通过测试甲烷和丙烷催化分解产生的 H₂ 和固体碳来证明炭的催化活性,结果表明,较高的炭比表面积会导致催化性能提高,但孔径分布也会影响催化剂活性,并且他们观察到了微孔炭中扩散受限的证据。经过催化反应,碳沉积在铁簇和炭孔上。环境扫描电子显微镜/能量色散 X 射线分析表明,当炭在 N₂ 下加热到 1 000 ℃时,氧和金属可以

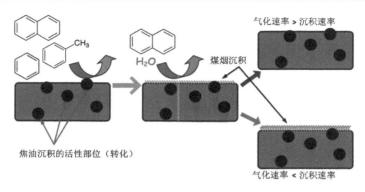

图 3-24　焦油化合物(即甲苯和萘)在碳质表面的转化机理

迁移到炭表面,从而影响催化活性(图 3-25)[92]。生物质气化炭的性质和催化活性已证明其用于焦油转化的潜力。

研究人员研究了 N_2、CO_2、O_2 含量和压力对焦炭特性和二氧化碳的影响。结果表明,在 1.0 MPa 下得到的炭的 BET 比表面积、孔体积、孔径分布和平均孔径几乎与 N_2、CO_2、O_2 含量无关,表明加压条件下 CO_2、O_2 的存在对在炭中形成孔隙几乎没有贡献。在相同的 O_2 含量下,随着二氧化碳含量的增加,孔的形成得到促进,平均孔隙产量没有变化。在给定压力下,焦炭产率与 N_2、CO_2、O_2 含量无关。炭的比表面积可以通过改变气化条件(时间、温度或压力)来改变,然而,在非常高的温度下,或在某些共反应物存在的情况下,会发生烧结,从而降低了总的炭比表面积。研究人员在蒸汽或空气气化过程中观察到烧结,但在二氧化碳气化过程中未观察到此现象,故建议在生成高催化活性炭时必须同时考虑比表面积和孔径。尽管较高的比表面积增加了催化活性,但微孔的存在会导致扩散受到限制,最终降低反应速率。此外,测试后的炭在孔隙上显示出碳沉积,这显示了孔隙在炭催化剂的活性和耐久性中的重要性。通过改善炭的比表面积和化学性质,可以显著提高炭对焦油的去除率。

研究人员使用由柳枝稷气化产生的生物炭合成活性炭,同时,对合成的三种催化剂(生物炭、活性炭和酸性表面活性炭)进行表征和评估,以比较各自去除甲苯的效果。由于存在未燃烧的挥发物,研究人员观察到生物炭颗粒是封闭的且无孔的,而活性炭显示出明显的孔隙发展,从而导致更大的比表面积。使用它们去除甲苯后,在圆形结构的生物炭中的大量焦化阻塞了碳丝的孔,导致比表面积、孔体积和孔径减小。与生物炭相比,活性炭催化剂的甲苯去除效率更高。因此,活化后的生物炭可以增加其比表面积,从而提高焦油去除效率。

尽管商业应用中使用的活性炭具有较高的比表面积,但具有较低比表面积的生物炭含有更多的矿物质。通常,活性炭可用作吸附剂,而生物炭由于其含有矿物质而表现出更高的焦油重整催化活性。此外,如果将生物炭用作催化剂载体,则应首先将其活化。图 3-26 为炭载环保功能材料的焦油吸附与催化重整一体化示意图。

（二）用于焦油转化的生物炭负载催化剂

存在于炭中的金属,例如铁、镍,可能在催化活性中起重要作用。图 3-27(a)显示了镍浸渍生物质催化热解/气化的机理[93-94]。由于增强热裂解/重整作用,焦油产率总是随着温度升高而降低。然而,热解后产生的焦油与在较低温度下没有催化剂的蒸汽重整后产生的焦油相似。由于焦油在低温下的低反应性,外部蒸汽对焦油的热裂解/重整影响较弱。在 800 ℃

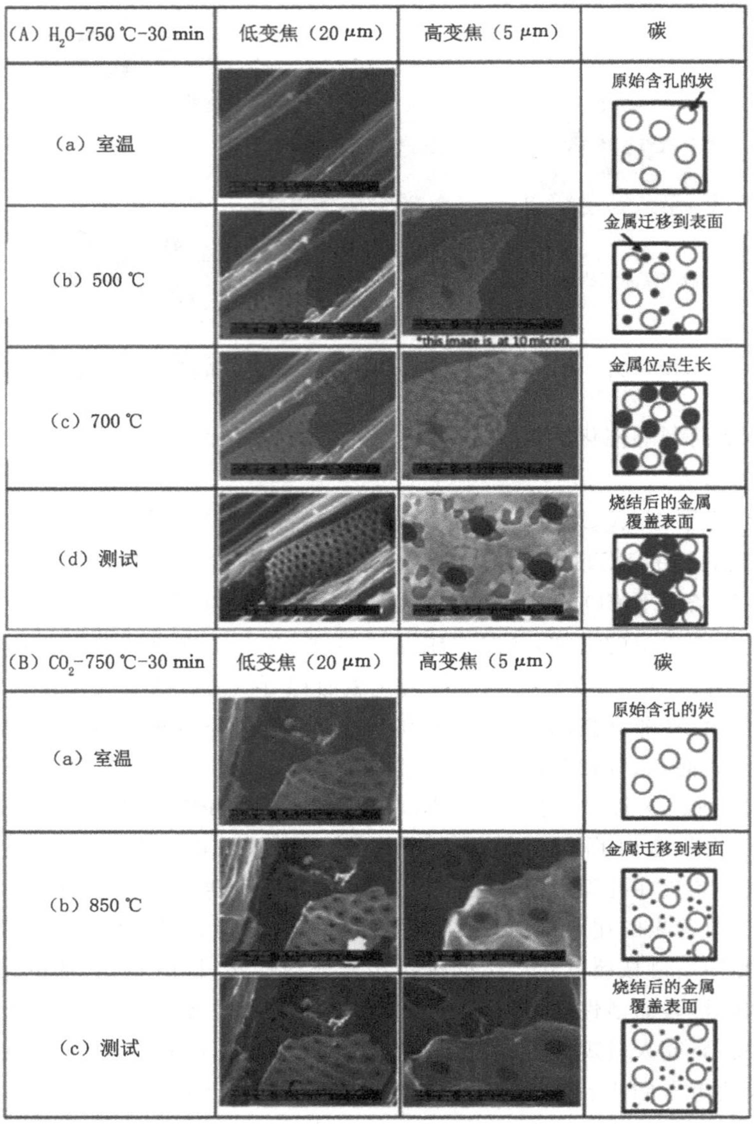

(A) H_2O-750 ℃-30 min	低变焦（20 μm）	高变焦（5 μm）	碳
（a）室温			原始含孔的炭
（b）500 ℃		*this image is at 10 micron	金属迁移到表面
（c）700 ℃			金属位点生长
（d）测试			烧结后的金属覆盖表面

(B) CO_2-750 ℃-30 min	低变焦（20 μm）	高变焦（5 μm）	碳
（a）室温			原始含孔的炭
（b）850 ℃			金属迁移到表面
（c）测试			烧结后的金属覆盖表面

注：(A)为在 N_2 下，在 750 ℃蒸汽下 30 min 后产生的炭。随着温度的升高，炭表面的亮点为矿物质和氧气，之后它们迁移到炭的表面。在 1 000 ℃时，金属簇已经聚集。(B)为在 N_2 下，在 750 ℃二氧化碳下 30 min 产生的炭。随着温度的升高，氧气和金属迁移到表面并保持在孤立的簇中。

图 3-25　活性炭生产过程及形貌

和 850 ℃下分别使用炭负载铁催化剂可以达到约 84% 和 96% 的焦油还原率。此外，炭负载镍催化剂蒸汽重整后的焦油产率甚至低于炭负载铁催化剂蒸汽重整后的焦油产率，尤其是在低温下。很明显，即使在低至 500 ℃的温度下，镍的焦油重整活性也高于铁。在焦油的催化重整过程中，炭负载催化剂会发生显著变化，包括通过旨在重整焦油的气化剂进行的炭载体气化。此外，炭负载的催化剂将与被重整的挥发物（即焦油）持续接触并因此相互作用。众所周知，挥发物与焦炭的相互作用会导致焦炭结构发生显著变化，碱金属和碱土金属物质

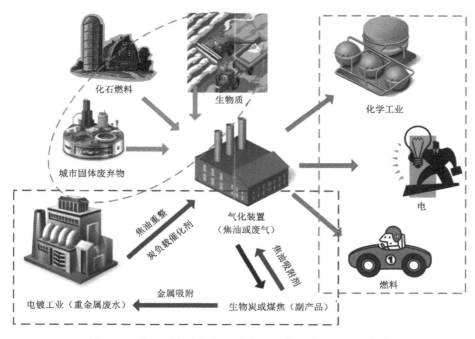

图 3-26　炭载环保功能材料的焦油吸附与催化重整一体化

会从固体中大量挥发,这可能会改变催化剂的活性。此外,挥发物与焦炭的相互作用会导致易挥发成分在焦炭表面形成烟灰,从而影响炭的反应性。

铁在高温下对焦油转化表现出良好的催化性能,但镍作为催化剂也已广泛用于焦油重整,因为镍基催化剂在较低温度下可以获得较高的焦油重整效率。碳/焦炭的形成被认为是镍基催化剂失活的一个主要问题,而且通常涉及浸渍和煅烧的催化剂制备过程既耗时又耗能。炭已被用作催化剂,在焦油转化方面具有良好的性能,也是一种优良的吸附剂。研究人员通过机械混合氧化镍和炭颗粒制备得到炭负载镍催化剂,并研究了其焦油重整能力。镍在煤炭表面上的分布比在木炭上更均匀,这可归因于煤炭的多孔表面结构增强了氧化镍颗粒的黏附性,而木炭具有相对光滑和较少的孔表面,镍颗粒沉积较难。重要的是,炭的物理和化学性质(例如孔隙率和金属含量)高度依赖于它们的来源和生产方法。因此,炭基底上的镍分布预计会随着炭类型的不同而发生变化。在相同条件下,镍/煤炭催化剂表现出最高的焦油去除率(91%~99%)。镍/木炭催化剂的焦油去除效率略低(86%~96%)。没有镍负载时,煤炭和木炭也可以去除75%~90%的焦油,焦油去除效率取决于其温度,这表明单独的炭是一种合理且有效的焦油去除催化剂。因此,煤炭本身可以被作为焦油转化的催化剂或催化剂载体,而生物炭则主要用于焦油吸附,特别是应用在轻焦油吸附方面。

三、一体化生物质催化气化

催化剂和生物质之间的紧密接触可以通过将固体催化剂与还原成细颗粒的生物质物理混合,或通过用金属盐的水溶液浸渍生物质颗粒来实现。在第一种情况下,纳米结构催化剂和纳米颗粒被证明是有效的固体催化剂的活性位点,与生物质中的大分子和早期热解阶段产生的初级分子紧密接触。金属或金属氧化物纳米粒子通常具有高催化效率。研究人员对通过金属盐溶液浸渍将金属物质添加到生物质中进行了大量基础研究工作,从而可以解释矿物在生物质热解过程中的作用。分散在生物质中的无机物质的存在会影响热解行为,从而影响热解产物的分布。

用含 Fe 或 Ni 的盐水溶液浸渍木材,在温度为 700 ℃ 的热解过程中,产生的焦油减少,产生的 H_2 增加。与没有催化剂的热解测试相比,在使用镍前驱体的情况下,H_2 产量增加约 260%。这归因于在木材热解时,分散在固体燃料中的结晶镍金属纳米颗粒的原位形成。在木材浸渍步骤中,生物大分子中的大量含氧基团充当水介质中金属阳离子的吸附位点,将金属分散到木材基质中。该木质纤维素基体的表面表现为类似固体高分子电解质的金属氧化物在水溶液中的表面,但其涉及与各种生物大分子羟基酸度相关联的更复杂的界面化学。在木材热解步骤中,形成无定形 $Ni_xO_yH_z$ 相,在低于 500 ℃ 的温度下被碳原子还原成金属镍,导致形成准镍单晶。这些镍单晶纳米粒子的大小在 2~4 nm 范围内,其取决于木材中负载的镍和最终的热解温度。原位形成的镍纳米微晶可作为催化活性相,其在生物质热解过程中可以提高 H_2 产量和焦油转化率。该生物质的催化热解/气化过程如图 3-27 所示[93-94]。这些基本研究和发现是一步生产法中生产来自生物质热解气化的高质量合成气的第一步。

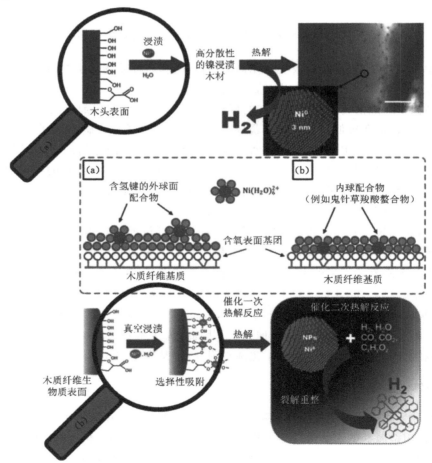

图 3-27　镍浸渍的生物质的催化热解/气化机理

　　然而,在这种原始的催化策略中,仍有许多问题需要解决。例如催化剂回收和再利用、生物质加热速率的影响、反应器中的气氛组成和压力条件、其他金属前驱体的催化效率以及与其他类似催化剂的比较。值得注意的是,真空浸渍技术促进了内球表面复合物的形成[图 3-27(b)],而大气压浸渍方法促进了与 Ni^{2+} 阳离子的外水合球(外球)的静电相互作用,或形成氢键[图 3-27(a)]。

　　综上所述,这种集成催化的生物质气化包括不同的关键反应步骤,如图 3-28 所示,步骤 1 是催化前驱体插入固体生物质,步骤 2 是生物质及其主要大分子成分的催化热解,步骤 3 是产生原位催化活性纳米颗粒并将其均匀地分散在固体燃料内,步骤 4 是新形成的纳米颗粒在初生焦油中的催化转化,步骤 5 是催化气化所述纳米复合材料的炭化残渣,步骤 6 是回收和再利用催化剂金属。为了进一步开发新的高效的、小型的气化工艺,需要对这些反应步骤进行深入了解。事实上,对纳米级生物质热化学转化过程的理解对于开发新的突破性转化技术至关重要。

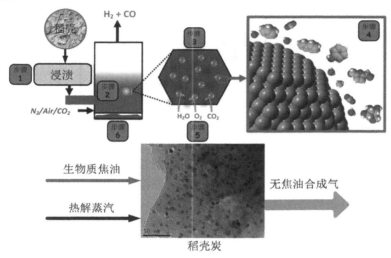

图 3-28　通过催化剂/生物质一体化战略实现催化生物质气化

(一)焦油重整催化剂炭的来源

　　数百年前,当人们在烤炉中生产焦炭时,焦炭起到了裂解和重整焦油的作用,其中的挥发物需要穿过厚厚的焦炭/焦炭床,然后才能作为成品从烤炉中出来。挥发物(即大油分子)和小分子气体物质(即 H_2O、CO_2、CO 等)可以与炭颗粒接触并在其表面甚至其孔隙内部与一些官能团(一些有机和无机化合物)反应,如图 3-29 所示[88]。由于挥发物-焦炭相互作用的二次反应,挥发物已经被重整,挥发物和焦炭之间的强相互作用及其对烤炉中焦炭性能的影响已在相关文献中得到充分报道。

　　在上升气流固定床气化炉中,气化区和热解区的挥发物由丰富的焦油物质组成,这些物质首先通过炭床,然后从顶部出口排出气化炉(图 3-30)。挥发物-焦炭的相互作用极大地促进了焦油的减少,从而改善了气体质量。在下吸式固定床气化炉中,尽管由于气体和固体的并流流动,挥发物与焦炭的相互作用不如上吸式气化炉中的强烈,但来自氧化区的产物气体可以在高温下被灰分和焦炭进一步净化,焦油化合物将通过该床进行催化裂化和/或重整。

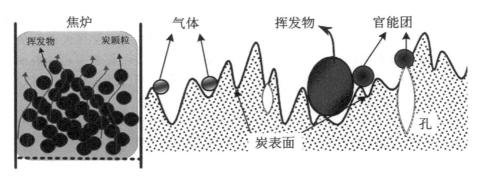

图 3-29 焦炭炉和焦炭表面的挥发物-焦炭相互作用(催化焦油重整)

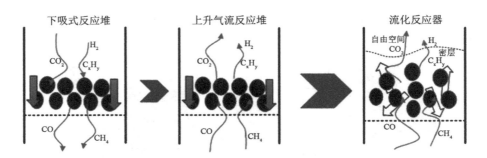

图 3-30 从下吸式反应器到上吸式反应器到流化床反应器,挥发物-焦炭相互作用不断增强示意图

在流化床反应器中,挥发物-焦炭的相互作用也参与了整个反应,并在决定气化器性能和气体质量方面发挥了重要作用。流化床气化器中的挥发物-焦炭相互作用比固定床反应器(包括上吸式和下吸式移动气化器)中的相互作用复杂得多。采用高速气体流化固体床材料(例如砂子),可以实现快速的质量、热量传递和主反应区的均匀温度分布,这将在气化炉内形成致密床(流化砂床)和松散床(或称为自由板区)。大的炭颗粒将在砂床内循环,而细的炭颗粒将主要留在自由区。所以,流化床气化炉底部产生的挥发物首先与致密床中的大炭相互作用,然后与自由区中的细炭相互作用。同样,挥发物在流化床中的气体速度非常高,导致停留时间虽然相对较短,但与反应区内的炭有很强的相互作用。事实上,挥发物-焦炭相互作用一方面可以促进焦油材料重整为轻质气体,另一方面可以抑制焦炭转化,这是在某些情况下需要循环流化床气化炉的主要原因之一,其中炭的反应性易受来自挥发物的氢自由基的影响。

研究人员指出,催化裂化温度比通过催化剂床(活性炭)的反应时间更为关键,并且低沸点烃优先转化为较轻的化合物和气体,而高沸点烃倾向于在裂化碳催化剂上形成焦炭沉积物。研究人员在各种实验条件下,制备了不同的炭(生物质和褐煤热化学转化产生的原始或部分活性固体碳产物)作为催化剂,用于生物质和煤(特别是低阶燃料)的热解和气化过程中对焦油进行催化重整。结果表明,来自不同类型原料的碳基催化剂在对来自多种燃料(包括农林残渣、褐煤、轮胎和城市垃圾)的焦油进行裂化和重整的过程中具有不同的催化活性。

(二)炭结构对其催化性能的影响

当炭用作催化剂或催化剂载体时,学者们往往偏向于研究活性金属物质(固有金属物质或外部添加的贵金属），而研究炭结构的较少。与任何其他催化剂一样，炭的物理结构，如比表面积和孔径，无疑是影响炭活性的重要因素。但是有一些研究表明，比表面积不是炭催化剂（尤其是生物质炭）催化性能的限制因素，但炭结构对炭催化剂重整焦油的效果有很大的影响。

　　研究表明，来自生物质、褐煤、烟煤、无烟煤和石墨的 H 型炭的焦油还原能力各有不同。由于炭含有少量矿物质，所以催化性能的差异与炭结构本身的变化相关。来自生物质的炭对重整焦油的效果最好，而来自高级煤（即无烟煤）和石墨的炭表现出最差的重整焦油性能。生物质炭中的无定形碳结构和丰富的杂原子是其具有高催化活性的主要原因，由无序碳和杂原子演变而来的结构缺陷会产生不稳定的电子云，从而形成催化焦油化合物的反应位点。任何可能的多相气固反应都必须从有效吸附开始。酚类（焦油中的关键成分）与生物炭表面官能团（主要是含 O、N 的官能团）之间具有化学相互作用，利于吸附的发生。图 3-31 表明，酸碱相互作用、氢键和给电子羟基将共同形成一个多层吸附系统，该系统比由范德瓦耳斯力驱动的商业活性炭上的吸附更能有效地引发焦油重整反应。事实上，据报道，高温下无定形生物炭中的官能团可能与焦油化合物密切相关，形成烃中间体并促进其转化和重整，同时产生 H 自由基，稳定烃并防止缩合反应的发生和形成沥青质和煤烟。

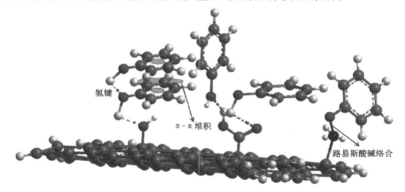

图 3-31　苯酚与生物炭表面官能团之间的化学相互作用

　　然而，也有试验结果表明氢型炭表现出了不好的催化效果，因为使用氢型炭催化剂重整的焦油产率与无催化剂重整的焦油产率几乎相同。该研究中使用的炭是由褐煤气化制备的，即使是铁掺杂的炭，在 800 ℃ 之下的性能也比氢型炭的催化效果好。当温度高于 800 ℃ 时，铁掺杂的炭催化剂的反应活性明显高于氢型炭。同样，在 850 ℃ 时，氢型炭催化剂重整的焦油产率与无催化剂重整的焦油产率才开始有差别，这表明观察到的氢型炭的影响几乎为零。此外，一项中试规模的研究表明，氢型炭催化剂对木瓜气化焦油重整具有明显的催化活性（图 3-32）[95]。氢型炭催化剂能够显著减少焦油，可能归因于挥发物在焦炭催化剂床内的停留时间延长，从而增强了重整反应。由于延长的反应时间，研究中的大量焦油转化，使得区分催化剂之间活性的机会变得更少，木炭比其他炭表现出更好的催化性能。

　　研究人员研究了含有甲基丙烯酸乙酰乙酸乙二醇双酯的生物炭对焦油重整的影响，发现生物炭的活性在很大程度上取决于甲基丙烯酸乙酰乙酸乙二醇双酯的含量。炭结构的重要性不仅来自其自身的反应性，还在于它对无机物的分布以及催化活性的影响。例如，炭内部分散良好的含氧官能团可以用于锚定位点在分子水平上分布甲基丙烯酸乙酰乙酸乙二醇

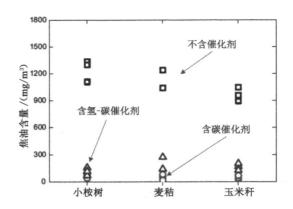

图 3-32　在中试规模的气化工厂中通过不同形式的焦炭催化剂减少焦油

双酯,这将显著增加目标反应物(焦油化合物)的接触面积。此外,已经发现没有炭载体的无机物本身的催化性能非常小,这意味着炭不仅起到分配器的作用,而且还通过改变金属物质的化学形式来提高炭催化剂的反应性。炭和金属物质之间的化学相互作用会扭曲电子云,从而提高炭催化剂的反应性。碳基质的作用不仅是作为载体,而且还与金属物质相互作用以传递催化活性。据报道,金属-载体相互作用对于 NH_3 还原 NO 至关重要,其中金属氧化物需要被碳载体还原,从而形成连续的氧化还原反应并保持反应性。

　　炭中的金属种类大多与杂原子有关,如图 3-33 所示,炭表面一般由碳原子、氧原子和金属原子组成,形成 C-O-M 结构。因此,氧的作用就像是连接碳基体和活性金属物的桥梁。含氧官能团的化学结构将在很大程度上决定金属的存在方式,从而决定其与焦油材料或任何其他物质反应时的活性。碳和氧在炭表面形成了几个不同的主要官能团,如羧基、羟基、羰基、甲氧基等。官能团的不同意味着电子密度和极化程度的不同,这也受碳结构(即炭体的聚合、有序度)的影响。研究人员报道了炭上含氧官能团的亲核性差异,以及碳载体对相关官能团亲核能力的影响。例如,Z 字形末端边缘的羧基和内酯基团将显示出比与椅型碳连接的基团更高的亲核能力,这将直接或间接(通过键合金属物质)影响其催化性能。含氧官能团对酚类物质在生物炭上的化学吸附受碳基质均匀性的影响很大。

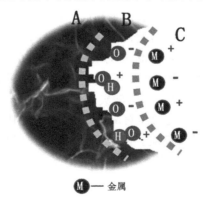

图 3-33　炭表面结构示意图

因此,炭上固有的或外部负载的金属物质的化学形式将受碳-氧结构的控制,从而影响其催化活性。含氧基团的功能根据它们的局部化学环境(例如芳香性、sp2/sp3 碳结构、均匀性、表面张力等)不同而大不相同。换句话说,炭基体的碳结构和表面官能团将共同影响或控制金属物质的存在形式,它们的相互作用是影响炭催化剂活性的关键。

四、用碳基催化剂生产生物柴油

使用生物炭作为非均相催化剂或载体的原因是其成本低、比表面积大以及可以定制官能团,是生产生物柴油的理想选择。生物炭具有结构稳定性、热稳定性、机械稳定性、化学惰性以及使酸密度增加和环境友好等特点。生物炭是一种具有惰性孔的材料,酯交换反应在较高温度下发生。由于生物炭环保、便宜且可重复使用,许多研究人员选择将其开发为绿色催化剂。与传统的酸催化剂相比,可回收生物炭基催化剂在非食用油的酯化和酯交换反应中表现出更好的活性。无机物(K 和 Fe)的存在赋予了生物炭更好的催化活性,并且生物炭表面官能团的存在有利于吸附金属前驱体,从而合成生物炭负载的金属催化剂。生物炭的物理化学性质可以通过改变活化方法而发生改变。最重要的是,表面官能团、无机物种的存在、从生物质中继承的层次结构是生物炭的几个内在特征,因此在多种催化应用中生物炭具有独特优势。基于生物炭的催化剂是多相催化剂,即它可以很容易地与其他反应混合物分离。基于生物炭的催化剂也是双功能催化剂,即它可以进行酯化和酯交换反应。基于生物炭的催化剂可以重复使用,其具有高度多孔结构,不会石墨化,即使在高温暴露下也不会形成晶体。与其他市售的固体催化剂相比,生物炭因其低成本、环保、易于工艺生产、可重复使用性和可生物降解性而具有较高的地位。表 3-8 总结了生物柴油合成过程中使用的不同碳基催化剂的具体特征[96]。

表 3-8　生物柴油合成过程中使用的主要碳基催化剂的特性和性能

催化剂	反应条件					产率	优势	劣势
	温度/℃;其他	酒精数量和类型	植物油/甘油三酯	催化剂用量	反应时间/h			
酸功能化碳催化剂								
磺化、碳化纤维素	130;700 kPa	甲醇为 3.8 g,三元醇为 1.7 g	三元醇	0.4 g	5	98.1%	1. 比商用 Amberlyst-15、Nafion NR50、磺化活性炭活性更高; 2. 酸位密度高; 3. 具有有效的酯交换和酯化作用	1. 可重复使用性较差(活性-SO₃H 浸出); 2. 高甲醇:油比
磺化碳化 d-葡萄糖	80;回流系统	脂肪酸为 10 mmol,甲醇为 100 mmol	棕榈酸/油酸/硬脂酸	0.14 g	5	≥95%	1. 比 Amberlyst-15、硫酸氧化锆和铌酸活性更高; 2. 酸位密度高; 3. 有效酯化	1. 酯交换活性较低; 2. 可重复使用性差(—SO₃H 浸出); 3. 高甲醇:油比; 4. 反应慢
		甲醇为 5.54 g,油为 5.0 g	废油(27.8%游离脂肪酸)	0.5 g	15	>90%		

表 3-8(续)

催化剂	反应条件					产率	优势	劣势
	温度/℃；其他	酒精数量和类型	植物油/甘油三酯	催化剂用量	反应时间/h			
酸功能化碳催化剂								
用聚合物基质浸渍的磺化碳化 d-葡萄糖（Amberlite XAD-1180）	60	MeOH：乙酸摩尔比为 2	醋酸	3%（重量比）	1	72.4%	1. 提高可重用性； 2. 比磺化糖催化剂有更高的酸位密度； 3. 酯化和酯交换有效	1. 反应慢
	60	MeOH：油摩尔比为 6	大豆中 10% 棕榈酸	2%（重量比）	1	21.3%		
磺化多壁碳纳米管	240	MeOH：油摩尔比为 18.2	棉籽油	0.2%（重量比）	2	84%～85%	1. 可重用性好； 2. 有效酯化	1. 非常高的温度； 2. 高甲醇：油比
磺化碳化植物油沥青	260	MeOH：油摩尔比为 18.2	棉籽油	0.2%（重量比）	3	89.93%	1. 可重用性好； 2. 有效酯化	1. 高温； 2. 高甲醇：油比
磺化、碳化石油沥青	220	MeOH：油摩尔比为 20.9	模型地沟油（50% 棉籽油和 50% 油酸）	0.3%（重量比）	3	≤84%	1. 可重用性好； 2. 有效酯化	1. 高温； 2. 高甲醇：油比
磺化碳化脱油菜籽粕	65	MeOH：油摩尔比为 60	含有高% FFA（游高脂肪酸）的菜籽油	7.5%（重量比）	24	93.8%	1. 可重用性好； 2. 产量高	1. 非常高的醇：油摩尔比； 2. 反应慢
磺化碳化/活化生物炭	65	MeOH：油摩尔比为 15	菜籽油	5%（重量比）	3	18.9	1. 更大的比表面积； 2. 毛孔粗大； 3. 积极参与酯交换	1. —SO$_3$H 浸出导致重复使用性差
磺化碳化木质素	120	MeOH：油摩尔比为 12	含有高% FFA 的麻风树油	5%（重量比）	5	96.3%	1. 温度适中； 2. 醇油比适中； 3. 可重用性好	
PhSO$_3$H—OMC（苯磺酸功能化有序介孔碳）	65	EtOH：油酸摩尔比为 10	油酸	20 mg	1.25	77.7%	1. 比直接磺化的活性炭具有更好的可重复使用性； 2. 超高 BET 比表面积； 3. 高强酸浓度	
磺化碳化玉米芯	80	MeOH：油摩尔比为 32	模型废原料油，12wt% FFA	3%（重量比）	6	98%	1. 高—SO$_3$H 密度； 2. 酯化/酯交换活性强； 3. (脂肪酸甲酯)产量高	1. —SO$_3$H 浸出导致可重复使用性差； 2. 高 MeOH：油摩尔比
磺化碳化甘油	80	MeOH：油摩尔比为 60	三油精	10%（重量比）	12	25%～26%	1. 非常高的酸密度（约 5.3 mmol/g），且高于糖催化剂； 2. 积极参与酯交换； 3. 减少了—SO$_3$H 的浸出，从而提高了可重复使用性	1. 高甲醇：油摩尔比
磺化木质素	70	MeOH：油摩尔比为 9	酸化大豆皂脚（56wt% FFA）	7%（重量比）	5	97%（FFA 转化率）	1. 一步到位； 2. 可重用性好	

表 3-8（续）

催化剂	反应条件				产率	优势	劣势
	温度/℃; 其他	酒精数量和类型	植物油/甘油三酯	催化剂 用量	反应时间 /h			

催化剂	温度/℃;其他	酒精数量和类型	植物油/甘油三酯	催化剂用量	反应时间/h	产率	优势	劣势
碱功能化碳催化剂								
胺接枝多壁碳纳米管	60	MeOH：油摩尔比为 12	三丁酸甘油酯		8	77%	1. 基本性质（P^{ka} =10.75）; 2. 可重用性好	
碱载碳催化剂								
负载在纳米多孔炭(NC-2)上的 CaO	60	MeOH：油摩尔比为 6	三醋精	2.0wt%（在 NC-2 载体上负载 12% CaO）	4	≥99%	1. 活跃度高; 2. 温和的反应条件; 3. 可重用性好; 4. 高比表面积; 5. 减少活性金属物质的浸出、失活; 6. 与 CaO 相比,对水的敏感性降低	1. 与无载体 CaO 相比活性较低
氧化石墨上负载 CaO	60	豆油为 16.0 mL,甲醇为 13.3 mL	豆油	0.42 g	2	98.3%	1. 活跃度高; 2. 温和的反应条件; 3. 可重用性好; 4. 高比表面积; 5. 减少活性金属物质的浸出、失活; 6. 与 CaO 相比,对水的敏感性降低	
活性炭负载 CaO	120	MeOH：油摩尔比为 40	废弃食用油	11%（重量比）	7	96%	1. 减少浸出; 2. 改善水对 FFA 的耐受性; 3. 可重用性好	1. 与 CaO 相比活性较低; 2. 低比表面积
KOH 负载在棕榈壳活性炭上	64.1	MeOH：油摩尔比为 24	棕榈油	30.3%（重量比）	1	97.72%	1. 温和的反应条件	1. KOH 浸出,导致可重复使用性低; 2. 催化剂负载量高; 3. 高醇油比
酸载碳催化剂								
浸渍在活性炭上的 12-钨磷酸(TPA)		MeOH：油摩尔比为 6	含有 10% FFA 的菜籽油	3%（重量比）	6	65%	1. 高比表面积和孔容	1. 反应慢; 2. 低活性
酶负载碳催化剂								
固定在活性炭上的脂肪酶	40,在 300 r/min 下持续摇动孵育	MeOH：油摩尔比为 6	棕榈油	50 mg	32~45	FAME 收率≥40%	1. 产量高; 2. 提高脂肪酶稳定性	1. 反应慢

（一）催化剂的作用

催化剂在生产生物柴油中起着重要作用。由于非均相催化剂相对于传统使用的均相催化剂在分离和可重复使用方面具有优势，因此近年来的研究集中在多相催化剂上。为了使这一过程完全"绿色"，研究人员试图从生物质等可再生资源中制备催化剂，在这个过程中，研究人员引入了碳基催化剂。由于材料成本低、比表面积大和热稳定性高，碳基材料被认为是理想的催化剂。它们可以很容易地通过用酸或碱对碳表面进行功能化来制备，在其他情况下，也可以使用碳材料作为载体。此外，碳可以从不同工业过程的废物中产生。因此，使用它作为催化剂来生产生物柴油成为一种更环保的生产方式。

由于有限的石油储量正在持续减少和存在日益严重的环境问题，近年来生物柴油作为现有柴油发动机的燃料变得越来越重要。当代生物柴油生产通常利用植物油与强碱（NaOH、KOH）作为催化剂的均相酯交换反应。该工艺有很多局限性，产品的纯化和催化剂的分离需要大量的能量，而且这些催化剂不能重复使用，这会导致大量的能源浪费和大量化学废物的产生。H_2SO_4、盐酸等强酸也可以催化该反应，但速度要慢得多，从而限制了它们的工业实用性。为了解决这些问题，研究人员使用了不同的多相催化剂（酸性和碱性）进行酯交换。这些催化剂在反应结束时可以很容易地从产物中分离出来，并重新用于下一个反应循环。例如，负载型碱金属催化剂、碱金属和碱土金属氧化物、混合金属氧化物、白云石钙钛矿型催化剂和沸石、杂多酸、离子交换树脂 Amberlyst-15、WO_3/ZrO_2、水滑石等。离子液体也已被探索用作酯交换反应的催化剂，然而，迄今为止报道的大多数离子液体催化剂合成路线复杂且昂贵，可重复使用性差，并且不可生物降解。此外，没有一种催化剂能够显示出与碱金属氢氧化物相当的活性。

为了解决这些问题，生产具有成本效益的生物柴油的催化剂研究集中在低成本且可再生的绿色催化剂上。这种新型催化剂可以由生物质或家庭产生的废物制备。可再生的多相催化剂，例如来自牡蛎壳、虾壳、蛋壳的金属氧化物催化剂和碳基催化剂，由于材料成本低，从而可以显著降低生物柴油的生产成本。

1. 酯交换法生产生物柴油

传统的基于甘油三酯和醇的酯交换反应生产生物柴油的方案如图 3-34 所示。酯交换是指一种酯通过烷氧基的交换转化为另一种酯。

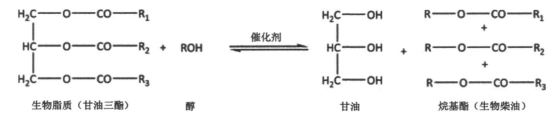

图 3-34　通过酯交换生产生物柴油

酯交换是生产生物柴油的最简单和最具有成本效益的方法。该反应可由酸或碱催化。

原则上酯交换在碱催化剂上最有效。生物柴油生产的整体成本主要取决于两个关键因素：原料和催化剂，它们决定了步骤数和合成路线。几乎所有的生物柴油工厂都使用精制植物油如大豆、油菜籽和棉籽油作为主要原料，原料成本占生物柴油总生产成本的近80%。为了降低成本，生物柴油制造商将注意力集中在多相催化和低成本替代原料上，例如废弃食用油和非食用油（如麻风树木和水黄皮）。如前文所述，酯交换在均相碱催化剂（如 NaOH 和 KOH）上进行最有效，然而，它难以从产品中分离出来，目前重点开发的是易于回收且可以连续循环、重复使用的多相催化剂。使用均相和非均相催化剂生产生物柴油的示意图如图 3-35 和图 3-36 所示。表 3-9 概述了使用不同类型催化剂生产生物柴油的不同之处。碳基催化剂的使用使生物柴油的生产变得更加环保。图 3-37 所示为由生物质制备碳基催化剂及其在生物柴油生产中用作催化剂的示意图。这表明碳基催化剂不仅可以降低生物柴油的制造成本，还可以用作绿色催化剂。

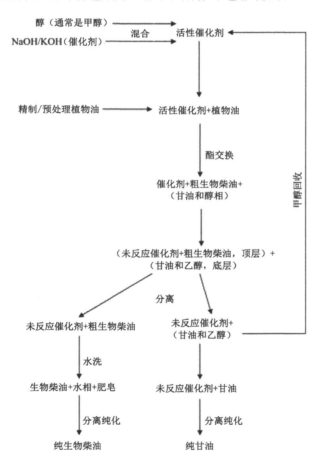

图 3-35 均质生物柴油生产的原理

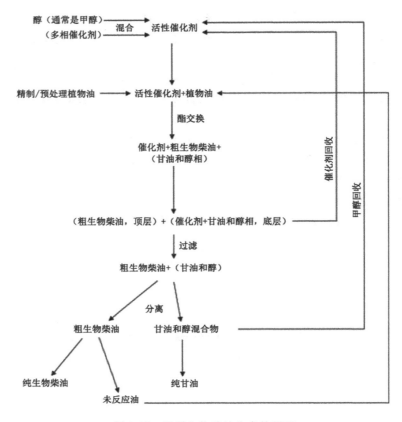

图 3-36　异质生物柴油生产的原理

表 3-9　使用不同催化剂通过酯交换生产生物柴油的比较

催化剂类型	产率%	适用范围	优势	坏处
工业上使用的均相碱催化剂（NaOH、KOH）	96~98	适用于预处理/精制植物油	1. 非常快的反应； 2. 反应发生在非常温和的条件下； 3. 廉价且广泛可用（NaOH、KOH）	1. 需要精制或预处理的植物油作为原料（FFA<1 wt%），增加了生产成本； 2. 对水和FFA敏感，如果使用过多的催化剂，会导致形成肥皂，这会降低生物柴油的产量并在产品纯化过程中引起问题，尤其是在产生大量废水的同时； 3. 催化剂不能重复使用
多相碱催化剂（CaO、ZnO、混合氧化物）	<90	适用于预处理/精制植物油	1. 与酸催化酯交换反应相比反应速度相对较快； 2. 反应的能量强度较低，并且发生在温和的条件下； 3. 通过过滤可以轻松分离产品； 4. 催化剂可重复使用	1. 需要精制或预处理的植物油作为原料（FFA<1 wt%），增加了生产成本； 2. 对水和FFA敏感，如果使用过多的催化剂，会导致形成肥皂，这会降低生物柴油的产量并在产品纯化过程中引起问题，尤其是在产生大量废水的同时； 3. 催化剂活性位点的浸出可能导致产品污染； 4. 合成路线复杂且昂贵

表 3-9（续）

催化剂类型	产率%	适用范围	优势	坏处
均相酸催化剂（H_2SO_4、HCl）	99	适用于含有大量 FFA 的废油和粗植物油	1. 对油中的 FFA 和水分不敏感； 2. 可同时催化酯化和酯交换反应； 3. 可优选 FFA 含量非常高的低品位原料油（如废弃食用油、粗制非食用油）； 4. 不产生皂类副产物	1. 与碱催化剂相比,酯交换反应速度非常慢； 2. 由于 H_2SO_4 等强酸具有腐蚀性,需要专门设计的反应器来解决反应器和管道的腐蚀问题； 3. 催化剂回收困难； 4. 使用过多的催化剂会增加生物柴油的酸值,从而需要大量洗涤,产生大量废水； 5. 要求高酒精/油比
异质酸催化剂〔AC（活性炭）负载—SO_3H、SBA-15、HPA 等〕	<90	适用于含有大量 FFA 的废油和粗植物油	1. 对油中的 FFA 和水分不敏感； 2. 可同时催化酯化和酯交换反应； 3. 催化剂与产品易于分离,可重复使用； 4. 不产生皂类副产物； 5. 对反应器及反应器部件无腐蚀	1. 与碱催化剂相比,酯交换反应速度非常慢； 2. 某些情况下合成路线复杂且昂贵； 3. 能源密集,需要高酒精/油比； 4. 催化剂活性位点的浸出可能导致产品污染
酶（脂肪酶）	99	适用于预处理/精制植物油以及含有大量 FFA 的废弃和粗植物油	1. 对油中的 FFA 和水分不敏感； 2. 简单的纯化步骤； 3. 反应条件温和,醇油比低	1. 反应速度非常慢,甚至比酸催化的酯交换反应还要慢； 2. 成本高,对酒精敏感,通常甲醇会使酶失活
离子液体	—	取决于所用 IL（离子液体）的性质;用于酸性、废油和原油,或用于碱性、精炼或预处理油	1. 既可作溶剂又可作催化剂； 2. 产品易于分离； 3. 根据其化学性质,可作为酸或碱催化剂	1. 非常昂贵； 2. 即使对于碱性离子液体,与传统催化体系相比反应速度也较慢； 3. 离子液体和甘油分离困难
碳基催化剂	<90	取决于催化剂的性质;用于酸性、废油和原油,或用于碱性、精炼或预处理油	1. 可重用性好； 2. 合成路线简单、价格低廉； 3. 高热稳定性； 4. 比表面积大,活性粒子分布均匀	1. 反应速度慢； 2. 浸出； 3. 使用高甲醇:油摩尔比

2. 炭作为催化剂

　　作为催化剂或催化剂载体的活性炭是最广为人知的一种碳形式。目前活性炭主要用于过滤空气和气体、废水处理、去除液相污染物（包括有机污染物、重金属离子、有机染料等）,以及作为催化剂载体。这些碳的应用已被视为化学和石化行业的支柱之一。

　　活性炭具有催化活性是由于其表面氧化物和独特的表面性质,其主要用途是作为催化

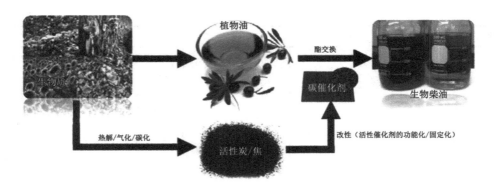

图 3-37　碳基催化剂的制备及其在生物柴油生产中的应用

剂载体。活性炭具有用作催化剂载体所需的所有特性,此外它还具有独特的性能,如耐热性、在酸性和碱性介质中的稳定性、易于回收负载在其上的贵金属,以及能够定制其结构和表面化学特性的可能性。

活性炭的表面含氧基团形成金属前驱体和金属的锚定位点,决定了活性炭作为催化剂载体材料的性质。活性炭表面上的酸性基团降低了炭的疏水性,导致其表面易于接近水性金属前驱体。活性炭的物理和表面化学性质可以通过不同的方法进行改性。例如,改变活性炭载体的表面化学性质,可以修改双金属催化剂的金属和合金形成的程度。此外,由于活性炭与石墨的结构相似,还可以用类似石墨、富勒烯、纳米管或石墨烯的—SO_3H、—Ph—SO_3H 等基团对活性炭进行官能化。研究人员利用这一特性来生产具有—SO_3H 基团的磺化活性炭,这些磺化的活性炭是研究最广泛的活性炭催化剂之一。

（二）碳基催化剂的分类

碳基催化剂一般可以分为官能化催化剂和负载型催化剂,下面分别进行介绍。

1. 官能化催化剂

进一步将官能化催化剂分为两类:一类是酸官能化活性炭,包括活性部分共价连接到碳材料上的酸或酸性官能团的碳催化剂;另一类是碱官能化活性炭,包括活性部分与碳材料共价连接的碱或碱性官能团的碳催化剂。

文献中报道的用于合成生物柴油的所有酸官能化碳催化剂都是磺化活性炭。它们通过酯化或类似浓缩的酯化和酯交换反应来催化生物柴油的形成。例如,研究人员将 D-葡萄糖部分碳化以获得刚性石墨状骨架,其中—SO_3H 基团通过与浓硫酸的磺化作用引入。研究人员从不同的碳前驱体制备了类似的磺化碳催化剂,并将它们用作生物柴油生产中的酸催化剂。基本上有两种合成磺化碳催化剂的方法:一种是直接磺化,另一种是通过还原烷基化/芳基化进行磺化。

由不同的碳源(如糖、多环芳族化合物、聚苯乙烯树脂、活性炭、生物炭和木质素等)直接磺化制备的磺化活性炭得到了广泛的研究,制备方案如图 3-38 所示。研究人员广泛研究了磺化剂、磺化时间和不同的碳前驱体等对此类催化剂活性的影响。

研究表明,磺化活性炭含有 Ph—OH、—COOH 和—SO_3H 等基团(图 3-39)[97],因此与其他固体酸相比,其在液相酸催化反应中表现出更好的催化性能。由于在碳化过程中,碳材料上形成了这些基团,它们形成的最终产品为磺化活性炭,它们的存在会增加总酸密度和作

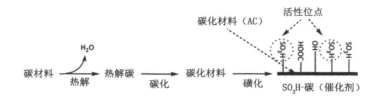

图 3-38 磺化活性炭的制备

为诸如甘油三酯和脂肪酸等底物的附着位点,从而可以增强催化性能。这些官能团的存在可以通过 Boehm 滴定(全酸碱滴定)、阳离子交换试验和元素分析来证实。

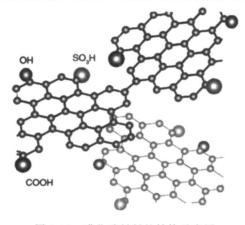

图 3-39 磺化碳材料的结构示意图

　　研究表明,由磺化碳基催化剂(基于 D-葡萄糖)生产甲酯其活性远高于磺化氧化锆,后者是生物柴油生产中常用的固体酸催化剂之一。两者的主要区别在于,与磺化碳催化剂相比,硫酸化氧化锆的酸性位点较少。然而,当由不完全碳化的树脂、无定形玻璃炭、活性炭制备类似的磺化催化剂时,天然石墨没有表现出显著的酯化、水合或水解活性。这可能是由于这些材料的致密碳结构导致磺化困难,并且缺乏表面官能团,导致最终磺化催化剂中的酸密度较低。这表明这种催化剂的催化活性取决于碳前驱体的类型,因为其极大地影响比表面积、表面官能团的形成、碳骨架的结构和总酸密度。

　　研究人员研究了四种不同来源的碳前驱体(即 D-葡萄糖、纤维素、蔗糖和淀粉)对这种新型催化剂活性的影响。结果表明,淀粉催化剂表现出最佳活性,在 3 h 内可达到95%的生物柴油产率,而使用纤维素、蔗糖和 D-葡萄糖得到的生物柴油产率分别为 88%、80%和76%。在这些碳水化合物衍生催化剂中,—SO_3H 基团的密度很高($1.47 \sim 1.83$ mmol/g),尽管比表面积很小($4.1 \sim 7.2$ m^2/g)。与其他催化剂相比,淀粉衍生催化剂的较高活性是由于其具有高—SO_3H 位点,略大的比表面积(7.2 m^2/g)、孔体积和孔径。由于具有大的孔体积和孔径,淀粉衍生的催化剂在反应物和碳本体中的 SO_3H 位点之间能够更好地发挥作用,从而导致更高的催化高级脂肪酸酯化的效率。此外,研究发现淀粉衍生催化剂表现出最佳的可重复使用性,即使在多次循环后,仍保持其原始催化活性的 93%,表明其具有出色的操作稳定性。

研究人员发现,在 400 ℃碳化的淀粉衍生催化剂,会形成大量表面官能团(Ph—OH、—COOH 和—SO₃H),酸密度最高,而在较高温度下,表面官能团的形成数量会减少,导致酸位密度降低,从而降低催化活性。

研究人员将葡萄糖与蔗糖、糯米淀粉、玉米淀粉和淀粉酶混合作为起始材料,然后在 400 ℃下分别热解 60 min、75 min 和 90 min 来制备多环芳族碳环催化剂,然后通过在 150 ℃下用 H₂SO₄ 将样品混合物磺化 5 h,使碳环催化剂与—SO₃H 基团结合,该催化剂可用于从具有约 55.2 wt%的高游离脂肪酸的废棉籽油中生产生物柴油。

由于酸密度最大,葡萄糖与玉米淀粉混合 75 min 便可以产生最佳的酯化转化率。对该催化剂的进一步表征表明,该催化剂由—SO₃H 和—COOH 引起的路易斯酸位点和布朗斯台德酸位点组成。尽管使用葡萄糖-淀粉混合物催化剂 12 h 后,生物柴油的产率为 90%,但由于失去—SO₃H 基团,它会在连续循环中失活,建议再次通过 H₂SO₄ 处理催化剂来实现再生。研究表明,最终的多环芳碳结构受淀粉中支链淀粉含量的影响。

研究人员合成了磺化碳复合固体酸,其酸密度是在相同条件下制备的磺化碳的三倍。它是通过将浸渍有葡萄糖的聚合物基质进行简单的热解然后磺化来生产的。在结构上,它具有灵活的局部碳网络结构,与磺化糖的结构非常相似。复合催化剂的前驱体是通过滴加葡萄糖水溶液和少量浓硫酸制备的,然后在氮气中在 300 ℃下热解 1 h。糖催化剂前驱体通过葡萄糖在干燥氮气下在 400 ℃下热解 1 h 获得。在氮气气氛下使用浓硫酸在 150~160 ℃下将所有前驱体磺化 13 h,然后将所得材料用热蒸馏水洗涤,直至在洗涤水中检测不到硫酸根离子,并在 100 ℃下进行干燥。该催化剂表现出更高的酸位密度,因此提高了小和大游离脂肪酸(乙酸和棕榈酸)酯化活性的催化活性。它还表现出比磺化糖催化剂更好的可重复使用性。磺化糖催化剂在初始反应循环中的活性降低是由于磺化多环芳烃的浸出,本研究报道的催化剂表现出更高的催化活性和更好的稳定性。

研究人员使用植物油沥青和单壁碳纳米管作为碳前驱体来制备催化剂,结果表明,沥青基催化剂在生产生物柴油方面表现出比单壁碳纳米管更高的活性,尽管沥青基催化剂具有 7.48 m²/g 的低比表面积,而单壁碳纳米管催化剂具有 43.90 m²/g 的高比表面积。这归因于沥青基催化剂中存在 2.21 mmol/g 的高酸位密度和松散的不规则网络和大孔,使得反应物比单壁碳纳米管催化剂更容易扩散到内部酸位中。由于单壁碳纳米管催化剂的孔径较小(平均孔径为 7.48 nm),底物分子(棉籽油和甲醇)的进入会被阻碍,其与位于催化剂内部的活性—SO₃H 基团接触不够,导致活性降低。这种催化剂的催化活性主要受酸密度的影响,但不受比表面积的影响。例如,当甲醇/棉籽油摩尔比为 18.2、反应温度为 260 ℃、反应时间为 3.0 h、催化剂/棉籽油质量比为 0.2%时,两种催化剂都表现出与其他碳基催化剂相似的良好的可重复使用性。当使用这种碳基催化剂时,140 ℃是酯化反应的合适温度,而 220 ℃是酯交换反应的合适温度。对于两种催化剂,—SO₃H 基团在高达 270 ℃的反应温度下是稳定的。

研究人员进一步比较了植物油沥青催化剂与用相同方法制备的石油沥青基催化剂的活性。研究表明,植物油沥青催化剂具有较高的酸位密度(2.21 mmol/g)和较大的孔径(43.9 nm)。由于其酸性位点的高稳定性、松散的不规则网络和疏水性,植物油沥青催化剂对废油生产生物柴油表现出更高的催化活性。较高的酸密度和孔体积归因于植物油沥青在 600 ℃碳化时形成松散的不规则网络结构。而在类似条件下,碳化石油沥青的碳结构更紧凑。因此,前者炭片更容易插入浓 H_2SO_4,从而导致更高的碳化植物油沥青磺化度。研究人员根据起始材料的化学成分解释了这种行为。植物油沥青的主要成分是直链脂肪烃聚合物,石油沥青的主要成分是最重的碳氢化合物和非金属元素的衍生物。由于这种差异,它们有不同的碳化途径。非金属元素的衍生物更容易碳化形成石墨碳,因此碳化石油沥青样品中的石墨碳较多,从而导致磺化困难。在碳化温度为 600 ℃下制备碳基固体酸催化剂和在210 ℃下进行磺化,此时废油生产生物柴油的催化活性最高。这种固体酸由一个灵活的碳基骨架组成,该骨架支持高度分散的多环芳烃,其中含有类似于糖催化剂的磺酸基团,它可以同时催化酯交换和酯化,因此它可能有助于将高游离脂肪酸的废油转化为生物柴油。

研究人员以脱油菜籽粕为前驱体,以四种不同的方式(即直接硫酸处理、脱油菜籽粕在400 ℃部分碳化后用 H_2SO_4 处理、脱油菜籽粕在 400 ℃部分碳化后通过蒸汽活化和 H_2SO_4处理以及在 300 ℃下对脱油菜籽粕进行部分碳化然后用 H_2SO_4 处理)制备磺化碳催化剂。研究表明,碳化温度极大地影响了制备催化剂的酸位密度。一方面,脱油菜籽粕在 190 ℃下直接用硫酸处理会破坏脱油菜籽粕的主要成分,例如碳水化合物和蛋白质,从而降低碳化材料的酸度。另一方面,在脱油菜籽粕的部分碳化过程中会形成新的表面官能团,例如羟基和芳族结构,而脱油菜籽粕又与硫酸反应,在催化剂表面形成—SO_3H 官能团。因此,与直接磺化脱油菜籽粕催化剂相比,这种催化剂的酸度更高。结果表明,脱油菜籽粕在 300 ℃碳化后磺化得到的催化剂的催化活性最高,因为其在这种情况下具有较高的酸密度和较大的孔隙。300 ℃的部分碳化保留了更多的官能团,且在硫酸处理后在催化剂表面产生了更多的酸性官能团。热重分析的结果表明,制备的催化剂在高达 250 ℃时具有物理稳定性。

一些研究人员还通过磷酸化学活化硫酸盐木质素制备了类似的固体酸催化剂,然后进行热解和 H_2SO_4 处理,该催化剂表现出与其他磺化碳催化剂(如糖、生物炭衍生催化剂)相似的活性。木质素衍生催化剂具有非常高的比表面积($54.8\ m^2/g$)和 $0.74\ mmol/g$ 的总酸度。在优化条件下,催化剂可以重复使用 3 次而几乎没有失活。该催化剂可用于从具有高酸值的粗麻风树油中进一步生产生物柴油,在最佳条件下,在 5 h 内实现了高生物柴油产率(96.3%)。

研究人员用两种不同的磺化剂(浓 H_2SO_4 和发烟 H_2SO_4)从三种不同来源的磺化商业生物炭中生产磺化生物炭催化剂,研究了化学活化、磺化剂、磺化时间等对催化剂酸位密度和催化活性的影响,并对这些催化剂的活性在植物油的酯交换和游离脂肪酸的酯化中进行了测试。研究表明,使用更长的磺化时间和更强的磺化剂可以生产出活性更高、酸密度更高的催化剂。样品用浓硫酸磺化生产的催化剂具有与硫酸化氧化锆相当的强度,而使用发烟硫酸生产的催化剂具有更高的酸位密度。只有生物炭在使用发烟 H_2SO_4 进行磺化,并且在磺化过程中使用更高酸炭比时,才显示出酯交换活性,因为这种情况下—SO_3H 密度更高($2.5\sim3.2\ mmol/g$)并且在酯化反应中也更有效。总的来说,生物炭催化剂的催化行为被发现与糖催化剂有关。然而,酯交换获得的最大产率仍然不高。

另一项研究中,研究人员以使用木质生物质(木材废料、白木树皮和刨花的混合物)快速热解产生的生物炭作为起始材料,并在化学活化后在不同温度(450 ℃、675 ℃和 875 ℃)下将其碳化。随着碳化温度的升高,BET 比表面积和孔体积增加,但催化剂的酸密度降低。这是因为在碳化程度较高时,碳材料中的芳香性和石墨碳含量会增加,这种材料很难磺化。增加的比表面积是由于材料的孔隙率增加。由于大比表面积和高—SO_3H 密度的综合作用,在 675 ℃活化的炭产生的催化剂活性最高,此时菜籽油转化率为 44.2%。在结构上,磺化生物炭催化剂类似于其他磺化碳催化剂(通过纤维素、D-葡萄糖、碳水化合物等的碳化获得)。由于与碳催化剂相似,催化剂表面失去活性—SO₃H 基团,因此该催化剂表现出较差的可重复使用性。与糖、沥青或碳纳米管催化剂相比,生物炭催化剂的失活更快,因为位于碳表面的—SO₃H 基团更容易浸出,而在糖、沥青催化剂中观察到低浸出是由于其内部具有活性—SO₃H 基团。

研究人员通过两步工艺对玉米芯进行碳化和使用浓硫酸进行磺化,生产了磺化活性炭。由于高比表面积和高酸位密度的结合,600 ℃生产的催化剂具有最高的—SO₃H 密度(0.14~0.15 mmol/g)和活性。图 3-40 所示为所选碳质材料的透射电镜照片[98],显示了碳质材料的典型无定形结构,高温碳化样品显示出接近石墨型材料的结构。研究结果表明,碳化时间(5~10 h)对催化活性没有显著影响,但是碳化温度对活性有显著影响。在相同条件下研究人员还研究了材料的可重复使用性和稳定性。该材料在每个循环中都表现出强烈的失活,并且在两次重复使用后几乎完全失去活性。热过滤测试表明滤液在催化剂分离后没有进一步反应,这意味着失活主要是由于催化剂洗涤过程中—SO₃H 的损失。

图 3-40　从玉米芯(上部为在 600 ℃碳化,下部为在 400 ℃碳化)
获得的选定磺化碳质材料的透射电镜照片

一种新的一步法基于甘油(生物柴油生产的副产品)的原位部分碳化和磺化被用来开发固体酸,这一方法为甘油的利用和开发用于生物柴油生产的新型碳基固体酸催化剂提供了新思路。在常规方法中,催化剂分两步制备:在第一步中,生物质,如糖和淀粉,不完全碳化形成多环芳香碳片;第二步将不完全碳化的材料磺化。然而,磺化是在惰性气氛下,在高温下用大量硫酸进行的,这不是一个环境友好的过程。新的一步法生产的新型碳催化剂表现出非常好的耐水性和可重复使用性,可用于由脂肪酸或植物油和动物脂肪中存在的脂肪酸制备生物柴油。该催化剂的酸度范围为 1.6～4.6 mmol/g。根据 X 射线衍射和扫描电子显微镜结果,发现其结构和形态与糖和生物质衍生催化剂有关。其 BET 比表面积高达 87 m²/g,高于基于糖和生物炭的催化剂。介孔结构和形态有利于生物柴油生产的催化活性。与糖和生物炭催化剂相比,甘油衍生催化剂表现出更好的可重复使用性。即使在五次运行后,催化活性仍可保持在 95% 以上,表明甘油衍生催化剂具有更高的稳定性。此外,热重分析结果显示其具有很高的热稳定性,可以在 260 ℃下保持其结构。

有研究者在 150℃ 下采用一步法同时碳化和磺化文冠果的果壳衍生出的木质素,制备磺化碳催化剂。该催化剂表现出高酯化活性,在最佳条件下具有最大的游离脂肪酸转化率(高达 97%)。与通过常规两步法在 400℃ 下碳化木质素制备的磺化碳催化剂相比,它表现出相似的结构和三倍的可重复使用性。另一种由碳化介孔酚醛树脂用浓硫酸磺化制备的高活性、坚固且可重复使用的磺化碳催化剂被用于合成生物柴油。碳化温度对孔结构和酸度的影响分析表明,低温(400 ℃)碳化的磺化催化剂具有最高的酸度和活性,同时保留了介孔结构和较大的比表面积,最多可重复使用五次。

除了研究碳基固体酸的结构表征和使用外,研究人员还进行了固体酸催化植物油、同时酯化和酯交换的动力学研究。为了研究反应动力学,研究人员提出了基于图 3-41 的简化动力学模型[96],对碳化植物油沥青和石油沥青磺化得到的两种不同碳催化剂的动力学模型进行了验证。结果与试验数据一致,所有遵循二级动力学和速率常数的正向和反向反应均服从阿伦尼乌斯方程。整个反应被确定为本质上的假均质反应。粒度研究(在 60～160 μm 范围内)和搅拌速度(在 180～300 r/min 范围内)对反应的总速率没有影响。

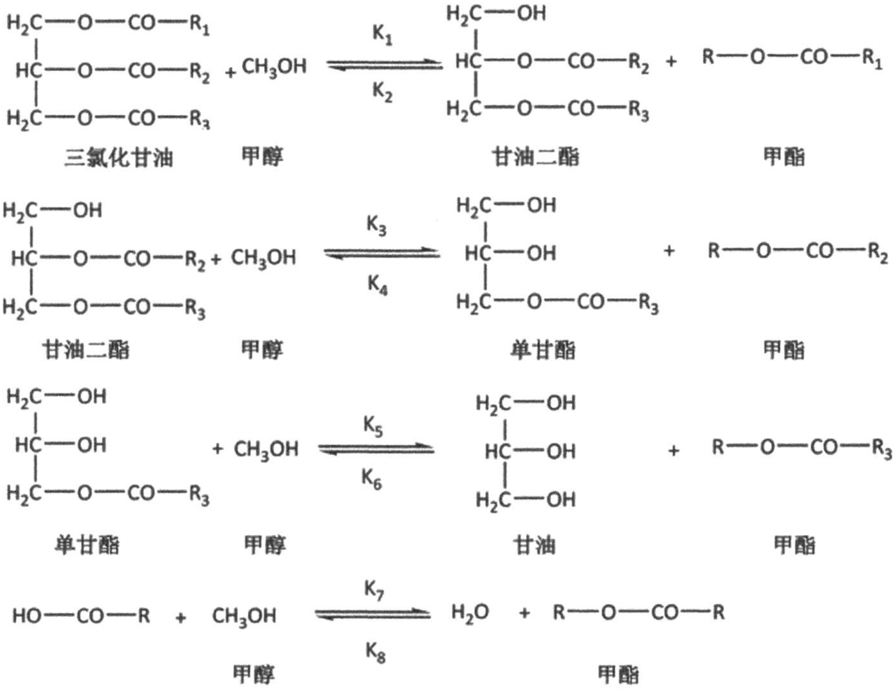

图 3-41　同时酯化和酯交换的反应方案

有许多用于碳表面有效改性或功能化的方法是可用的,这些方法包括通过电化学接枝、芳基重氮的化学还原、还原性烷基化和芳基化、缩合等。根据图3-42,通过含磺酸芳基的还原烷基化、芳基化炭表面磺化已被研究人员用于各种碳源(如有序中孔炭、纳米管、石墨和石墨烯)来制备磺化活性炭,所得材料在水解、酯化等反应中用作固体酸。

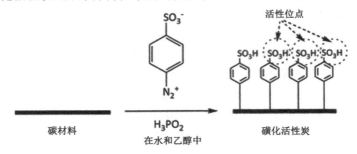

图 3-42   含磺酸芳基的还原烷基化、芳基化炭表面磺化

为了获得介孔碳,将复合材料在氮气下碳化 3 h,然后在室温下浸入 24% 氢氟酸(HF)溶液中 3 h 以溶解氧化铝。

制备的磺化炭表现出 1.95 mmol/g 的高酸密度,与磺化活性炭相当。所得材料与其他固体酸催化剂相比,在酸催化的生物柴油反应中表现出更高的活性,在优化条件下实现了高达 73.59% 的高转化率。SO_3 的高酸密度和疏水表面特性使其成为一种高效的生物柴油催化剂。大孔径有利于大有机分子的扩散,有助于提高催化能力。与作为催化剂的磺化活性炭相比,所得碳材料表现出更好的可重复使用性。由于共价连接的 Ph—SO_3H 基团的高稳定性,它可以重复使用多次而没有任何明显的活性损失,而这在直接磺化的活性炭中没有观察到。这些改性碳材料具有高比表面积(1 000 m^2/g)、双峰孔径分布和高强酸密度,有效的催化能力归因于其高比表面积和适当的中孔结构。

研究人员进一步研究了质地、碳化温度对碳基催化剂活性的影响。Ph—SO_3H 改性碳催化剂的结构使用三种具有不同多孔结构的氧化铝模板(AI、AII 和 AIII)进行了调整,在磺化过程中自发进行了改性(不添加 H_3PO_2)。结果表明,使用不同的模板会导致碳催化剂具有不同的质地(孔径和比表面积),进而影响活性。为了研究碳化影响,间苯二酚-糠醛树脂在氮气下以 AI 为模板在 500～1 000 ℃下碳化,因为碳化温度直接决定了碳基体上含氧基团(例如—OH 和—COOH)的数量,提高碳化温度消除了这些基团,并在一定程度上增加了石墨碳含量,这可通过碳与氧的原子比显示出来。当温度高于 700 ℃后,氧含量的降低并不明显,C-AI-900(92.56%)和 C-AI-1000(92.88%)的碳含量几乎相同。因此,得出的结论为 700 ℃ 是最佳的碳化温度。最佳催化剂 SC-AI-900 在 900 ℃碳化后显示出比传统固体酸催化剂 Amberlyst-15 高得多的活性[速率常数为 1.34/h,是 Amberlyt-15 的三倍,TOF(催化剂的转化频率)为 128/h,是 Amberlyst-15 的 8 倍]。此外,它可以很容易地通过过滤从反应体系中分离出来并重复使用。初始失活后的再循环没有明显的活性下降,清楚地表明 Ph—SO_3H 修饰的炭是一种稳定高效的固体酸催化剂。

因此,这种碳基固体酸催化剂也可用于许多其他涉及大反应物分子的酸催化反应。由于更高的产率、使用温和的反应条件并且在磺化后碳骨架的结构没有结构变化对于保持高比表面积至关重要,因此更优选通过含有芳基的磺酸的还原烷基化/芳基化进行磺化。与之前讨论的直接磺化方法不同,使用该方法可确保酸性 Ph—SO₃H 基团在碳骨架上完全共价连接。

　　研究人员使用图 3-43 所示的方案将各种氨基接枝到多壁碳纳米管的表面上,使用接枝的氮碱基作为固体碱基。相同的方案也被用于制备氨基接枝的石墨烯,制备的材料用作无金属固体碱催化剂,用于乙酸乙酯的酯交换和水解等反应。具体来说,氨基接枝多壁碳纳米管被用作甘油三酯(三丁酸甘油酯)酯交换的有效碱催化剂。研究表明,所有的氨基接枝碳纳米管都是碱性的。接枝叔胺的碳纳米管在甘油三酯的酯交换反应中最活跃,因为叔胺的碱性更高。该材料还表现出良好的热稳定性,叔胺接枝的碳纳米管在 130 ℃时表现出最高的稳定性,而仲胺接枝的碳纳米管被发现稳定性最低。该催化剂表现出良好的热稳定性,由于甘油三酯吸附在催化剂表面,催化剂失活,但没有观察到氨基的显著浸出,用甲醇洗涤和再生催化剂可以克服这一限制。

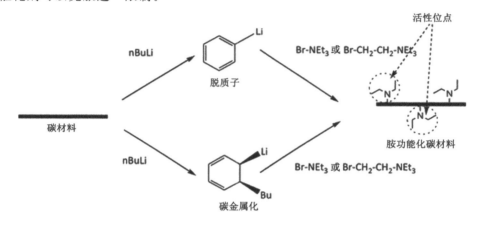

图 3-43　将胺接枝到碳表面的方法

2. 负载型催化剂

　　除了磺化活性炭催化剂外,研究人员还研究了使用多孔碳材料作为活性催化剂如 CaO、KOH、12-钨磷酸等的载体。使用不同类型的多孔碳材料,如碳分子筛、活性炭和纳米多孔碳作为载体,通过在不同碳载体上润湿浸渍相应的 Ca(NO₃)₂ 前驱体的水溶液来制备负载型 CaO 催化剂(图 3-44)。他们发现所有碳负载的氧化钙催化剂作为固体碱催化剂对于三醋精与甲醇的酯交换反应具有活性。催化性能受多种因素的影响,如碳载体的性质、浸渍氧化钙的浓度、催化剂的热处理温度和反应温度。这些碳负载的氧化钙催化剂表现出比介孔分子筛(SBA-15)负载的氧化钙更好的性能,因为其具有大比表面积、孔体积等。

　　在另一项研究中,研究人员使用了氧化石墨作为氧化钙的载体材料。氧化石墨负载的氧化钙催化剂是根据相应的 Ca(NO₃)₂ 前驱体的水溶液在氧化石墨上的常规初始润湿浸渍制备的,所得材料是大豆油与甲醇酯交换反应的良好催化剂。氧化钙颗粒均匀分散在新鲜以及使用过的氧化钙/氧化石墨催化剂的氧化石墨片表面。氧化石墨表面的含氧基团是活性相的有效锚定中心,从而可以形成用于酯交换反应的活性和稳定的氧化石墨负载氧化钙催化剂。研究人员还进行了多个酯交换反应循环以检查氧化钙/氧化石墨催化剂的可回收性。结果表明,氧化钙/氧化石墨最多可重复使用 4 个循环而不会显著丧失活性。氧化钙/

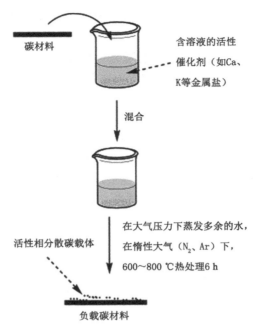

碳材料

含溶液的活性
催化剂（如Ca、
K等金属盐）

混合

在大气压力下蒸发多余的水，
在惰性大气（N_2、Ar）下，
600～800 ℃热处理6 h

活性相分散碳载体

负载碳材料

图 3-44　碳负载催化剂的制备

氧化石墨可以在 873 K 下进行再生。碳载体表面上含氧锚定基团的存在对于具有活性和稳定的碳负载氧化钙催化剂的形成至关重要。这种碳负载催化剂解决了低比表面积、对水存在的敏感性以及与通常用于生物柴油合成中的氧化钙催化剂相关的极性物质（例如甘油、水）的浸出等问题。

　　研究表明，浸渍在活性炭上的 12-钨磷酸在同时酯化和酯交换废菜籽油中具有活性。将 12-钨磷酸浸渍在四种不同的载体上，即水合氧化锆、二氧化硅、氧化铝和活性炭，结果表明，负载在氧化铝、二氧化硅和活性炭上的 12-钨磷酸在相同反应条件下对含有 10％游离脂肪酸的菜籽油的酯交换反应表现出几乎相同的酯产率，约为 65wt％，而负载在水合氧化锆上的 12-钨磷酸表现出最多的酯产率，约 77wt％。氧化锆负载的 12-钨磷酸催化剂的较高活性归因于在 12-钨磷酸和氧化锆的—OH 基团之间更强的相互作用下产生的路易斯酸性。然而，与强非均相碱催化剂氧化钙相比，这些碳负载催化剂的活性要低得多。

五、生物炭负载催化剂

　　炭负载催化剂可以通过图 3-45 所示的程序制备。首先，炭负载催化剂(1)可以有效地用于气化器中的焦油重整和制氢，因为生物质浸渍了金属物质。此外，生产的生物炭含有金属纳米颗粒，例如镍纳米片，可用于后续焦油重整过程。同时，与碱金属纳米颗粒相比，过渡金属如 Ni、Fe 纳米颗粒嵌入在生物炭的碳基质中更容易被回收循环利用。炭载催化剂(2)的制备涉及浸渍和煅烧，既费时又耗能，而机械混合制备的炭载催化剂(3)会使金属颗粒仅停留在炭载体的外表面上，增强了表面活性、催化活性，节省了金属的成本。值得注意的是，金属颗粒的分散性炭负载催化剂可能优于机械混合制备的炭负载催化剂，因为具有纳米颗粒的金属也可以通过浸渍和煅烧在载体内部形成。例如，未经煅烧的稻壳炭负载双金属镍铁催化剂在生物质热解过程中表现出良好的焦油转化催化性能。其可以归因于原位金属纳米颗粒(如氧化镍)在生物炭的碳基质中通过还原剂(即 H_2、CO),或在无氧条件下的碳热还原生成,从而增强了催化活性。在后续工作中应有针对性地从经济性、可行性、催化活性和使用寿命四个方面进行综合评价。此外,应评估这些炭负载催化剂的可行性,如操作条件、经济效率和寿命性能,以确定它们的商业潜力。

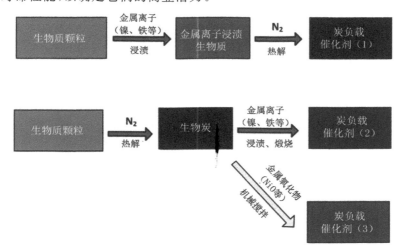

图 3-45　炭负载催化剂的三种制备方法

使用上述方法制备炭负载镍催化剂,并研究其焦油转化,结果表明,镍在煤炭载体(图3-46B)表面上的分布比在木炭载体(图3-46A)上的分布更均匀[91],因为煤炭的多孔表面结构增强了氧化镍颗粒的黏附性。木炭具有相对光滑且孔隙较少的表面,这使得镍颗粒不易沉积,真空浸渍可以促进木炭碳基体中镍的形成。500～700 ℃热解的木炭的透射电镜图显示镍纳米颗粒(2～4 nm)更均匀地分散在碳基质中(图 3-46 中的 C 和 D)。凝聚的镍纳米粒子(10～20 nm)均匀分散在稻壳炭的碳基质中,这很可能归因于结晶二氧化硅纳米粒子的凝聚作用。NaOH 和还原剂对稻草表面包覆的金属纳米颗粒的尺寸和分布有显著影响。因此,天然生物质可以作为天然生物模板,用于在生物炭的碳基质中原位生成纳米颗粒。此外,纳米结构还取决于生物聚合物的类型。

在一些天然生物模板中不易吸附金属,则可以通过化学功能化、酶处理或温和水解对其进行修饰。生物质可以用作模板和碳源,用于生产金属碳化物或金属纳米颗粒。通过加热到较低温度(避免碳热还原),生物材料也可用于模板碳/金属氧化物复合材料。然而,对于某些应用,例如超级电容器,与源自合成聚合物的碳材料相比,生物质缺乏均匀性将成为重大障碍之一。在这种情况下,一些替代加工技术,例如水热碳化,可能是理想的解决方案。采用不同碳源和催化剂等,可以定制水热碳化以产生具有不同性质和功能的各种多孔或纳米结构碳材料。

六、前景及局限性

生物炭因其结构特性而被用作吸附材料,用于处理污染物(重金属、有机物等),但对其作为催化剂载体的研究较少。由于其高反应性和低成本,炭催化剂被认为是在气化过程中,

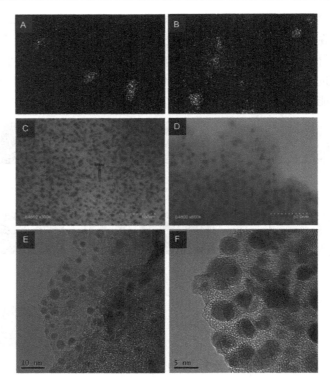

注：A：镍/木炭；B：镍/煤焦；C：镍/木炭（500 ℃）；D：镍/木炭（700 ℃）；E 和 F：镍/稻壳炭（700 ℃）。

图 3-46　炭基镍催化剂的透射电镜图

在高温条件下原位重整焦油材料的最有前景的材料。炭的吸附性能取决于多种因素（如生物质类型、热解条件、改性方法、吸附物类型）。一般来说，吸附性质与被吸附物结构和表面性质、吸附剂官能团、孔隙率、比表面积性质之间存在一定的关系。

无序的碳结构会产生具有高表面能的缺陷位点（包括具有杂原子的位点），从而具有高催化活性。无定形碳结构包含多种分子单元（如—CH$_2$—、—O—、—C$_6$H$_6$—等），因此炭没有确定的结构单元，可以灵活调整其结构以适应各种应用。具有各种活性位点的复杂炭催化剂适用于具有各种分子结构和性质的焦油重整。

值得注意的是，稻壳炭表现出较高的焦油吸附性能，特别是在轻焦油吸附方面，但动力学机制尚不清楚。生物炭对可冷凝焦油吸附无效，因为生物炭的微孔和中孔很容易被堵塞。此外，利用分子间作用力（如范德瓦耳斯力、氢键）可有效去除轻焦油。液体（如水、地沟油、低黏度焦油）吸附与生物炭吸附相结合被研究，用于在较低温度下去除可冷凝和不可冷凝焦油。工业路线上，可以将生物质热解产生的生物炭活化和改性以吸附重金属废水（例如电镀工业废水、污泥），然后生产用于焦油转化的炭负载催化剂。此外，生物质可以直接吸附重金属离子，与热解后在生物炭基质中产生的金属纳米颗粒一起实现初生焦油的原位转化。值得注意的是，纳米复合炭残留物可以催化气化成有用的合成气，伴随着回收和再利用催化剂中的金属物质。炭负载吸附剂和催化剂在较低温度下对焦油吸附和转化的机理、动力学机制需要详细研究。此外，炭催化/蒸汽重整与炭吸附的集成技术在生物质气化过程中具有去除焦油化合物的潜力。

在目前的碳基催化剂中，对直接磺化活性炭的研究较多。基本思路是获得含有—SO₃H 的固体材料，以替代均质浓缩物。H_2SO_4 通常用作生物柴油合成过程中酯化和酯交换反应的催化剂。任何富含碳的材料，如糖、甘油、纤维素、牛皮纸木质素、植物油或石油沥青、纳米管、活性炭和生物炭都可以用作前驱体。这些前驱体在惰性气氛下的碳化可以形成含有足够的石墨烯骨架的石墨样材料用于表面磺化、功能化。研究表明，催化活性主要取决于总酸密度、—SO₃H 密度、表面官能团和孔结构。已确定高—SO₃H 密度和孔体积有利于高活性形成，这些性质直接受碳化温度的影响。由于在相对容易磺化和碳化的材料中大量表面官能团的存在，使用中等温度（400～600 ℃）便可生成具有最高活性的催化剂。此类材料的比表面积通常非常低，表明活性与比表面积无关。然而，如果比表面积高，则可能有利于形成高活性。但是活性—SO₃H 基团（通常位于本体中）会暴露出来，因此很容易被浸出，导致再使用时失去活性。通过再次磺化可以很容易地恢复其活性。

活性炭也可作为制备各种负载型活性炭催化剂的载体材料。通过简单的浸渍法，许多活性催化剂如氧化钙、脂肪酶、KOH 等很容易浸渍到碳表面。该方法对于生成负载型催化剂而言简单有效且成本低。使用活性炭作为载体解决了活性相（如金属氧化物、金属、脂肪酶等）中存在的许多结构缺陷，例如低比表面积、水敏感性和极性物质（如甘油、水）对活性位点的浸出。总体而言，这些碳催化剂的活性取决于负载百分比、性质（酸、碱强度）和碳载体与活性相之间的相互作用类型。

在生物柴油生产中的两个关键反应分别是酯化反应和酯交换反应。这些反应主要受原料油类型、反应条件、所用催化剂和醇油摩尔比的影响。在这些反应中使用活性炭催化剂，为降低成本和生产环境友好型生物柴油打开了大门。由于其具有高热稳定性、独特的表面和结构特性，它可以用作各种活性催化剂（如金属、金属氧化物等）的载体。此外，由于活性炭与石墨或石墨烯片的结构相似，因此可以附加不同的酸性或碱性官能团，从而产生具有独特结构特征和催化性能的多种新材料，具体性质取决于附着的分子、基团（酸性或碱性），此外，它还有可能在不同反应中用作多相催化剂。

选择合适的用于生物燃料生产的催化剂是提高生物燃料产量和质量的重要步骤。多年来，用于生产生物燃料的催化剂的变化特征为从碱到酸，从均相到非均相，从化学到酶催化剂。最近，基于生物炭的催化剂用于通过酯交换反应将脂质或三酰甘油转化为生物柴油。然而，需要对用作催化剂的生物炭的活化方法进行深入分析，以使生物炭满足其应用。从环境角度来看，生物炭的应用具有许多优势，其作为催化剂的用途需要进行更大规模的研究，以了解其长期可行性和成本。

第四节　电磁波吸收

目前，电磁波污染对电子设备和生物系统造成了严重的影响。因此，有必要通过成分和结构设计开发新型电磁波吸收器。多孔炭材料由于具有超低密度、大比表面积和出色的介电损耗能力，在电磁波吸收方面表现出巨大的潜力。然而，通过低成本和简单的合成路线大规模生产多孔炭材料是一个挑战。通过生物质来源衍生多孔炭材料是一种可持续且成本低廉的方法。它具有许多电磁波吸收器所需的特征，例如层次结构、周期性和一些独特的纳米结构。

电子技术的飞速发展给人类的生活带来了极大的便利。然而,电子产品的过度使用会导致严重的电磁辐射和干扰,对人体健康不利。基于碳的纳米材料,因为它们的可调节的介电性能、低的密度和良好的环境稳定性而在电磁波吸收领域备受关注。

在过去的几十年中,各种碳基纳米材料因其重量轻以及出色的电磁波吸收能力而成为理想的电磁波吸收候选材料。特别是石墨烯和碳纳米管为电磁波吸收领域带来了巨大的发展,因为它们具有高导电性、低渗透阈值和特殊的纳米结构。然而,此类材料的合成需要昂贵的原材料,并且需要经过能源密集型工艺(化学气相沉积等),这些缺点阻碍了它们的实际应用。因此,需要探索利用简便的合成技术制备的可持续和低成本的原材料来生产多功能碳材料。

生物质是可再生、环保和丰富的资源,大量的农业残余和森林副产品被直接丢弃或焚烧,导致环境破坏。以低成本的生物质废料为原料,制备碳基电磁波吸收材料是一种环保且有前景的方法。

生物质炭的多孔结构有利于增强电磁波吸收。孔隙的存在不仅降低了体积密度,而且提高了吸收器的阻抗匹配。有趣的是,自然界中的生物质具有许多理想的特性,例如精细的周期性多孔微结构和微管通道。如上所述,多孔结构与电磁波的吸收和衰减特性密切相关。以生物质为原料,可以通过简单的热处理工艺制备多孔炭。迄今为止,大量研究致力于开发生物质衍生的多孔炭在电磁波吸收方面的应用,包括优化孔径、扩大比表面积和构建多组分。如图 3-47 所示为生物质衍生的多孔炭材料在电磁波吸收中的应用示意图[99-103]。

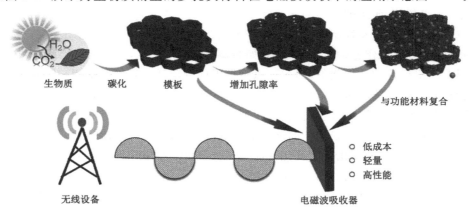

图 3-47　生物质衍生的多孔炭材料在电磁波吸收中的应用

一、多孔结构用于微波吸收

多孔结构在电磁波能量衰减方面起着积极的作用。众所周知,多孔材料可以被视为一种复合材料,由固体介质(主体)和空气(夹杂物)组成。研究人员已经建立了许多模型来描述复合材料在数值拟合、解析推导和随机方法中的介电特性。

多孔结构的存在会降低复介电常数。通常,阻抗匹配和电磁波衰减能力是设计电磁波吸收器时需考虑的。衰减能力差会导致微波吸收强度较弱,较差的阻抗匹配会引起电磁波在吸收体表面上的反射。因此,理想的电磁波吸收器需要最佳的阻抗匹配和强大的电磁波衰减能力。理想的阻抗匹配要求材料的特性阻抗接近于自由空气。结合上述分析,基于有效介电常数的降低,构造多孔结构是提高材料阻抗匹配的有效策略。此外,多孔结构会在介质内部产生丰富的固-气边界,当额外的电磁波在这些边界上辐射时,大量电荷会在碳-空气界面处积聚,从而引发强烈的空间电荷极化,这可以提高材料的电磁波衰减能力。

二、生物质炭吸收剂

(一)直接热解的影响

直接碳化是利用生物质生产多孔碳的最简便和广泛采用的方法。通常,生物质前驱体在惰性气体气氛和高温下进行热解,在去除挥发性成分后,可以收集碳产品。同时,生物质中的多孔结构将在热解后保留在最终产品中。如图 3-48(a)所示[104-109],多孔炭已经通过一步热解法从多种生物质资源中被生产出来。由于生物质的多样性,多孔炭的最终孔隙形态和大小强烈依赖于生物质的结构。发达的孔隙结构可以降低有效介电值并促进阻抗匹配,最佳阻抗将使入射的电磁波进入介质内部后进行后续衰减。此外,生物质碳化后,少量杂原子(N、O、P 等)可能保留在碳基质中。由于碳原子和杂原子之间的电负性不同,这些杂原子可以通过以交替的电磁场作为极化中心,引起偶极极化和电子极化。增强的极化损耗会减弱传入的电磁能量,从而提高材料的微波吸收性能。因此,生物质衍生的热解炭具有优异的介电性能和微波吸收能力。

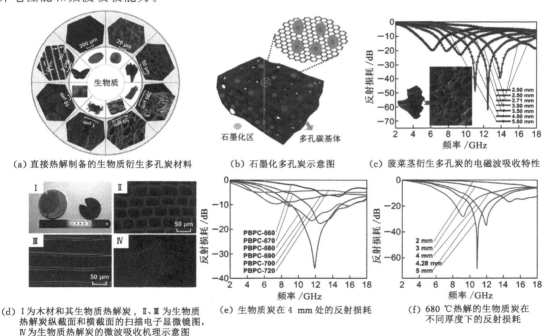

(a)直接热解制备的生物质衍生多孔炭材料　　(b)石墨化多孔炭示意图　　(c)菠菜茎衍生多孔炭的电磁波吸收特性

(d) I 为木材和其生物质热解炭,II、III 为生物质热解炭纵截面和横截面的扫描电子显微镜图,IV 为生物质热解炭的微波吸收机理示意图

(e)生物质炭在 4 mm 处的反射损耗

(f) 680 ℃热解的生物质炭在不同厚度下的反射损耗

图 3-48　生物质衍生多孔炭

图 3-48(c)所示为从生物质菠菜茎中制备的具有两级多孔结构的分级多孔碳产品。多孔结构引起入射的电磁波多重反射,这将延长电磁波的传输路径,并为入射电磁波衰减提供更多机会。多孔炭中纳米级孔隙的存在会降低有效介电常数,提高阻抗匹配度。特殊的分层设计和发达的孔隙结构使多孔炭介质具有显著的微波吸收能力,在 2.71 mm 的厚度下可

以获得一62.2 dB的强烈反射损耗。在基于天然木材的多孔生物质热解炭中,多孔炭继承了木材的原始形状,并呈现出规则排列的平行通道结构[图3-48(d),Ⅰ~Ⅲ],这在人造材料中很少见。其高度定向排列的孔隙结构,导致入射微波在通道侧壁上的反射最小,而大部分微波将通过通道进入[图3-48(d),Ⅳ]。通过在不同温度下热解,多孔炭样品表现出不同的电磁能量衰减能力[图3-48(e)]。很明显,在680℃温度下制备的多孔炭试样的反射损耗值远高于其他样品的反射损耗值。当厚度为4.28 mm时,最大反射损耗值高达一68.3 dB,频率带宽为6.13 GHz[图3-48(f)]。当退火温度高于或低于680℃时,所得样品显示出较差的微波吸收性能。因此,热处理温度是确定样品介电性能的关键条件。较高的温度会导致良好的导电性和过高的介电值,这不利于阻抗匹配。相反,低温会导致衰减能力变弱。因此,适当的退火条件是影响多孔炭样品最终微波吸收性能的重要因素。

(二) 活化的影响

对于多孔炭材料,需要增加比表面积和孔隙率来优化其微波吸收性能,可以通过化学方法对生物质衍生多孔炭中的孔结构进行剪裁。通常,活化方法是一种成熟且有效的途径,可将孔隙引入碳介质,通过活化方法制备的多孔炭的比表面积通常是非活化的炭比表面积的4~50倍。

常规活化方法包括物理活化和化学活化。就物理活化而言,生物质将首先在相对较低的温度(通常<800℃)下碳化成碳组分。然后,生成的碳在合适的活化剂(例如二氧化碳、空气和蒸汽)存在下,在较高温度下进行活化。由于这些活化剂的分子尺寸小,因此通过物理活化产生的孔结构处于微孔水平,孔尺寸分布较窄。

对于化学活化,整个反应可以在一个过程中进行。具体而言,碳前驱体通过浸渍或研磨方法与活性剂均匀混合,然后在惰性气体气氛下,在适当的温度下退火。反应过程中常用的化学活化剂包括 $ZnCl_2$、H_3PO_4 和 KOH。例如在 KOH 活化过程中,碱性物质会在高温下侵蚀碳的表面和内部。碳晶格诱导不可逆膨胀会导致产生发达的孔隙率。大的比表面积和增加的孔隙率将会促进生物质衍生多孔炭向轻质高效电磁波吸收剂的方向发展。

如图3-49(a)所示为采用 KOH 活化制备的核桃壳衍生多孔炭。在图3-49(b)和(c)中,可以明显看出,在600℃活化温度下通过 KOH 活化制备的多孔炭的 BET 比表面积(746.2 m^2/g)比未活化的多孔炭的比表面积(435 m^2/g)大很多。通过调节活化温度,可以很容易地实现可调的比表面积和孔体积,从而显著影响样品的复介电常数[图3-49(d)~(g)]。值得注意的是,具有高比表面积的多孔炭具有较大的介电常数值。这种异常现象可以通过材料增强的极化能力和导电性得到很好的解释。受益于增加的介电性能和多孔结构,可以在2 mm的厚度下,在8.88 GHz处实现一42.4 dB的强微波吸收强度[图3-49(i)],其性能远优于未激活的样品的性能[图3-49(h)]。另一组试验通过 KOH 活化法从小麦粉中制备多孔炭,通过控制活化周期,得到具有三维网络结构、比表面积为1 486.8 m^2/g的纳米多孔炭。三维网络可以在交变电磁场下沿骨架产生感应电流。骨架上孔隙结构的存在形成了类似电容器的结构。这种长距离感应电流在电阻三维网络中迅速衰减并转化为焦耳热,从而导致大量传入微波的快速消耗。在8 wt%的超低填料含量下,在1.8 mm的厚度下实现了一51 dB的 EM 波吸收率。同时,在填料负载量为9 wt%时,有效频率带宽高达6 GHz。这些性能证明该样品是轻质、高效和可持续的电磁波吸收体。

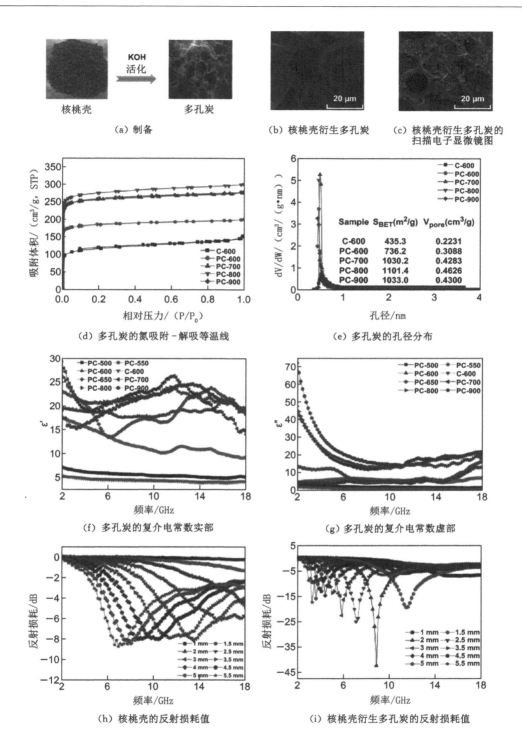

（a）制备　　（b）核桃壳衍生多孔炭　　（c）核桃壳衍生多孔炭的扫描电子显微镜图

（d）多孔炭的氮吸附-解吸等温线

（e）多孔炭的孔径分布

（f）多孔炭的复介电常数实部

（g）多孔炭的复介电常数虚部

（h）核桃壳的反射损耗值

（i）核桃壳衍生多孔炭的反射损耗值

图 3-49　核桃壳衍生多孔炭

（三）模板法

上述两个部分表明,大比表面积和高孔隙率可以改进多孔炭的电磁波吸收性能,然而,很难发现孔径和分布对微波吸收行为的影响规律。在研究孔径和分布对衰减电磁波能量的作用之前,必须制备具有可控孔结构的多孔炭样品。上述活化技术无法准确控制结构的孔隙率,不利于研究孔隙结构与微波吸收率之间的关系。

模板法是合成具有定制孔尺寸和分布的生物质衍生多孔炭的有力工具。所涉及的硬模板和软模板对于合成具有可调节孔尺寸和比表面积的多孔炭材料至关重要。模板法是基于嵌段共聚物、表面活性剂、有机化合物等的自组装技术。表面活性剂 F127 是典型的软模板,在 F127 下可以从果糖中合成有序多孔炭。由 F127 的聚苯醚链形成的胶束的疏水核是孔隙的来源,然而,胶束在高温下不稳定。在低温下,大部分生物质难以与表面活性剂相互作用,从而导致效率低下。此外,软模板的高成本限制了其广泛应用。

与软模板技术相比,硬模板更高效、更经济。在这种方法中,人造多孔固体会被生物质溶液渗透,随后,生物质-模板混合物经历脱水和聚合/碳化的过程。最终的多孔炭可以通过去除初始模板来获得。可以采用各种无机材料作为硬模板,包括氧化铝膜、二氧化硅球等。尽管如此,很少有研究报道通过硬模板从天然生物质中合成多孔炭用于电磁波吸收应用的,这可能是生物质在常规试剂中的低溶解性所致。然而,生物质是世界上重要的可再生含碳来源,生物质基多孔炭将为高效、经济的电磁波吸收器的发展做出贡献。因此,今后继续深入研究利用生物质制备孔径和分布可调的多孔炭用于电磁波吸收具有重要意义。

三、生物质衍生炭吸收器

众所周知,反射损耗值是用于评估材料的微波吸收性能的关键指标。为了满足实际应用,反射损耗需要低于 -10 dB,这意味着超过 90% 的传入电磁波可以被吸收和衰减。

根据损耗机制,功能性电磁波吸收体可分为两类:介电材料和磁性材料。一般来说,介电损耗能力主要来源于极化和电导损耗,极化损耗可进一步分为界面极化、电子极化、偶极极化和离子极化。电子和离子极化通常出现在 $103 \sim 106$ GHz 的更高频率范围内,这可以在微波范围内被排除。因此,界面极化和偶极极化应该是 $2 \sim 18$ GHz 的主要弛豫衰减机制。通常,界面弛豫过程发生在异质系统中。界面处空间电荷的积累和分布不均会产生宏观的电矩,从而可以有效地衰减入射的电磁能量。偶极极化发生在具有明显偶极矩的分子中。

磁损耗是电磁波吸收的另一个关键因素。众所周知,磁损耗主要由微波频带中的涡流损耗、交换共振和自然共振造成。低频和高频区的共振峰通常分别与自然共振和交换共振有关。计算出的介电损耗角正切值和吸收体的磁损耗角正切值可用于评估材料耗散电磁波能量的损耗能力。具有较高介电损耗角正切值和吸收体的磁损耗角正切值的吸收器通常具有更好的电磁波吸收能力,入射的电磁波通过吸收器材料可以被快速消耗。

对于生物质衍生的多孔炭,其损耗机制主要是由有限的介电损耗所引起的。电磁波吸收特性不足以拓宽它们的应用。因此,将其他功能材料掺入生物质衍生的多孔炭是提高其微波吸收能力的有效策略。

研究人员将 $Ni(OH)_2$ 纳米片掺入菠萝蜜皮衍生的多孔炭中,用于高性能微波吸收应用。该复合材料表现出良好的微波吸收性能,在 15.48 GHz 时反射损耗值为 -23.6 dB。

介电性能的提高归因于界面极化和多孔结构的增强。与介电材料 $Ni(OH)_2$ 相比,磁性金属(如 Fe、Co、Ni 及相关合金)和金属氧化物可能是更好的选择。将磁性材料掺入生物质衍生的多孔炭中,不仅增强了界面极化,而且能获得有利的磁损耗。

近年来许多具有优异微波吸收性能的生物质衍生的多孔碳基磁性复合材料被开发。例如,使用稻壳衍生的多孔炭作为基质,将 Fe 和 Co 磁性纳米粒子嵌入到该基质中,用于电磁波衰减应用[图 3-50(a)],获得的两种复合材料都表现出高切线介电损耗和磁损耗值。介电损耗和磁损耗的协同作用使复合材料具有很强的电磁波耗散能力。在 1.4 mm 的薄厚度下,掺 Fe 的复合材料的反射损耗值为 -21.8 dB,频率带宽为 5.6 GHz[图 3-50(b)][112]。掺 Co 的复合材料在 1.8 mm 的厚度下,获得了较强的微波吸收强度 -40.1 dB[图 3-50(c)]。

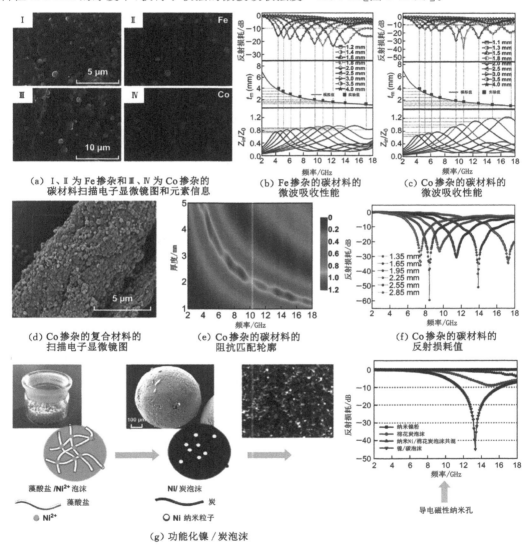

(a) I、II 为 Fe 掺杂和 III、IV 为 Co 掺杂的
碳材料扫描电子显微镜图和元素信息

(b) Fe 掺杂的碳材料的
微波吸收性能

(c) Co 掺杂的碳材料的
微波吸收性能

(d) Co 掺杂的复合材料的
扫描电子显微镜图

(e) Co 掺杂的碳材料的
阻抗匹配轮廓

(f) Co 掺杂的碳材料的
反射损耗值

(g) 功能化镍 / 炭泡沫

图 3-50　磁性金属掺杂的碳材料

据报道,有研究人员使用一种灵活的两步法,包括在 N_2 气氛下浸泡和随后的碳热还

原,以天然棉为原料制造 Co-碳纤维作为协同电磁吸收剂。碳纤维中适量的 Co 纳米颗粒可以产生更好的介电和磁性能以及优化的阻抗匹配。由于此特性,Co-碳纤维显示出显著的微波吸收能力。在 33% 的填料含量下,低于 -10 dB 的反射损耗可以覆盖 11.3~18 GHz 的频率范围,这几乎是整个 Ku 波段(12~18 GHz)。同样,还使用棉花作为多孔碳前驱体和 ZIF-67 作为磁性金属 Co 源合成复合材料[图 3-50(d)]。如图 3-50(e)所示,复合材料实现了最佳阻抗匹配。这应该归因于弛豫、磁共振、传导损耗的协同作用。在 25% 的低填料负载下,最大反射损耗在 8.48 GHz 时可达到 -60.0 dB。将厚度调整为 1.65 mm 时,反射损耗强度在 13.92 GHz 时高达 -51.2 dB,带宽为 4.4 GHz[图 3-50(f)][113]。另一种功能化镍/炭泡沫[图 3-50(g)],通过藻酸盐/Ni^{2+} 水凝胶制备,制备的镍掺杂碳泡沫具有高孔隙率,具有 451 m^2/g 的大比表面积、中等导电率(6 S/m)和磁性。与传统的碳泡沫和纳米镍粉相比,镍/炭泡沫具有独特的微观结构和多种成分的特殊协同作用,保持了良好的电磁波吸收性能。当填料含量仅为 10 wt% 时,在 2 mm 的厚度和 4.5 GHz 的有效频率带宽下,获得的最大反射损耗值为 -45 dB。另一项研究中,通过简便的浸渍法和随后的活化过程将磁性镍纳米颗粒掺入大米衍生的多孔炭基质中。通过控制前驱体比例,可以同时实现优化的微观结构和成分。发达的孔隙结构和异质结的影响增强了界面极化,三维架构提供了感应电流的传输路径。由于这些特性,所制备的复合材料在微波吸收方面的能力表现出显著增强。在 15% 的低填料含量下,实现了 -52 dB 的反射损耗和 5 GHz 的有效频率带宽。

与引入磁性金属相比,研究人员更倾向于将铁氧体与生物质衍生的多孔炭复合,因为其毒性低、相容性高、室温下自旋极化强。通过溶剂热法将 Fe_3O_4 纳米颗粒掺杂进核桃壳衍生多孔炭,与纯 Fe_3O_4 和纯核桃壳衍生多孔炭相比,得到的复合材料显示出更好的微波吸收性。其高效的电磁波衰减是由轻质导电的核桃壳衍生多孔炭的介电损耗和 Fe_3O_4 纳米粒子的磁损耗引起的。

除了这样的两相复合材料,基于生物质衍生多孔炭的三元复合材料也引起了极大的关注。它们具有多重界面极化和出色的阻抗匹配,将进一步提高生物质衍生多孔炭的电磁波衰减能力。通过爆炸法将 Ni-NiO 纳米颗粒嵌入到壳聚糖衍生的氮掺杂碳气凝胶(NCA)中[图 3-51(a)],从图 3-51(b)可以看出,所制备的三元复合材料 Ni-NiO/NCA 比纯 NCA 材料具有更多的科尔-科尔半圆弧,表明由多异质结构引起的德拜极化过程增强。在 1 mm 的薄厚度处获得了 -49.1 dB 的强电磁损耗强度[图 3-51(c)][115]。以丝瓜络海绵生物质和 $Fe(NO_3)_3 \cdot 9H_2O$ 为原料,在不同退火温度下制备了多种磁性分级多孔碳(MPC)复合材料。从图 3-51(d)可以看出,与其他样品相比,在 600 ℃ 下获得的样品(MPC-600)具有更好的微波吸收性能。笔者将电磁波吸收性能的巨大差异归因于样品的可变成分。根据 XRD 结果,MPC-500、MPC-700 和 MPC-800 样品是二元复合材料[图 3-51(e)],前者由 Fe_3O_4 和碳组成,后两者由铁和碳组成。MPC-600 是典型的三元组分,包括 Fe 和 Fe_3O_4 以及碳介质。与其他样品相比,MPC-600 集成了多个界面、具有独特的多孔结构和磁损耗[图 3-51(f)、(g)],显示出优异的电磁波损耗特性[116]。在 2 mm 的薄厚度处获得了 -49.6 dB 的电磁损耗值,有效频率带宽高达 5 GHz。一种由生物质海藻酸盐生产的 Co-结晶碳-碳气凝胶的三元复合材料被合成,在 10wt% 的填料负载下实现了 -43 dB 的强微波吸收能力。据推断,具有不同介电常数的相邻相界面处的多重界面极化,如 Co 纳米颗粒-结晶碳壳、无定形碳-结晶碳层和碳框架-蜡,应该是造成增强的介电性能的原因之一。

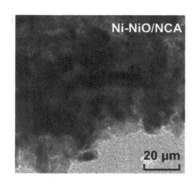

（a）Ni-NiO/NCA 复合材料的透射电镜照片

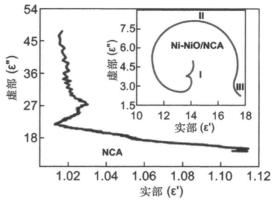

（b）NCA 和 Ni-NiO/NCA 复合材料的科尔-科尔半圆弧

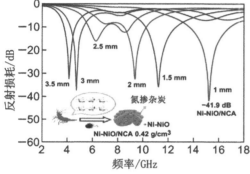

（c）Ni-NiO/NCA 复合材料的微波吸收性能

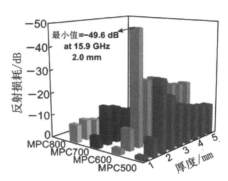

（d）不同碳化温度下 MPC 复合材料的
电磁损耗值柱状图

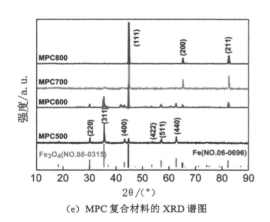

（e）MPC 复合材料的 XRD 谱图

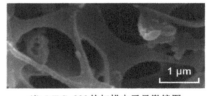

（f）MPC-600 的扫描电子显微镜图

（g）MPC-600 的透射电镜图

图 3-51 生物质衍生多孔炭的三元复合材料

四、前景及局限性

微波吸收材料应具有吸收强度强、吸收频带宽、重量轻、厚度薄、成本低、产量高、易于加工等特点。生物质衍生的多孔炭具有满足这些要求的巨大潜力,因为它具有低密度、简便的合成策略、可调的电磁波特性以及丰富的可用前驱体。结构修改和成分设计已被证明有助于实现出色的电磁吸收性能。对于通过生物质碳化直接合成的多孔炭,热处理条件是增强微波衰减性能的重要因素。活化法和模板法都是通过调整生物质衍生多孔炭的孔结构以实现高电磁屏蔽性能的可行策略。此外,通过与其他功能材料复合,协调多种损失机制,可以进一步提高它们的性能,这些材料在电磁屏蔽方面取得了很大进展。

然而,生物质多孔炭用于电磁屏蔽仍然存在一些阻碍。虽然扩大比表面积和调整孔结构有利于提高生物质衍生多孔炭材料的电磁波吸收性能,但是孔径和孔分布对微波吸收行为的影响仍不明确,这阻碍了性能更好的生物质多孔炭的设计。除此之外,另一个挑战是一些基本问题的研究,例如,必须深入了解多组分系统的吸收机制,以及研究界面物质对吸收性能的影响。

考虑到实际应用,由于电子设备的工作环境可能很恶劣,用于电子设备的生物质衍生多孔炭电磁屏蔽材料除了具有重量轻、成本低、吸收能力强等特点外,还应考虑抗腐蚀性、良好的热稳定性和疏水性等。因此,应广泛探索具有能满足实际应用场景要求的多功能生物质衍生多孔炭吸收材料。除了多孔结构外,自然界中的生物质在设计纳米复合材料方面提供了许多优势。利用生物技术、纳米技术和化学合成技术的结合,预计将在未来几年里,研发出更多来自生物质的纳米结构材料用于电磁波吸收应用。

第五节　治理土壤污染

生物炭是一种多效用的改良剂,可用于对污染土壤进行修复和恢复。目前,全球关于土壤退化、土壤污染和肥力短缺的问题越来越多,这可能会导致一些次生的环境和生态问题,如水资源短缺、土地生产力下降等。有机和无机污染物对土壤的污染是一个全球公认的问题,因此迫切需要修复技术。

一般来说,土壤修复的典型方法可根据土壤修复机制分为物理、化学和生物方法。物理和化学方法对土壤的改造主要依靠不动性、热处理、氧化还原和电动力学等作用对土壤中的毒素进行固定和去除。然而,这两种方式均不适合大规模耕地管理,存在复杂、成本高、二次污染等缺点。基于植物和微生物的生物修复技术价格便宜,但易受周围环境的影响,其对土壤质量改善的效果并不稳定。因此,迫切需要研发具有环境可接受和经济可持续特征的修复方法。

土壤改良是一个长期的过程,目的是降低毒素转移到植物或受体生物体中的风险。源自生物原料的有机改良剂可以直接应用于土壤而不需预处理。此外,人们一直在寻求更环保的有机材料的制备和土壤修复方法来对超标的有机残留物进行处理。值得注意的是,生物炭近年来得到了广泛而深入的研究。生物炭可以被认为是一种环境友好和实现碳中和的材料,因为生物质在转化和利用过程中释放到大气中的二氧化碳量与其生长过程中光合作用吸收的量相同。此外,生物炭的物理化学性质,如三维网状和多孔结构,有助于碳的长期储存以及吸附和降解污染物。

一般来说,生物炭可被用于环境管理领域,包括用于土壤改良、废水处理、减缓气候变化和废料管理。生物炭正在成为一种具有多种功能的有效改良剂,包括固碳、提高土壤肥力和修复受污染的土壤。一些研究人员还证明,生物炭能够降低受污染土壤中有机和无机污染物的毒素生物利用度。从这个角度来看,生物炭可以将生物质用于可持续固碳,并同时改善土壤质量。在陆地系统中,土壤是有毒污染物的巨大储存库,而人类的大部分基本需求主要依赖于大米、面粉和蔬菜等农产品。考虑到长期的生存和发展,土壤性质的改善尤为重要。生物炭被认为是一种较好的改良剂,对环境、动物和人类健康几乎没有不利影响。因此,生物炭在土壤修复中的应用激发了越来越多的研究。

生物炭是一种低成本的吸附剂,可以储存一些常见的污染物,如重金属、杀虫剂或除草剂等。研究表明,生物炭可以作为原位替代材料来修复受重金属污染的土壤。这种效应的作用机制可能来源于生物炭中的碱性矿物,生物炭多孔微结构对重金属的吸附、带负电的表面和其表面的官能团,从而阻碍了重金属的植物利用度。添加生物炭还可以调节土壤 pH 值,进而使得重金属沉淀和固定化。作为影响农药、除草剂生物可及性和毒性的有效材料,基于吸附-解吸、浸出、降解和抑制生物利用度的生物炭在改良土壤中的作用被广泛研究。此外,利用生物质炭可以提高作物对 N、P、K 等营养元素的吸收,进而促进土壤肥力。对于一些特定的污染土壤,如盐碱土、采矿土、石油污染土壤和一些工业区的其他土壤,建议在合适的条件下制备和使用生物炭改良剂。研究表明生物炭的性质与热解条件有关,如原料、温度、停留时间等,这将影响土壤的实际修复效果。

由于对土壤性质的积极影响,生物炭作为一种有效的土壤改良剂,可用于维持土壤肥力和生产力、修复金属污染场地和减少温室气体排放。特别是生物炭的理化特性,如持水能力、酸碱度、阳离子交换能力、表面吸附能力、碱饱和度,有助于提高土壤和作物对疾病的抵抗力。而生物炭的性质取决于原料,制备过程中的热解温度、热解停留时间、气体流速(压力)、添加剂和活化等因素。

一、土壤改良影响因素

对于作为环境改良剂和土壤改良剂的预期用途,生物炭的物理和化学特性会因原料和制备条件不同而不同,这也为生物炭的可控生产提供了机会。较高的热解温度通常会导致生物炭的比表面积和碳化分数增加,这两者都会导致生物炭对被污染土壤中污染物的更高吸附力。生物炭的各种表面性质和孔隙结构等性质取决于加热温度。此外,热解温度控制的重要参数(如生物炭的成分含量)随热解温度的变化而变化。

研究发现棕榈油污泥热解的热重曲线分为三个不同的阶段。如图 3-52 所示[117],在第一阶段,温度从环境温度升高到约 200℃,水分和轻挥发物蒸发。内部结构因水分蒸发,键断裂和氢过氧化物、—COOH 和—CO 基团的形成而重新排列。第二阶段是温度为 200~500 ℃,半纤维素和纤维素等更多聚合的有机化合物在此阶段被快速脱挥发分和分解。第三阶段是 500 ℃以上,木质素等化学键较强的有机物降解缓慢失重,残炭进一步转化为生物炭。

低温生产的生物炭的化学成分与热解所用原料的化学成分相似,而在较高温度下生产的生物炭的性质与原料的性质明显不同。低温制备的生物炭可能含有较多的挥发物,而固定碳和灰分的含量低于高温热解样品。随着温度的升高,通过 C、H、O 和 N 元素的关系可以推测出热解产物组分的变化。研究表明 H/C 比反映了碳化速度,这一比例的下降与芳香度的增加有关。此外,较低的 O/C 和(O+N)/C 比率代表生物炭的极性较低,这也与生物炭的稳定性有关。因此,在较低温度下获得的具有较低芳香性的生物炭主要由木质素和纤

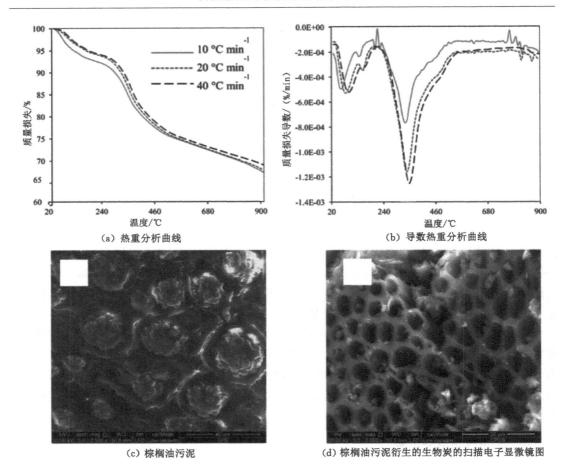

（a）热重分析曲线　　　　　　　　　　（b）导数热重分析曲线

（c）棕榈油污泥　　　　　（d）棕榈油污泥衍生的生物炭的扫描电子显微镜图

图 3-52　棕榈油污泥热解

维素组成,而在较高温度下获得的生物炭是一种极性较低的富含芳香族化合物的材料。此外,如图 3-53 所示[117],有机和无机官能团以—OH(3 405 cm^{-1})、酯 C=O(1 732 and 1 162 cm^{-1})、芳香 C=C(1 651 cm^{-1})、C—O(1 200～1 060 cm^{-1})等形式存在,而随着温度的升高,有机官能团减少或消除。元素含量随着热解温度的增加而增加,因为会有更多的有机物质挥发,而大部分矿物质保留在生物炭中。随着热解温度的升高,生物炭中钙、钾、磷等元素的含量,比表面积,pH 值以及 C/N 和 C/O 比均增加。

通常,在相对较高的热解温度下生产的生物炭通过增加比表面积、微孔率和疏水性可以有效吸附有机污染物。相比之下,通过低温热解获得的生物炭可用于去除无机/极性有机污染物,这取决于含氧官能团、静电吸引和沉淀。研究表明,使用 500 ℃下获得的生物炭可以减少移动、浸出和生物有效镍的数量,同时减少土壤二氧化碳排放,而使用在 300 ℃下获得的生物炭只能提高土壤的生物活性。此外,生物炭在土壤改良中应用的主要障碍是有毒元素的存在,如 Zn、Cu、Cd、Pb 和 Cr 等。质量损失结果表明,有毒元素的富集行为会受到热解温度的影响。随着热解温度的升高,比表面积和孔体积减小,从而表面特性会影响污染物的初始吸附率和平衡浓度。有研究探索了在不同热解温度下产生的生物炭对用 70 t/hm^2 松木屑生物质处理的污染洪泛平原土壤的氧化还原电位和 pH 值的影响。结果表明,土壤的

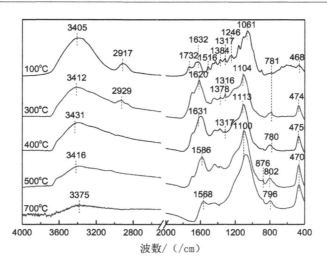

图 3-53　不同温度下稻草衍生的生物炭的红外光谱图

平均氧化还原电位在 300 ℃ 和 550 ℃ 处理下降低了 3%～6.5%,而在松木屑生物质处理下提高了约 37%,土壤 pH 值则呈现相反的趋势。总之,作为主要因素之一,热解温度影响生物炭的成分、表面结构、官能团等,进而影响其对污染土壤理化性质的调节作用。

　　根据热解温度、加热速率和停留时间的差异,可以将生物质转化为可再生能源产品的热化学热解过程可分为慢速热解、快速热解、闪速热解和气化。一些研究人员认为,与慢速热解相比,快速热解对生物炭的 C/O 比影响较小或可忽略不计,但在缓慢的热解反应中,比表面积显著增加。此外,生物炭的特性和副产物取决于加热速率。例如,快速热解需要快的加热速率和短的停留时间,以最大限度地减少可能降低油产量和质量的二次反应。相反,缓慢加热和缓慢热解的长停留时间倾向于产生更多的生物炭。有学者研究了不同停留时间(15 min、30 min、45 min 和 60 min)对废茶制备生物炭的影响,包括产品的化学、物理和形态特性。450～500 ℃ 范围内,以及 45～60 min 的停留时间显示出较高的生物炭质量回收率。

　　反应器中的气体流速和气体混合物的组成也是影响生物炭的重要参数。需要注意的是,N_2 通常作为惰性气体供应到反应器中,为原料生物质的热解提供缺氧条件。热解过程中的气相对产物分布和反应有很大影响。通过反应器的气流影响初级蒸汽与焦炭的接触时间,进而影响焦炭的二次形成。相对低的流速提高了炭产量并适用于慢速热解。然而,高流速对于快速热解的方法是优选的。在大多数情况下,N_2 可以一直存在于反应器中,这有利于消除蒸汽,并为整个生物炭制备过程保持惰性环境。此外,有学者研究了热解条件对生物炭产率的影响。结果表明,压力和气体流速对生物炭产量的影响相似。值得注意的是,压力的增加(低于 0.5 MPa)可以促进生物炭表面的蒸汽活性,从而增加二次生物炭的形成。

　　在生物炭的制造过程中,$AlCl_3$、$FeCl_3$、H_3PO_4、NH_4Cl、KOH 和氯化锌等几种化学添加剂通过抑制半纤维素分解,同时加速纤维素分解对热解过程产生轻微影响,这归因于脱水反应。特别是当磷酸浓度超过 30 wt% 时,半纤维素和纤维素的分解会重叠,这可能会影响生物炭的产量和成分。此外,复合原料制备生物炭近年来备受关注,因为它可以将较差的生物质原料利用起来,与其他生物质材料复合。复合原料中的每个成分在受热下都会单独分解。

然而,将低质量生物质废弃物用作原料的一部分也是一种挑战。生物炭性质的鉴定将在复合材料的制备和应用中发挥重要作用,因此应进一步对各种废弃物制成的生物复合材料进行表征。

富含碳的改良剂,例如活性炭,已被用于土壤和沉积物修复。作为增值活性炭的前驱体,生物炭的物理、化学和多孔特性对于探索有效且低成本的污染土壤改性剂具有很强的吸引力。为了提高生物炭的吸附能力,多种活化方法被证明是有效的,如蒸汽活化、碱活化、微波活化和二氧化碳活化,如图 3-54 所示。

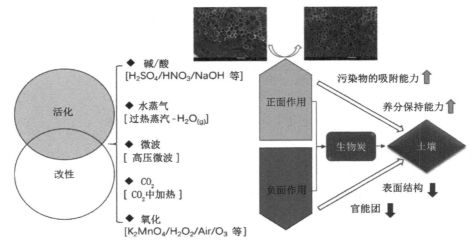

图 3-54　生物炭活化和改性方法

一般来说,与未活化的生物炭相比,生物炭的过热蒸汽活化可加速其对植物养分的保留,对其作为吸附剂具有积极影响。蒸汽活化表现出生物炭性能的大幅增强。碱(如 KOH、NaOH)活化生物炭提高了比表面积,增强了对重金属元素的吸附能力。此外,与未活化的生物炭相比,微波活化的生物炭提高了降低生态毒性的效果。二氧化碳活化的生物炭通常会产生负面影响,表现为对污染土壤的改善较少,甚至恶化。其他改性方法,如用各种氧化剂($KMnO_4$、H_2O_2、空气和 O_3)氧化生物炭,可以改善生物炭的性能并提高吸附能力。此外,H_2SO_4/HNO_3 氧化的生物炭具有更多的羧基,对 Pb、Cu、Hg 和 Zn 具有更高的固定化能力。

很难明确指出哪种是生物炭活化或修饰的最佳方法。生物炭活化具有积极或消极的影响,取决于活化方法、生物测定的种类和土壤的种类。生物炭的活化、改性和应用可能为解决污染土壤的改良同时提高土壤肥力和土壤理化性质的调控等问题提供途径。

二、生物炭应用于土壤修复

由于其突出的特点,生物炭可以为减缓气候变化、改善土壤性质和提高作物产量提供一种有效的创新方法。考虑到现代环境清理策略,污染物的毒理学相关影响已引起越来越多的关注。生物炭可以作为修复试验的合适替代品。考虑可利用性和可持续性,推荐将生物炭应用于土壤修复。将生物炭应用于土壤修复的好处不仅与其高碳含量有关,而且还依赖于土壤调理特性。研究表明,生物炭通过提高阳离子交换能力、pH 值和保水能力,吸附有毒重金属,并通过增加根系密度逐渐释放有限的养分来作为土壤调节剂。生物炭可能对土壤的生物特性、物理特性、化学特性,如 pH 值、阳离子交换能力、元素/养分有效性、盐碱土等有改良作用。

(一)土壤微生物学

如上所述,土壤的 pH 值、持水能力和肥力等性能可以通过具有高比表面积和孔隙率、多种电荷和官能团的生物炭改性剂来调节,这也可以引发微生物物种的异质反应。这种反应也可以改变微生物群落的结构,从而改变土壤元素的循环和功能。具体来说,生物炭中的一些成分,如矿物质、有机物和自由基,可能会影响微生物活性和群落,改变土壤酶活性。由于生物炭与土壤中的矿物质和有机物的相互作用,生物炭可导致土壤微生物量的增加或减少。因此,需要对受生物炭影响的土壤微生物量和组成进行进一步研究。

原料和热解条件影响生物炭的理化性质,这在确定不同的生物炭如何影响土壤性质和功能以及微生物群落方面也起着重要作用。不同的生物炭通过促进或抑制特定的微生物群落影响了与生物炭表面吸附养分相关的不同微生物群落分布。生物炭对土壤生物群、出苗、植物生长的影响还取决于剂量、气候因素、植物种类、接触时间(老化)和生物利用度,因为它们中的每一个都可能影响土壤中生物群、植物和生物炭的相互作用。此外,生物炭因其对非生物和生物降解的抵抗能力,以及减少土壤中有机化合物二氧化碳排放的潜力而被认为是增强土壤碳汇的有希望的选择之一。由于其对碳、氮有效性和土壤理化性质的影响,生物炭改性剂可以改变微生物生物量丰度和群落结构,进而影响土壤有机碳循环。此外,添加生物炭增加了微生物生物量碳并降低了代谢熵,这表明生物炭改良土壤中的微生物倾向于吸收生物质碳而不是将其矿化。此外,生物炭改良剂导致细菌群落向低碳周转细菌类群和负责稳定土壤的细菌类群明显转移,这也被认为是负启动效应。

此外,微生物反应与生物炭对土壤性质的改良之间的关系引起了极大的关注。生物炭的应用提高了碳储存、土壤质量并降低了污染物的迁移率。上述影响可归因于土壤微生物栖息地和新陈代谢的改变,进一步引起微生物活性和微生物群落结构变化。研究表明,向土壤中添加生物炭会增加枝条生物量,而不增加根部生物量。枝条生物量增加而根部生物量不增加说明了生物炭对植物根系的直接毒性影响,这也表明养分的有效性并不是生物群-生物炭相互作用的唯一机制。

生物炭与微生物相互作用对土壤修复的可能机制总结如下:由于有表面孔隙结构,生物炭为土壤微生物提供庇护;吸附在生物炭颗粒上的养分有利于土壤微生物的生长;生物炭会引发挥发性物质和环境持久性自由基的潜在毒性;生物炭改善土壤的通气条件、pH 值和保水能力,为微生物生长提供适当的栖息地;生物炭改变酶活性,进而影响土壤元素循环;通过生物炭对信号分子的吸附和水解的影响,来实现微生物细胞之间的通信;生物炭促进土壤污染物的吸附和降解,降低其生物利用度和对微生物的毒性。

一般来说,由于土壤性质(如 pH 值、孔隙度、水分和有效养分含量)的改变,生物炭在土壤中的应用会增加微生物的丰度。此外,生物炭改性剂还可以改善微生物群落。

(二)土壤基本理化性质

在过去的十年中,作为土壤改良剂,生物炭在固碳和减缓全球气候变化方面的应用受到了广泛关注。如图 3-55 所示,生物炭改良剂可以通过改变土壤的物理化学性质,如增加土

壤 pH 值、阳离子交换容量和土壤缓冲来充当土壤调节剂。生物炭对退化土壤理化性质的
影响会随着土壤和原料类型、施用量和生物炭随土壤老化而变化。

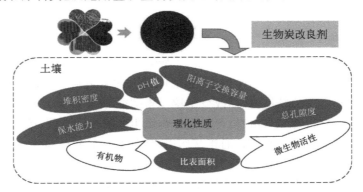

图 3-55　生物炭对土壤理化性质的影响

　　与未改良的土壤相比，生物炭可以改善土壤的物理性质。生物炭改良土壤中植物可利
用的水分含量较高。水蒸气吸附等温线的滞后也随着生物炭用量的增加而增加。观察到的
增加与土壤有机质、微孔和比表面积的显著增加相关。微孔体积与土壤比表面积呈正相关，
表明孔径分布是生物炭比表面积增加的关键因素。此外，生物炭的灰分增加了二次微孔率
和生物炭较高的内表面积。例如，由奶牛粪和木屑生产的生物炭显著降低了土壤密度（从
1.22 g/cm³ 降至 1.00 g/cm³），并且在 30 天培养后密度值保持稳定。此外，在 450 ℃下由
橄榄木热解的生物炭可用于减少土壤板结。土壤水分和温度条件影响了土壤中生物炭的老
化、溶解、水解/水化、碳化/脱碳和氧化还原反应。此外，生物炭始终呈碱性。在酸性和中性
土壤中可以观察到通过该生物炭改良导致 pH 值的改善。但是其在碱性土壤中的应用和效
果更复杂，因为可能会发生一些碱性反应。随着生物炭的添加，土壤 pH 值显著增加，这可
能是生物炭改良土壤中细菌丰度增加的原因之一。生物炭的 pH 值取决于原料、热解温度
和保留时间。由玉米秸秆、花生和大豆生产的生物炭在 300 ℃时均呈碱性，而油菜秸秆、小
麦和外壳生产的生物炭呈弱酸性，pH 值约为 6.45。

　　考虑到这些好处，生物炭已被用作中国农田修复的改良剂和改性剂。研究人员在华南
几个省份进行了一系列现场试验。此外，当前的研究已经解决了生物炭的最佳工艺问题。
然而，生物炭的稳定性和毒性需要在田间条件下对质地和矿物学不同的农业土壤进行长期
调查分析。

　　（三）土壤中元素的可用性

　　在生态和经济可持续的系统中，生物炭具有从人为源中隔离部分温室气体（CO_2、CH_4
和 N_2O）的潜在能力。作为一种长期储存、捕获碳的物质，生物质可以转化为含有大于 90%
碳的生物炭。因此，热解产物的化学成分差异很大。当直接用作改良剂时，它们会导致非常
不同的 C 和 N 动力学机制。这是由于土壤中电子受体的供应和氧化还原电位的变化影响
了反硝化菌的活性、甲烷氧化菌、产甲烷菌和/或动物群，并根据土壤特性（特别是水分和通
气）对气候产生明显影响。通过土壤呼吸产生的二氧化碳排放量几乎是化石燃料燃烧的十
倍。因此，减少农业土壤的二氧化碳排放以缓解气候变化至关重要。

　　生物炭对土壤修复的影响还包括通过光合作用吸收，生物质中捕获的碳可以通过热解

生产生物炭后转化为长期储存碳。生物炭在土壤中的长期稳定性是影响二氧化碳排放到大气中的关键因素。最近的一项长期测试表明，生物炭中碳的平均保留时间在 $90 \sim 1\ 600$ 年的范围内变化，具体取决于不稳定和中间稳定的含碳成分。此外，大表面积的生物炭为 NO_2、NO 和 N_2 提供了大量的吸附位点，能减少它们从土壤生态系统中的释放。一般来说，热解温度对生物质碳、氮含量影响不明显，而原料对生物质碳、氮含量有影响。来自粪便和污水污泥的生物炭通常富含氮。

在高度风化的酸性土壤中添加生物炭可以提高种子出苗率、地上生物量、植被覆盖率、氮和磷利用效率和促进作物生长。研究表明，生物炭可以通过生物和非生物机制减少土壤中的 N_2O 和 CH_4 排放。

研究人员比较了十六种生物炭对三种不同土壤中 CO_2、CH_4 和 N_2O 排放的影响，发现不同的生物炭对元素迁移率的影响不同。通过使用不含大量氮的生物炭，N_2O 排放量降低，所有测试的生物炭的 CH_4 氧化速率降低或不变，而与 CO_2 排放有关的不同响应与测试中讨论的生物炭和土壤类型相关。农业土壤中的 N 损失归因于 N_2、N_2O、NO 和 NH_3 等气体排放以及 NH_4^+ 和 NO_3^- 浸出。形成的 NH_3 随后将被吸附到生物炭上或生物炭中，无机氮可用于硝化菌的池减少，因此硝酸盐浓度下降。值得注意的是，NO_3^- 淋溶成为中国农业生态系统氮素流失的主要途径，水系统中高浓度的 NO_3^- 会导致富营养化和健康问题。生物炭可以通过吸附铵到生物炭颗粒上或吸附到生物炭颗粒中来减少 NO_3 和 N_2O 向大气的外排，消减可供硝化菌使用的无机氮库，从而提高反硝化效果。此外，土壤盐分可以通过改变根际微生物区系的组成和活动间接影响土壤氮含量。由于土壤 pH 值的增加，高生物炭施用率会增加正常土壤和盐渍土壤向大气中的 NH_3 释放。研究证实，在土壤中使用水炭会降低氮的有效性，因此应在种植或播种前几周将其混合到土壤中。

总之，生物炭的应用已被证明可以减少农业土壤中的氮浸出。然而，这并不意味着植物中氮的有效性下降。相反，它提高了氮的利用效率，从而提高了作物生长的养分转化和有效性。

（四）土壤的营养和肥力

生物炭是一种很好的土壤改良剂，可以改善植物生长，提高作物产量。研究证明，在土壤中添加生物炭可以逆转土壤肥力下降并增强植物对肥料的反应，从而减少施肥量。矿物肥料用于田间并提高作物产量。也有人提出，生物炭可能具有减少农业土壤中污染物浸出的潜力。生物炭的这些功能归因于生物炭对可溶性营养物质如铵、硝酸盐、磷酸盐和其他溶质的强吸附亲和力。此外，生物炭还可以通过提高作物对病害的系统抗性来提高作物生产力。

生物炭对植物生长的影响主要与生物炭类型、生物炭用量、混合深度、养分有效性、植物种类和土壤质地等多种因素有关。植物最佳生长所需的养分种类和含量取决于土壤类型、土壤的初始养分浓度和植物的具体要求。此外，生物炭具有通过阳离子交换容量捕获养分的潜力。据报道，生物炭通过改进的阳离子交换容量增加了土壤中 K 的可用性。P、K、Ca、Mg 等养分浓度随着不同原料的变化而变化，并且在热解过程中总养分含量集中在生物炭内。生物炭可以增加土壤中必需的养分（N、P、K），有利于植物的生长。

许多研究表明，生物炭可用于为植物提供大量的有效钾、钙、镁等。随着污水污泥、松木和杨木生产的生物炭用量的增加，提取的 K^+ 增加。还发现生物炭富含 P，热解温度的升高会增加 P、Mg 和 Ca 的含量。在屠宰场废物中检测到可用的牛粪生物炭和富磷生物炭在作为缓释肥料方面具有潜在作用。生物炭的应用可以改善养分状况,尤其是氮。生物炭对土壤中总氮和速效氮的影响,与有机氮矿化、氨挥发和硝化/反硝化有关。土壤中添加生物炭不仅增加了土壤中的总氮和速效氮,而且提高了玉米的氮利用效率,降低了氮的积累效率,进而提高了农业土壤中氮的生物有效性。因此,减少氮淋失,增加农业土壤中氮的保留和生物有效性,可以部分降低作物生长对氮肥的需求。

此外,研究人员证明保护土壤免受水的侵蚀对于恢复土地生产力和保护生态环境也具有重要意义。生物炭的处理显著减少了径流和养分损失。3 年田间试验结果表明,与非生物炭改良土壤相比,生物炭改良年均径流减少了 $19\%\sim28\%$,总氮和磷的累积损失量也大大减少。总的来说,这些研究结果得出结论,生物炭对土壤侵蚀的下降具有重要作用。

近年来,与土壤肥力严重枯竭相关的多种养分缺乏已成为全球范围内农业可持续发展的主要限制因素。有学者提出将生物炭与来自不同替代来源的有机或无机肥料一起施用,作为提高土壤肥力、退化土壤恢复甚至提高作物产量的一种选择。生物炭结合有机改良剂(堆肥等)的应用,可能更适合退化土壤的修复和植被恢复。在高温下生产的酸化生物炭改性剂以及将 $FeSO_4$ 与花岗岩粉末和堆肥混合,也是提高土壤养分有效性的潜在解决方案。

来自不同原料的生物炭中的养分含量将使生物炭与土壤中的最佳养分含量相配合,并降低肥料需求。由有机废物生产的生物炭含有不同数量的植物养分,具有不同的养分释放率。因此,在土壤添加的基础上,生物炭可以改善污染土地的肥力状况和种植植物的养分状况,从而延缓耕地的进一步减少。此外,发现生物炭的应用显著增加了粮食产量和根系生物量,而根系生长比枝条生长对土壤中重金属的不利影响更为敏感,因此,生物炭对重金属污染土壤管理的影响也得到了广泛的研究。

(五)土壤中的重金属污染

如图 3-56 所示,由于植物废物排放、采矿活动、城市废物应用、废水农业生产灌溉和化学品集约化应用,在工业发达国家,越来越多的土壤被金属污染。与有机污染物不同,金属不能通过有机活动分解,重金属污染的土壤通过直接接触和食物链对人类和动物构成严重威胁。与物理处理、电动修复、生物修复和植物修复等传统方法相比,生物炭修复的成本只有其几分之一。因此,由于活化生物炭的多孔结构和大表面积以及增加的阳离子交换容量,使用生物炭被认为是一种环境和经济上可行的修复重金属污染土壤的方法,具有好的功效和适用性。

图 3-56　污染土壤中的重金属元素

研究人员注意到，不同的生物炭在降低重金属的生物可及性方面具有不同的潜力。一方面，生物炭对重金属生物利用度的影响因原料和施用率的影响而异。由于反应器不锈钢部件的腐蚀，生物炭在热解过程中也会受到 Cr 和 Ni 的污染。因此，应精心制造生物炭并以最佳剂量施用，以降低受污染土壤中重金属的含量和生物有效性。另一方面，生物炭对重金属污染土壤的处理效果也随着金属种类和土壤的各种理化性质，如 pH 值、氧化还原电位、黏土含量、土壤有机质含量、阳离子交换容量、养分平衡、微量元素浓度、水分、需氧或厌氧条件和温度等的不同而变化。

影响重金属生物有效性的两个最重要的因素是 pH 值和土壤有机质含量。土壤 pH 值是一个关键因素，因为大多数重金属如 Cu、Cd、Zn、Cr、Ni 和 Pb 在酸性条件下变得更具生物利用度。通常，生物炭是碱性的，因此生物炭-土壤混合物会因石灰化而对土壤造成影响并导致金属的固定化。

生物炭对土壤中金属行为的影响被描述为通过静电吸附、离子交换、共沉淀以及氧官能团和 π 电子的络合功能结合以及吸附金属起作用。通过上述机制滞留在土壤中的重金属会经历植物吸收、浸出、挥发、氧化还原和甲基化/去甲基化等一系列过程。具有化学反应性的生物炭表面可以强烈吸附有毒物质。生物炭还可以影响土壤的理化性质，进而影响重金属的溶解度和有效性。据报道，在土壤中添加生物炭会导致 pH 值升高和金属溶解度下降。生物炭可能可以通过将可溶性金属转化为不溶性形式，与有机物、氧化物或碳酸盐结合，然后固定在农田中，从而有效改变重金属的溶解度。此外，一些相关应用已经在小规模和中试规模的试验中进行了深入研究，取得了有益的结果和多方面的影响。

Cu、Zn、Pb 和 Cd 等重金属是水、土壤和沉积物系统中的常见污染物，所有这些金属通常共存于受污染的土壤中，并以二价离子或化合物的形式存在。Pb 和 Cd 的吸附可能受孔结构的影响，而 Cu 的去除可能与表面官能团有关，表面官能团可以促进络合物的形成并增强与金属的结合能力。生物炭的灰分含量也会影响生物炭的吸附行为。此外，土壤 pH 值也是控制 Ni 在土壤中溶解度和迁移率的重要因素。对于 Cu 和 Zn 共存的土壤，一种金属的行为都会受到另一种的影响。这些结果可能意味着金属可以被相同的位点和官能团吸附，同时与其他金属竞争形成相互抑制。

铜污染土壤是一个全球性问题。铜杀菌剂的农业应用导致世界各地许多土壤中的铜含量很高，在当前的管理下，铜含量持续存在并进一步积累在表土中。增加土壤中的铜浓度会产生负面影响，包括降低作物产量和影响土壤生物多样性。研究发现，用 10 wt% 的生物炭和生物炭加堆肥处理的土壤中，Cu 的移动形式显著减少。很明显，生物炭对 Cu^{2+} 的吸附能力随着热解温度的升高而降低，无机污染物 Cu^{2+} 可以更多地吸附在低温下生产的稻草生物炭的表面。研究人员还发现在 350 ℃ 下生产的肉鸡垫料衍生的生物炭提高了 Cu^{2+} 的固定化。低温裂解制得的生物炭有利于铅的固定。相反，由于更高的碱度、更高浓度的可用负电荷基团和更多的有机矿物层积聚，另一种含氧阴离子锑在与来自肉鸡垫料的生物炭混合的土壤中表现出更高的迁移率。牛粪生物炭对锌的固定作用大于谷壳生物炭。

此外，在较高热解温度下产生的生物炭对总汞的去除效率高于在较低温度下热解的生物炭。Hg^{2+} 和官能团之间形成化学键证明了 Hg^{2+} 的去除机制。此外，甲基化是汞的重要环境行为。当无机汞转化为甲基汞时，其毒性和生物蓄积性会大大增加。砷是一种常见的土壤污染物，其因毒性而受到特别关注。As 在土壤中的迁移率随着土壤 pH 值的增加而增加,并与土壤上的阴离子交换位点结合。此外,生物炭还可以促进 As(Ⅴ)还原为 As(Ⅲ),从而提高其生物利用度、毒性和动员性。研究人员利用柳木衍生的生物炭减少修复砷污染土壤所需的时间。不同于砷酸盐,Cr(Ⅵ)在碱性土壤中的还原率相对较低,生物炭的应用会降低 Cr 在土壤孔隙水中的有效性和迁移率。生物炭的氧化还原电位会使 Cr(Ⅵ)还原为 Cr(Ⅲ),从而降低 Cr 的生物利用度和毒性。

值得注意的是,生物炭对有机污染物的吸附主要取决于比表面积和孔径。离子交换、静电吸引和沉淀是生物炭去除无机污染物的主要机制。然而,金属和生物炭表面之间强烈的内球络合阻碍了有机化合物的吸附,因为孔隙堵塞并影响了内部吸附位点的可用性。通过优化生物炭的生产和应用条件,可以改善生物炭对重金属污染土壤的辅助植物修复。此外,在动态氧化还原条件下,识别不同生物炭修饰的土壤溶液和固体土壤中的重金属形态将是一个挑战,还需要进一步研究以了解生物炭对重金属污染土壤动力学的影响。

（六）非农业土壤修复

土壤盐碱化和碱化是耕地土壤生产力面临的两大常见威胁。为了扩大农田面积,降低全球粮食安全风险,有必要将贫瘠的盐碱地转为可耕作土地。如前所述,生物炭作为土壤改良剂引起了很多的关注。生物炭改性剂可有效改善盐渍土壤的物理、化学和生物特性。

研究人员研究了橄榄树修剪生物炭或麦秸生物炭在不同施用量下对土壤的改良,发现生物炭改良剂可以增加土壤可溶性盐的浓度,增强土壤的电导率,进而影响植物发育。生物炭改变受盐害土壤电导率的净能力取决于多种因素,例如生物炭的类型、剂量和老化,生物炭的初始盐浓度,土壤和灌溉水以及应用条件。生物炭还可以促进盐渍土壤中 P 的有效性和吸收。此外,生物炭可以提高生长培养基的质量,尤其是有机碳的质量,有利于增加成果率,或间接改善解磷菌的分布。生物炭对磷的有效性和吸收的影响受生物炭原料、热解持续时间和温度以及土壤性质的影响。

此外,根据原料的不同,生物炭的应用可能会增加土壤中的钾浓度,而在受盐分影响的土壤中,这种增加可以抵消钠的不利影响。许多研究表明,在受盐分影响的土壤中添加生物炭可在很大程度上缓解盐胁迫,并直接通过释放土壤中必需的宏观（N、P、K、Ca）和微量（Cu、Zn）养分来帮助抵消盐的不利影响并改善植物生长。结果还表明,生物炭对盐渍土壤中作物产量和品质的影响取决于物种。生物炭的应用通过降低毒素的可用性显著改善了盐敏感植物物种的生长,为许多土壤微生物提供了栖息地,改善了土壤的理化特性,并直接或间接地加速萌芽。

一般来说,生物炭可以增加土壤中的速效磷和钾含量,降低土壤中的速效氮含量,这也将能提高受污染土壤中种植的黑麦草的产量。在矿区,Cd 在土壤胶体中的含量相对高于其他元素,而在有氧条件下,溶解部分的 Cu 和 Mn 的浓度高于其在胶体部分的浓度,特别是在生物炭处理的土壤中,并且 Ni、Zn 和 Fe 可以几乎均匀地分布在两个部分中。考虑到生物炭改良的采矿土壤,金属的植物有效性高于 Cd、Ni、Zn 和 Cu 的潜在迁移率和溶解浓度,特别是在好氧条件下,这可能归因于较低的 pH 值。然而,生物炭并没有显著影响它们的胶体部分。

简而言之,生物炭可以作为非农业土壤修复的有效改性剂,有利于缓解耕地的缩减。应优化生物炭的生产、运输和施用率,以降低施用前的成本。此外,应观察生物炭修复上述污染土壤的长期行为。

三、前景及局限性

生物炭已被推荐为具有良好土壤修复潜力的碳中性材料。然而，作为一种替代技术，由于几个变量相互关联，生物炭的特性和在这方面的应用仍需要开发和评估。

迄今为止，生物炭在污染土壤改良中的应用主要在实验室、温室或小块试验中进行。然而，在实际修复项目实施之前，大规模的现场试验是必要的。生物炭的表面官能团、吸附能力等性质会因氧化或微生物降解而随时间变化，这被认为是生物炭的老化过程。对老化过程进行更具体的研究将有助于说明生物炭改性剂的适度应用率，以提高修复效率。在实地研究中，必须进一步证明生物炭的长期稳定性（耐久性）。生物炭应用对土壤健康和功能的长期影响，包括其在不同土壤类型中的影响，仍有待讨论。此外，还可以探索生物炭老化和孔隙阻塞的机制，以及随后在生物炭改良土壤中的连锁效应。此外，生物炭对土壤微生物/动物群的长期影响，尤其是使用具有高比表面积的生物炭改性剂，也需要进一步研究。

应更多关注不同生物炭改性剂对污染土壤在不同条件下的长期行为，如土壤质地、肥力、毒性和矿物学。生物炭对植物、动物和微生物的影响受生物炭的性质和环境条件的控制。需要研究整个"生物炭-土壤-植物-人类"系统的潜在风险和危害。例如，焦油作为生物质热解的副产品，或多或少会被生物炭吸收，而焦油中所含的芳香族化合物（苯和多环芳烃）对环境有危害；生物炭还具有很强的吸附能力，农药和除草剂等农用化学品会导致它们的失活，残留物将成为新的污染物来源。此外，生物炭在吸收化学物质方面越有效，对共生微生物的植物信号成分可用性的负面影响就越大，这对植被恢复、植物生长和植物抗毒素的产生不利。因此，必须进一步评估生物炭对土壤修复的长期环境影响。

生物炭生产中的几个变量，包括热解条件和原料类型，可能会影响其在环境管理中的功效。由于生物质炭特性因原料生物质和热解条件的不同而存在很大差异，因此优化生产系统以生产专门用于修复工作的生物炭至关重要。此外，由于较高的比表面积和优异的孔结构，在较高温度下热解的生物质对有机污染物的去除更有效，而低温热解的生物质对无机污染物的去除效率更高。处理依赖于氧官能团和阳离子的存在。污染物的具体类型也会影响生物炭的吸附能力。与阳离子和阴离子金属相比，极性、非极性和离子、非离子有机污染物对生物炭的亲和力不同。因此，并非所有生物炭对污染物的吸附效果都一样，在将生物炭用于环境目的之前应更加注意。应根据具体用途，选择使用不同的生物炭。此外，生产过程的标准化取决于应用目的和生物炭的制备。可能有必要修改制造和优化原料预处理技术，以开发不含任何有害物质的清洁原料，这是高效应用生物炭之前非常必要的一步。

生物炭的成本，尤其是更大的运输成本可能是大面积推广生物炭修复土壤的限制因素。此外，还需要考虑与生物炭的生产、储存、运输和应用相关的粉尘暴露风险和火灾隐患。最大限度地发挥生物炭在土壤修复中的作用的方法之一是将生物炭作为细碎颗粒添加到土壤中，因为其比表面积大，可充分吸附；密度大，可有效运输。此外，污染物污染机制也应该得到更好的解释，这将有利于基于生物炭改性剂的土壤修复技术的优化或发展。因此，开发一种具有成本效益且用途广泛的生物炭改性剂来修复多种污染土壤具有吸引力和可行性。

总体而言，应根据特定的目的，通过选择原料和调整制备条件来生产生物炭。从生物质、粪便或其他废物中提取的生物炭对土壤改良具有相当大的价值，这也证明了生物炭在改良劣质盐碱或工业土壤中具有多重效益。然而，应详细研究长期土壤修复过程中的生物炭和土壤行为。此外,社会经济约束、环境和公共卫生风险,以及客户认可度不足等多重问题也需要解决。综上所述,生物炭的最佳制备和推广途径仍需深入研究,生物炭作为土壤修复工具的适用性和可持续性越来越受到关注。

第六节 能源应用

一、超级电容器

(一)碳材料用于超级电容器

高昂的能源成本、化石燃料储量的持续减少,以及温室气体过多引起的气候变化导致社会需求转向可再生和可持续能源。因此,太阳能和风能等绿色和清洁能源的生产有所增加,同时也开发了低二氧化碳排放电动汽车、混合动力汽车。对这些可再生能源产生的间歇性电力的一个主要要求是有高效的能量存储系统。电池和电化学电容器是领先的储能设备,但两者都有不足之处。虽然电化学电容器可以在几秒钟内完成充放电,但它们的能量密度比电池的能量密度低(约 5 W·h/kg),然而可以实现比电池更高的功率密度(10 kW/kg)。因此,超级电容器介于电化学电池和传统电容器之间,被视为电池的有希望的替代品,特别是在负载均衡和电能存储设备领域,也适用于需要大功率、长循环寿命、运行稳定、快速充放电时间、低加热水平、适当尺寸或重量和低成本的应用。

然而,为了满足未来系统(如便携式电子设备、混合动力汽车和大型工业设备)的更高要求,需要通过开发新材料来大幅提高超级电容器的性能,并增加我们对纳米级电化学界面的理解。

开发基于可再生资源的清洁能源存储和转换装置,如太阳能电池、锂离子电池和超级电容器,被视为避免过度消耗化石燃料的替代方法。超级电容器在过去一些年被认为是快速能源和电源应用中最具潜力的候选者之一。具有优异电化学性能的超级电容器被认为是在不断增长的电力需求应用中的潜在储能装置[118-121]。

原则上,根据其储能机制,超级电容器可分为两类。一类是电化学双层电容器,其电容形成基于电解质离子在导电多孔电极的表面积上的静电吸附。另一类是赝电容器,其能量存储基于电极/电解质界面处的可逆氧化还原反应。这两种机制都强烈依赖电极材料的性质,例如孔隙的可用性、材料的导电性和电极的润湿性,这取决于表面功能的种类。

在应用于超级电容器的材料中,碳基材料是最广泛的,因为它们具有优异物理化学性质,生产成本低,导电性好,孔隙率可调,易于加工。碳质材料经常与其他碳材料结合使用,或直接用作超级电容器的电极材料。可再生资源生物质原料具有成本低、易得、制备简便、环境友好等优点,常被用作炭前驱体。生物质材料已广泛用于制造与可持续发展相适应的超级电容器电极材料。实际上,充电电池的充电主要来源于阳离子的嵌入/脱嵌。因此,它主要由离子的扩散控制来调节。但是,这种现象限制了锂离子电池的充放电速率。与锂离子电池相比,超级电容器具有更高的功率容量、更长的循环稳定性和更好的能量密度。与介电电容器相比,具有更高安全性的超级电容器通常被认为是高功率传输应用中需要的电池的替代品。到目前为止,新开发的超级电容器已应用于混合动力汽车、再生制动、动力缓存和不间断电源等领域。

　　电极材料是决定超级电容器性能的主要因素之一。碳基材料(如炭黑、碳纳米管、玻璃碳和活性炭)、过渡金属氧化物(如 NiO、RuO_2、MnO_2 和 IrO_2)和导电聚合物是一些常用的电极材料。在过去的一些年中,研究者兴趣一直集中在绿色碳材料的研究和开发上,研究人员特别关注那些具有减少农业工业废物潜力的材料。基于在活性炭的制备和理化性质方面进行的大量研究,可以确定活性炭的比表面积、孔结构和化学极性在很大程度上取决于前驱体材料和活化过程。大多数商业活性炭是由基于化石燃料的前驱体(石油和煤)生产的,这使得它们价格昂贵且对环境不友好,因此生物质前驱体因为其容易获得、可再生、结构多孔和环境友好,越来越受到关注。近年来利用农业废弃物生物质,如废咖啡豆、木薯皮废料、杏壳、甘蔗渣、稻壳、葵花籽壳、咖啡内果皮、橡胶木锯末、油棕空果串、油茶壳,杨木、摩洛哥坚果壳、竹、花生壳和棕榈仁壳等作为前驱体材料制备用于双电层电容器的多孔炭,由于其丰富的可用性和低成本而备受关注。表 3-10 是源自生物质前驱体的活性炭的最大信比电容值[122-125]。电容是单个电极的三电极等效值。

表 3-10　源自生物质前驱体的活性炭的最大比电容值

生物质	活化方式	S_{BET}/(m²/g)	最大比电容/(F/g)	测量条件	电解质
摩洛哥坚果壳	KOH/三聚氰胺	2 062	355	125 mA/g	1 M H_2SO_4
枞木	H_2O	1 131	140	25 mV/s	0.5 M H_2SO_4
开心果壳	KOH	1 096	120	10 mV/s	0.5 M H_2SO_4
香蕉纤维	$ZnCl_2$	1 097	74	500 mA/g	1 M Na_2SO_4
玉米粒	KOH	3 199	257	1 mA/cm²	6 M KOH
废咖啡豆	$ZnCl_2$	1 019	368	50 mA/g	1 M H_2SO_4
甘蔗渣	$ZnCl_2$	1 788	300	250 mA/g	1 M H_2SO_4
葵花籽壳	KOH	2 509	311	250 mA g⁻¹	30wt% KOH
玉米秆	$K_4[Fe(CN)_6]$	788	213	1 A/g	6 M KOH
稻壳	KOH	2 783	179.4	6.25 A/g	6 M KOH
浒苔	KOH	2 283	296	0.5 A/g	30wt% KOH
茶叶	KOH	2 841	330	1 A/g	2 M KOH
人发	KOH	1 306	445	0.5 A/g	6 M KOH
			107	2 A/g	1 M $LiPF_6$
橡胶木屑	CO_2	912	138	0.01 A/cm²	1 M H_2SO_4
明胶	KOH	3 012	385	0.05 A/g	6 M KOH
椰子壳	$ZnCl_2$/$FeCl_3$	1 874	268	1 A/g	6 M KOH
卡拉胶	KOH	2 502	261	0.5 A/g	6 M KOH
稻草	H_3PO_4	396	112	—	1 M H_2SO_4
香蒲	KOH	1 951	336	2 mV/s	6 M KOH
西瓜	—	158	281	5 mV/s	6 M KOH
红麻茎	$NiCl_2$	1 480	327	2 mV/s	1 M H_2SO_4
木耳	KOH	1 103	374	0.5 A/g	6 M KOH

表 3-10(续)

生物质	活化方式	$S_{BET}/(m^2/g)$	最大比电容/(F/g)	测量条件	电解质
鸡蛋壳膜	空气	221	297	0.2 A/g	1 M KOH
			284	0.2 A/g	1 M H₂SO₄
云杉	空气/KOH	2 836	246	2 mV/s	6 M KOH
海带	NH₃	1 003	440	0.5 A/g	6 MKOH
甘蔗渣	CaCl₂/尿素	806	323	1 A/g	6 M KOH
香菇	H₃PO₄/KOH	2 988	306	1 A/g	6 M KOH
大豆	KOH	580	425	0.5 A/g	6 M KOH
蚕豆壳	KOH	655	229	0.5 A/g	1 M H₂SO₄
玉米壳	KOH	867	356	1 A/g	6 M KOH

　　超级电容器通常按电荷存储机制分为两类：电化学双层电容器和赝电容器。电化学双层电容器依赖于快速和可逆的离子吸附/解吸过程，不受电化学动力学的限制，最终形成如图 3-57 所示的双层电容器。

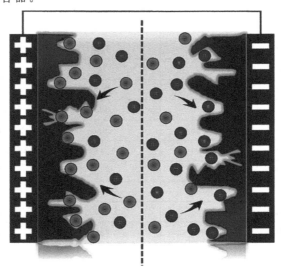

图 3-57　双层电容器电极处电荷存储机制示意图

　　超级电容器的比电容是在电压变化下存储的电荷的反映。没有法拉第氧化还原反应的双层电容器可以防止在充电/放电循环过程中出现活性材料膨胀。因此，双层电容器具有维持数百万次循环的能力，而电池最多有数千次。然而，与可充电电池相比，电极表面电荷的限制导致能量密度较低。超级电容器的储能能力可以通过提高比电容或电池电压来提高。通过从表面反应中引入赝电容来提高比电容是一种有用的方法。由于等效串联电阻与电极材料本身的电阻密切相关，因此还需要开发具有高导电性的材料。

　　基于活性材料的薄表面层（数十纳米）上发生的快速可逆氧化还原反应，电荷被存储在赝电容器中。通常，超级电容器的电容高于双层电容器，但超级电容器的循环寿命相对较低。过去，各种碳材料，如石墨烯、活性炭、碳纳米管、碳纳米纤维等，已经用于双层电容器电极。由于高比表面积、丰富的孔隙率和良好的导电性,碳材料在功率性能和循环稳定性方面具有优势。

可再生资源基材料已被广泛用于制造与可持续发展相适应的超级电容器电极。这些生物材料在日常生活中很容易找到,如图 3-58 所示[126]。特别是,关于使用纤维素、细菌纤维素和木质素制造生物质基电极材料的主题已经进行了大量科学研究。细菌纤维素由随机取向的纳米纤维和丰富的表面羟基组成,具有三维多孔互连纳米纤维网络和出色的拉伸强度(>2 GPa)。由于它们具有很强的亲水性,细菌纤维素也有利于水性电解质的扩散。木质素是制浆和造纸工业的一种丰富且经济的副产品。与由单个单体键组成的纤维素不同,木质素在其聚合物框架内没有规则结构。在众多自然资源中,它作为一种典型的聚合物,已被广泛研究。在未来,木质素的发展可能会为木材制乙醇生物精炼厂带来新的途径。

图 3-58　生物质衍生碳前驱体示意图

(二)提高碳材料电化学性能途径

采用 IUPAC 分类的微孔(<2 nm)、中孔(2~50 nm)和大孔(>50 nm)来描述孔径。平均孔径、比表面积、孔径分布和孔体积是吸附带电离子最重要的参数。此外,大量研究表明,来自碳材料的双电层电容器与电极表面的电解质可及性密切相关。需要注意的是,有效的比表面积对碳材料的电容性能也有重要影响。具有多孔结构、高比表面积和最佳孔径分布的碳电极材料在相对较高的电流密度下能保持较高的电容。

研究表明,微孔和通道在双层形成过程中最有效,同时可能在一定程度上减缓离子的动力学传输。中孔降低了离子扩散的阻力,大孔有助于形成离子缓冲库,以减少电解质渗透后的离子传输距离。分层多孔结构的协同效应确保电荷转移的高亲和力和更快的离子扩散。因此,分层电极的结构使超级电容器能够保持畅通无阻地传输离子和具有良好的电容。具体来说,相互连接的中孔为内孔表面的离子扩散提供了低电阻通道,大孔的大空间可以增强可能的静电吸附面积,从而提高超级电容器的倍率性能。此外,分级大孔和中孔组合不仅促进离子自由进入材料的内外表面并穿梭于通道中,有利于电解质的渗透和电化学反应,而且为高质量的电活性材料负载提供了较大的比表面积。

应该注意的是,电荷存储在适合自限的纳米孔中。此外,研究人员通用理论模型说明了电荷存储机制与孔径和分布的相关性。去溶剂化离子在微孔中形成了电线圆柱体电容器,而在中孔的孔壁附近具有双圆柱体电容器的构象。此外,许多微/纳米级材料因其在机械性能、导电性和导热性方面的独特特性而成为电极材料的主流。

活性炭的电化学性质通常使用循环伏安法、恒电流充电/放电和电化学阻抗谱来进行表征。虽然循环伏安法测量通常用于测试活性炭的双电层电容器性能,但也可以进行恒电流充电/放电测量以测试电容器的性能。活性炭的等效串联电阻通常从电化学阻抗谱测量中获得。

常见生物质多孔炭的比电容见表 3-11[32,127-130]。由于不同研究者使用不同的试验方法来确定比电容,因此有些测试的值有一点偏差。此外,比电容的计算也因使用的电池(两个或三个电极)而异。与物理活化相比,化学活化具有活化时间短、活化反应容易控制等优点,但化学活化可能会引入过多的官能团,降低电子电导率,对倍率性能和稳定性不利。在某些情况下,化学活化可能会导致无法控制的孔径分布。在活化过程之后,活化材料的表面化学、物理性质仍然保持平衡。同时,基于双电层电容器的材料具有高比表面积、创新的纳米结构、可控的孔径分布和增强的表面润湿性,可促进离子的容纳并促进双电层和部分赝电容的形成。

表 3-11　常见生物质多孔炭的比电容

生物质	活化方法	$S_{BET}/(m^2/g)$	比电容/(F/g)	电解质
甘蔗渣	MW-ZnCl_2	1 416	138	EMImBF_4
花生壳	MW-ZnCl_2	1 552	199	1 M Et_4NBF_4/PC
稻壳	MW-ZnCl_2	1 527	194	1 M Et_4NBF_4/PC
摩洛哥坚果壳	KOH	2 062	355	1 M H_2SO_4
废茶叶	KOH	2 841	330	2 M KOH
油棕空果串	KOH+CO_2	1 704	149	1 M H_2SO_4
废咖啡豆	ZnCl_2	1 019	368	1 M H_2SO_4
废咖啡豆	ZnCl_2	1 021	100	TEABF_4/AN
咖啡内果皮	CO_2	1 038	167	1M H_2SO_4
咖啡内果皮	KOH	361	69	1 M H_2SO_4
酒糟	KOH	2 959	260	6 M KOH
葵花籽壳	KOH	1 162	244	30wt% KOH
葵花籽壳	CO_2+KOH	2 509	311	30wt% KOH
杏壳	NaOH	2 335	339	6 M NaOH
甘蔗渣	ZnCl_2	1 788	300	1 M H_2SO_4

表 3-11(续)

生物质	活化方法	$S_{BET}/(m^2/g)$	比电容/(F/g)	电解质
木薯皮废料	KOH+CO$_2$	1 352	153	0.5 M H$_2$SO$_4$
油茶壳	ZnCl$_2$	1 935	374	1 M H$_2$SO$_4$
玉米粒	KOH	3 199	257	6 M KOH

此外,一些生物质具有特殊的纳米结构,这也会影响碳材料的质地。例如,不同花粉的多孔表面结构[图 3-59(a)～(d)][131-133]提供了获得更高比表面积和更好的介孔结构的途径,从而获得了优异的比电容和高能量密度。另一个例子是碳化蛋壳膜,它具有源自交织连接的碳纤维的三维大孔[图 3-59(e)]。优异的结构以及高 N 和 O 含量使这些材料具有出色的比电容。麻韧皮纤维衍生的碳材料具有由纤维素、半纤维素和木质素组成的多层层状结构。中空大麻纤维的壁主要由三层组成,其中内层和外层主要由半纤维素和木质素组成,而中间层主要是结晶纤维素(70wt%)。可以降解半纤维素和木质素并碳化纤维素的水热处理,对于实现碳纳米片形态至关重要。通过结合水热和活化过程,所制备的炭获得了比表面积高达 2 287 m^2/g 的类石墨烯碳纳米片。基于源自大麻纤维材料的电极在传统的离子液体电解质中表现出显著的电化学性能,例如,在非常高的功率密度(20 kW/kg)情况下,能量密度分别为 19 W·h/kg(在 20 ℃下)、34 W·h/kg(在 60 ℃下)和 40 W·h/kg(在 100 ℃下)。此外,组装后的超级电容器装置的能量密度为 12 W·h/kg,能量密度很高。

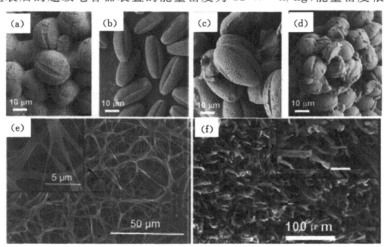

注:(a)为荷花;(b)为牡丹;(c)为油菜;(d)为山茶花;(e)为蛋壳膜;(f)为木耳的光滑表面。

图 3-59　不同生物质前驱体的扫描电子显微镜图

研究人员制备了分级多孔炭空心球作为高性能双电层电容器材料。他们使用二氧化硅球作为硬模板,葡萄糖作为前驱体,通过水热碳化工艺制造了炭空心球(图 3-60)[134]。炭空心球具有分级多孔结构,具有微孔壳和中孔/大孔核。基于空心球的超级电容器电极的比电容在 6 M KOH 中,0.5 A/g 时为 269 F/g。此外,当充电/放电速率从 0.5 A/g 变化到 10 A/g 时,优异的孔结构还可以很好地保持约 73% 的电容。

有序介孔碳(OMCs)的合成一直是一个热门话题,因为它们具有规则、均匀和互穿的介

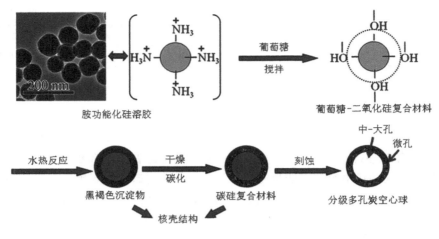

图 3-60　炭空心球的制备过程示意图

孔,可调节的孔径和比表面积。然而,传统的软模板法衍生的碳材料除了有序的中孔外,还往往存在不利于电解质快速扩散的块状形态。将不溶性三聚氰胺硫酸盐引入经典的软模板方法,产生了具有花状结构[图 3-61(a)]和有序中孔[图 3-61(d)]的碳材料[135]。为了验证硫酸三聚氰胺在自组装过程中的重要作用,在没有硫酸的情况下制备了对比样品。对比碳具有糊状形态,显示出作为超级电容器电极的较差容量[图 3-61(e)和(f)]。使用花状有序介孔碳的超级电容器的比电容在 1 A/g 时约为 200 F/g。当电流密度从 0.2 增加到 2 A/g时,电容保持率为 84%。

超级电容器显示出比传统介电电容器更高的能量密度,但是与电池相比,超级电容器相对较低的能量密度仍然限制了它在日常生活中的应用。因此,对高能量密度和高功率密度的追求促使研究人员融入金属氧化物(例如 RuO_2、MnO_2)或导电聚合物,它们可以通过可逆的法拉第过程提供强大的能量。然而,MnO_2 等金属氧化物导电性差,阻碍了其作为电极材料的应用。在法拉第充电过程中导电聚合物的机械降解也导致较差的可循环性。解决这些问题的一种有效方法是制造基于碳材料的复合材料,这可以提高复合材料的导电性和机械强度。一些具有代表性的例子包括碳质气凝胶/MnO_2、$Ni(OH)_2$/石墨烯和基于导电聚合物的复合材料等。

复合材料(碳材料/金属氧化物或导电聚合物)的性能高度依赖载体的性能。目前,具有互连孔隙和良好导电性的碳质气凝胶可用作金属氧化物的柔性骨架和用作高能量密度超级电容器电极的导电聚合物。然而,传统的方法如溶胶-凝胶和超临界二氧化碳干燥很复杂,并且不是特别适用。大量不同的生物质来源可以通过提供具有特殊性质的碳前驱体来促进功能性碳材料的合成。西瓜的粗生物质被用来作为碳源制备了柔性碳质气凝胶[图 3-62(a)][135]。研究人员通过将 Fe_3O_4 纳米颗粒嵌入碳质凝胶的网络中,制备了具有三维多孔结构的磁铁矿碳气凝胶[图 3-62(a1)]。所获得的磁铁矿碳气凝胶在 6 M KOH 溶液中的 1.0~0 V 电位窗口内,在 1 A/g 的电流密度下表现出 333 F/g 的优异比电容。当放电电流密度设置为 6 A/g 时,磁铁矿碳气凝胶表现出相当大的比电容(222 F/g)。同时,还表现出出色的循环稳定性,在 1 000次充电/放电循环后电容保持率为 96%[图 3-62(b)]。磁铁矿-碳气凝胶相互连接的三维多孔结构确保了超级电容器的良好性能。

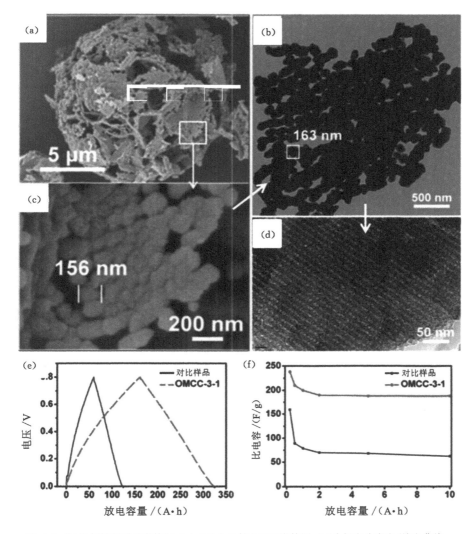

注：(a)、(b)为扫描电子显微镜图；(c)、(d)为透射电子显微镜图；(e)为恒电流充电/放电曲线；
(f)为花状有序介孔碳和在没有硫酸时制备的对比样品的倍率性能图。

图 3-61　花状有序介孔碳

　　通常在这些碳材料的表面包覆不同形貌的金属氧化物。然而，这些复合材料不耐腐蚀并且容易聚集，导致循环稳定性差和倍率性能弱。使用金属氧化物可以通过可逆的氧化还原反应提供赝电容，但会导致重金属污染，而官能团（例如吡啶-N 和醌氧等）会发生氧化还原反应，提供额外的电容。

　　研究人员使用富氧碳前驱体（海藻酸盐）或海藻制备了一系列含有大量氧的炭，这些炭包含在碳骨架中。这些样品表现出很高的性能。研究人员设计了一种将石墨烯与木质素结合的混合物，木质素通过木质素芳香骨架与还原氧化石墨烯片（RGO）之间的强 π-π 键和疏水相互作用，锚定在还原氧化石墨烯片的表面上，这有利于电子扩散。图 3-63 所示为合成过程的示意图以及源自天然聚合物的储能机制[136]。这种杂化物利用石墨烯的优异导电性和限制在木质素纳米晶体上的醌部分的赝电容，提供了 432 F/g 的最大比电容，具有显著的

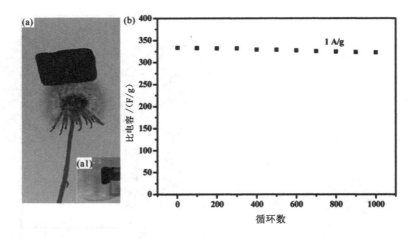

注:(a)为三维多孔磁铁矿碳气凝胶照片,(a1)为由磁铁提起的轻质磁铁矿碳气凝胶照片,
(b)为磁铁矿碳气凝胶电极在 1 A/g 的充电/放电电流密度下循环 1 000 次的稳定性。

图 3-62　西瓜的粗生物质作为碳源的柔性碳质气凝胶

倍率和循环性能(3 000 循环后保留率约为 96%)。系统研究表明,其基本的电化学行为与经典的扩散控制插入机制不同,而是基于表面主导的电荷转移反应。

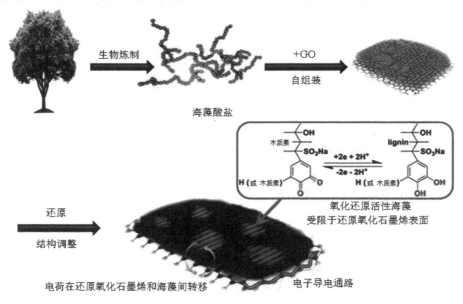

图 3-63　木质素芳香骨架与还原氧化石墨烯片结合物的合成过程示意图
及源自天然聚合物的储能机制

目前,与锂离子电池相关的研究很少能实现高功率密度,这主要是因为锂化/脱锂过程缓慢,以及锂扩散效率低的路径长度长。研究人员构建了具有高功率密度和超能量密度的混合超级电容器。混合超级电容器系统通过离子吸附,使用电容器型电极作为阴极,通过锂离子插入/嵌入使用锂离子电池电极作为对电极[图 3-64(a)][137]。它们表现

出比超级电容器更大的能量密度和比锂离子电池更高的功率密度[图 3-64(b)],并被证明是弥合锂离子电池和超级电容器之间差距的有效方法。混合超级电容器的性能由两个电极决定,这涉及碳材料的利用。具有特定初级结构和成分的生物质已经满足了先进碳材料的设计要求。

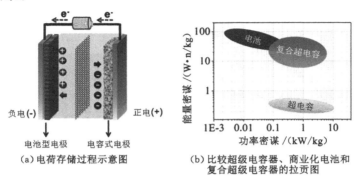

(a)电荷存储过程示意图　　(b)比较超级电容器、商业化电池和复合超级电容器的拉页图

图 3-64　混合超级电容器

研究人员构建了用于石墨烯类碳纳米片(3D-MnO/CNS)的 MnO 三维阵列[138]。源自麻韧皮纤维的石墨烯类碳纳米片由相互连接的三维碳纳米片组装组成,如图 3-65(a)所示,不同质量的 MnO(3D-MnO/CNS-1 为 41 wt%,3D-MnO/CNS-2 为 73wt%)通过两个步骤沉积在石墨烯类碳纳米片上。首先 KMnO$_4$/K$_2$SO$_4$ 溶液被用于分散 MnO$_2$,然后用氢气还原得到均匀分散的 MnO。在 N$_2$ 吸附分析的帮助下,MnO 纳米粒子被认为填充了底层碳的微孔和中孔。3D-MnO/CNS-1 和 3D-MnO/CNS-2 中 MnO 的平均粒径分别为 35 nm 和 42 nm,这将电解液的扩散路径缩短了 20 nm。3D-MnO/CNS 的电化学性能在半电池配置中与锂金属进行了研究。如图 3-65(b)所示,3D-MnO/CNS-1 和 3D-MnO/CNS-2 都表现出比 3D-CNS 和 MnO 更高的容量,并且它们的实际容量在测试范围内(500 次循环)都有所提高。这种独特的循环稳定性主要归功于柔韧的 CNS 支撑,它防止 MnO 颗粒失去电接触和团聚。3D-MnO/CNS 的速率依赖性容量优于报道的最先进的 MnO 和 MnO/C 复合材料的值。研究人员制造了 3D-MnO/CNS‖3D-CNS 混合器件,其中 3D-MnO/CNS 作为一个电极,3D-CNS 作为另一个电极。该装置优于传统的锂离子电池。此外,它还表现出出色的循环性能,5 000 次循环后容量保持率为 76%。

对于三电极电池配置,循环伏安法、电化学阻抗谱法和恒电流计时电位法通常用于评估电极性能。完全基于静电机制的双电层电容的典型 CV 曲线是矩形的,如图 3-66 所示[32]。图 3-66 为 50 mV/s 和 200 mV/s 扫描速率下,循环伏安法绘出的 CV 曲线。可以看出,所有电极的 CV 曲线在较低的扫描速率下呈现出比在较高的扫描速率下获得的更典型的矩形形状。较高的扫描速率通常会刺激较大的电阻,这会导致 CV 环路失真,从而导致具有倾斜角的较窄环路。更宽的伏安图区域表明更高的电容和更好的循环可逆性。如果超级电容行为包括氧化还原反应,则 CV 曲线不是矩形的。因此,应针对每种情况仔细选择用于电容计算的电位点。

在双电极电池配置的情况下,电极性能通过恒电流充电/放电进行评估。双电极电池代表一个真正的超级电容器装置,因此,通常以与恒电流充电/放电相同的方式计算电容值,该

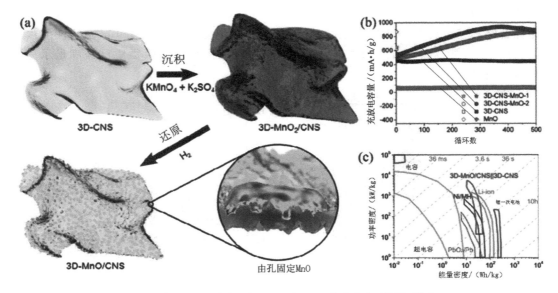

注:(a)为合成方法及结构示意图;(b)为 2 A/g 恒定密度下的循环性能;
(c)为 3D-MnO/CNS||3D-CNS 与商用储能设备的性能比较。

图 3-65　3D-MnO/CNS

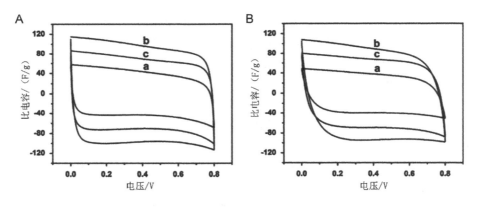

图 3-66　板栗壳活性炭在 50 mV/s(A)和
200 mV/s(B)的扫描速率下,由循环伏安法绘出的 CV 曲线

电容值适用于全电池。在双电极电池中,电极材料有时会被高电位损坏。设置电位范围时,不仅要注意电解质和溶剂,还要注意集电极和对电极。为了更好地评估电极性能,最好在相同的电极材料上同时进行三电极电池和双电极电池测量。

研究人员通过氯化锌活化由板栗壳制备分级多孔炭。多孔炭基超级电容器的电容性能可归因于炭的比表面积、孔结构、表面官能团和石墨化程度。通过 NaOH 化学活化由杏壳制备活性炭,所制备的活性炭在 6 M KOH 水性电解质中用作电极时,具有 339 F/g 的高双层比电容、0.504 g/cm³ 的表观电极密度和 171 F/cm³ 的体积电容。他们指出,虽然比表面积和重量电容随着碳化温度的升高而减小,当甘蔗渣炭用于包含 1 M H₂SO₄ 电解质的双电极夹层型超级电容器配置时,观察到比电容为 300 F/g 和比能量为 10 W·h/kg。获得的结果清楚地证明了中孔在快速充电/放电速率下对双层电容的好处；在高于 2 A/g 的电流密度下循环 5 000 次后，依然保持初始电容的 77%～83%。咖啡渣炭电极表现出高达 368 F/g 的高比电容和无机电解质中高达 20 W·h/kg 的能量密度，而在有机电解质中，比电容和能量密度较低，在快速充放电速率下，分别略高于 100 F/g 和 16.5 W·h/kg。

通过二氧化碳物理活化和 KOH 活化从咖啡内果皮制备活性炭，将活性炭与由商业丙烯酸纤维通过二氧化碳活化的产物比较，结果表明，物理活化的咖啡内果皮样品比化学活化样品具有更高的比电容值，范围为 149～176 F/g，化学活化样品为 16～69 F/g，活性炭纤维为 2～85 F/g。采用两种不同的活化策略，利用葵花籽壳制备一系列纳米多孔炭，发现炭的孔结构高度依赖活化温度和 KOH 浸渍率。当用作含有 30% wt KOH 电解质的电化学双层电容器的电极材料时，它的性能优于有序介孔和商业木质活性炭。在双电层电容器中研究了由油茶壳通过氯化锌活化制备的活性电极材料，发现比表面积和孔结构取决于两个因素，即活化温度和氯化锌浸渍率，进而影响活性炭的电化学性能。在 600 ℃ 活化温度和浸渍率 3 的最佳条件下，在 0.2 A/g 的电流密度下，在 1 M H_2SO_4 和 6 M KOH 电解液中获得的比电容分别为 374 F/g 和 266 F/g。通过 KOH 活化废茶叶制备了高度多孔的活性炭，其比表面积在 2 245～2 841 m^2/g 之间。在 1 A/g 的电流密度下，超级电容器在 KOH 水溶液电解液中的应用获得了高达 330 F/g 的比电容；所有电极在高达 2 000 次循环中都表现出良好的循环稳定性，在 5 A/g 的电流密度下仍保持约 92% 的初始电容。采用了化学（KOH）和物理（二氧化碳）组合的活化工艺，从油棕空果串制备高度多孔的无黏合剂活性炭电极，发现除了生产具有发达孔隙结构和良好电化学性能的多孔炭外，这种组合方法还具有经济优势，因为只需要少量化学试剂，减少了活化时间。在 3 h 的最佳激活时间下，测量使用这些电极制造的超级电容器电池的电化学参数知，其比电容、比能量密度和比功率密度值分别为 150 F/g、4.297 W·h/kg 和 173 W·h/kg。

研究人员采用一种简单的微波诱导氯化锌活化，从甘蔗渣中制备了纳米多孔炭。当其用作离子液体超级电容器中的电极材料时，它表现出良好的电容性能和高电容保持率。大孔径有利于离子液体电解质中多孔炭保持良好电容。通过微波诱导氯化锌活化，使用花生壳和稻壳作为前驱体，制备了用于超级电容器的具有 1 527～1 634 m^2/g 高比表面积的介孔炭。当介孔碳在 1 M Et_4NBF_4/PC 电解液中在高电流密度下用作电容器电极时，在 1 007 W·h/kg 的功率密度下获得了 19.3 W·h/kg 的能量密度。这归因于微波辅助中孔炭的更大平均孔径和独特的中孔结构。为了研究在源自海藻的低比表面积炭中观察到的高电容的来源，从干燥的紫菜中制备活性炭。当比表面积约为 2 m^2/g 的活性炭用作 6 M KOH 溶液中的电极时，观察到 116.9 F/g 的比电容。这归因于超小微孔的存在极大地促进了这种炭的电容发展，这与普遍接受的观点相反，即电容主要来自经历法拉第反应的杂原子。这些超小微孔不能被氮气和氩气等吸附物探测到，建议首先实施二氧化碳吸附，尤其是在富含杂原子材料的情况下。

（三）表面改性对活性炭电容性能的影响

研究人员通过化学（KOH）和物理（二氧化碳）活化组合从木薯皮废料制备活性炭，研究表面改性的影响。随后使用过氧化氢、硝酸和硫酸对所制备的活性炭的表面进行改性。表面改性对活性炭的比表面积没有显著影响，但由于表面官能团的增加或引入，对活性炭的表面化学性能有显著影响。经硝酸处理的活性炭的比电容达到 264.08 F/g，比未经处理的活性炭(153.00 F/g)高72.6%。通过KOH活化由摩洛哥坚果壳制备活性炭,以便在活性炭表面引入氧和氮官能团。结果表明,与富含氧的活性炭相比,富含氮气的活性炭在125 mA/g下具有最高的比电容和保持力,分别为355 F/g和93%。虽然富氧活性炭表面上的表面羧基阻碍了电解质扩散到孔中,但氮官能团的存在导致了良好的微中孔和良好的赝电容效应。来自杨木热解的多孔木材炭单块被HNO_3改性,结果表明,表面改性后,比电容显著增加,表明表面处理在改善碳材料电化学电容行为中的重要性。然而,随着改性时HNO_3的增加,比电容显著降低。这种现象归因于温度升高导致的苛刻改性条件,从而导致表面和结构破坏。

研究人员通过将活化时间从30 min更改为240 min,从玉米粒制备新型活性炭,观察到醌是主要的表面官能团。当活性炭用作双电层电容器电极时,比表面积和比电容之间的关系是非线性的,而比表面积和活化时间之间的关系是线性的。具有最高醌分数值的活性炭显示出更好的双电容性能。这是由于醌是一种电子电容器,它通过氧化还原机制以赝电容增加电容。

(四)杂原子掺杂对活性炭电容性能的影响

除了母体元素碳,生物质还含有多种元素(O和N),可用于原位掺杂源合成生物质衍生的炭。图3-67为碳基质中氮和氧官能团的化学式示意图。

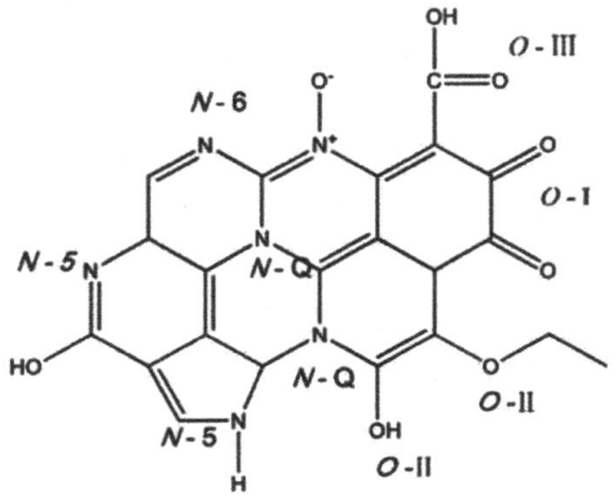

图3-67 碳上含氮氧表面官能团的示意图

杂原子掺杂被认为是提高碳材料润湿性和引入赝电容的有效方法之一。据报道,单、双甚至三杂原子(N、B、P、S、F、Cl、Si等)掺杂已被用于通过调整材料的固有性质来增强电化学活性,例如带隙。由于碳原子的缺陷,碳质材料的电中性有了偏差。这些杂原子掺杂产生的缺陷也促进了一些氧化还原反应,提高了碳材料催化活性。

杂原子可以显著增强碳质材料的亲水性和极性,从而扩大碳原子的电活性表面积、电子导电性和电荷密度,从而产生高给电子性。某些碳质材料的固有疏水性阻止了电解质溶液的渗透,并阻碍了超级电容器器件电容性能的提高。经过杂原子掺杂处理后,这些材料的表面化学、物理特性可以得到改变,并且提供了更多有利于电荷存储的电活性位点。在几种类型的杂原子掺杂中,氮掺杂已被广泛研究,使用含氮前驱体,如三聚氰胺、聚苯胺、聚丙烯腈等,或用胺和脲对多孔碳材料进行后处理,在材料表面引入富氮基团。氮种类通常分为四种不同类型:吡啶氮、吡咯/吡啶酮氮、季氮和吡啶-N-氧化物。赝电容是通过带正电的季氮和吡啶-N-氧化物引入的,它们促进电子通过碳以及带负电的吡啶氮、吡咯/吡啶酮氮的转移。在这四种掺杂类型中,吡啶和吡咯氮被认为是导致赝电容的两个重要因素,因为它们源于碳中的缺陷。

研究表明,尿素更倾向于形成吡啶氮,但三聚氰胺倾向于形成季氮,这是因为氮源的化学性质不同。氮掺杂剂的氧化还原机制被认为可以吸引质子并提高空间电荷层的电荷密度。碳晶格中的硼原子可以促进氧的化学吸附,形成具有反应活性的碳表面。因此,它是一种非常有前途的碳材料掺杂候选物。在氧化硼掺杂的碳材料中,温度升高,氧化硼开始熔化,然后随着反应温度的升高而蒸发。除去氧基后,提供活性位点用于硼掺杂到碳基体中。磷原子在充电过程中具有稳定氧官能团的能力,从而提高氧化还原反应的稳定性和选择性。含硫官能团可减少碳化期间微孔的收缩,并在高温下支持较大的孔,从而提供快速离子传输而不会引起不必要的氧化还原反应。硫通过以下反应(图 3-68)帮助产生赝电容:首先,部分砜基团被还原成亚砜基团。然后,亚砜基团进一步转化为次磺酸。一些次磺酸被电离并吸附 H^+。由于无序和缺陷增加的协同效应,引入氟是优化碳电极电导率的有效方法。这样可以扩大层间距并产生许多半离子 C—F 键的活性位点。氟化增强了高负电性氟官能团的极化和非水电解质中孔结构/表面的细化。在水热过程中存在三个涉及氟原子的取代反应,如图 3-69 所示。

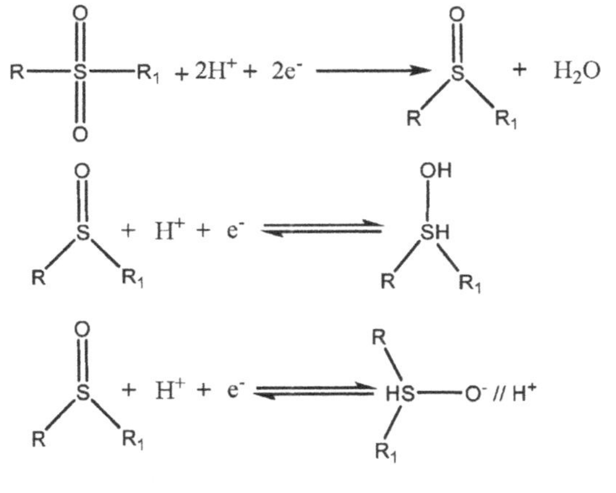

图 3-68 硫产生赝电容的反应

除了单杂原子掺杂外,由于它们的协同效应,双掺杂和三掺杂也已应用于超级电容器。

研究人员制备了用于全固态超级电容器的 N/B 共掺杂石墨烯气凝胶。电化学测试表明双掺杂样品的最高比电容超过 60 F/g。同样,N/Si/P 掺杂的碳纳米纤维显示出对电极表面润湿性的协同效应。在这三种元素中,磷和硅基团有利于双电层电容器的形成,而氮则增强了赝电容效应。

(五)无黏合剂碳材料用于超级电容器

柔性可穿戴电子设备,如人造电子皮肤、可弯曲显示器、电子纺织品等,已经是便携式电子产品的时尚品。为了制造轻质且灵活的超级电容器,研究人员专注于制造独立式电极材料。然而,对于大多数自然资源而言,需要加入大量的添加剂来保证高电导率。聚四氟乙烯、聚偏二氟乙烯等黏合剂添加剂以及炭黑、乙炔黑等导电剂是电极材料的常见添加成分。

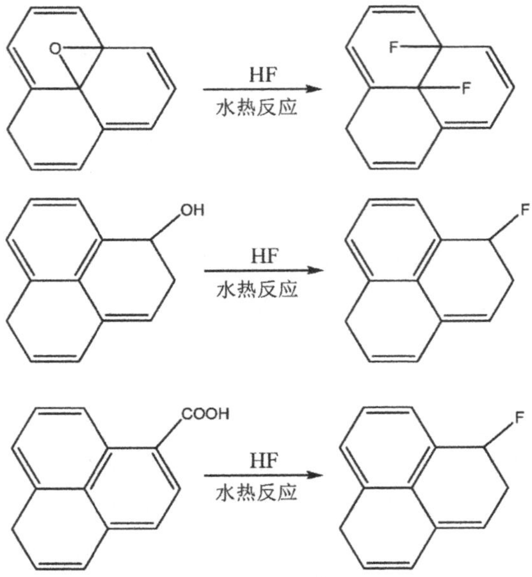

图 3-69 氟原子的取代反应

这些添加剂用于增强集电器和电活性材料之间的电接触,以降低电极的电阻。但是,这些添加剂的副作用不容忽视——不可避免地会增加设备的总重量(一般占 10%～20%)和生产成本。添加添加剂也会削弱超级电容器的电化学性能,例如比电容、能量密度和功率密度。由于上述缺点,已经制备了无黏合剂的碳材料,这种材料有利于快速的质量/电荷传输,并在不影响体积性能和商业价值的情况下带来丰富的可访问活性位点。

不含黏合剂的碳纳米管是通过真空过滤和化学气相沉积方法制造的。由于其强大的机械性能和优异的导电性,这些碳纳米管可以直接用作超级电容器的电极材料。此外,这些电极材料通常提供超过 100 kW/kg 的高功率密度。因此,有必要使用无黏合剂的结构电极来实现在高电流密度下具有更高的电导率、比电容和更好的循环、机械稳定性。为了组装自支撑电极材料,已经从材料本身和制造技术进行了扩展研究,以构建结构电极材料。制造独立式电极材料主要有两种方法——"自下而上"和"自上而下"。前一种方法通过过滤、水热组装、电喷雾沉积、湿法纺丝等,将包括炭黑、碳纳米管和石墨烯在内的碳资源的小构件构建成独立结构。在后一种方式中,自支撑碳前驱体(碳纳米纤维垫、碳布、纸等)可以用作负载电活性材料的基底。由于具有成本效益的基板和简单的制造工艺,"自上而下"的方法被普遍使用。

如前所述,基于碳材料的双电层电容器已被广泛研究通过碳化处理来制造具有不同形态的电极材料。由于生物质资源丰富,工业实现规模化生产是合理的。在实验室规模中,研究人员通常在惰性气体保护的高温(700～1 000 ℃)下将生物质前驱体碳化,以得到碳纸、碳布、碳纤维织物,以及它们的固体衍生物(图 3-70)[139-140]。那些具有独特结构的碳化产物在电荷转移方面具有优势,并为电解质离子提供了快速进入电极表面的通道。

传统的炭粉材料由于粉尘和复杂的电极操作步骤而具有有限的用途。炭块或碳气凝胶被用于解决上述问题。具有自由绞合 3D 结构的炭块具有理想的微观结构、$10^3 \sim 10^6$ S/cm 的高电导率、易于成型加工和机械稳定性等优点。与其他粉末状碳材料不同,炭块可以直接

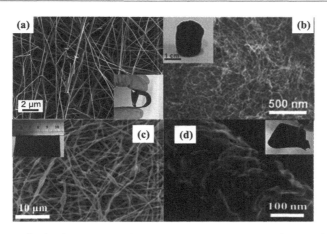

注：(a)为木质素/聚乙烯醇(PVA)复合纳米纤维垫；(b)为木材衍生的碳纳米纤维气凝胶；
(c)为木质素基电纺碳纤维；(d)为电纺柔性碳纳米纤维网。

图 3-70　碳化后的不同碳质材料

用作超级电容器的厚电极，而无须添加惰性添加剂。同时，三维多孔炭具有高比表面积，可增强传质动力学性能、电荷存储和电解质可及性。多孔炭块通常通过模板法合成。制备过程中使用了软模板(F127、P123等)和硬模板(介孔二氧化硅、KIT-6和可溶性盐)。在制造过程中，冷冻干燥处理使碳源表面涂层，并在高温热解过程中进一步转化为碳支架。去除模板后，得到炭块。

考虑到碳气凝胶的独特结构，超轻、高导电性和导热性、丰富的连续孔隙率、大的比表面积和化学稳定性，碳气凝胶被认为是锚定电活性材料或直接用作电极的合适支撑材料。根据碳资源不同，碳气凝胶可分为三类，即碳基(石墨烯、碳纳米管等)、合成有机聚合物基和生物质基(竹子、木材、香蒲等)。碳气凝胶材料的传统合成路线包括溶胶-凝胶法，通过空气或模板辅助合成代替凝胶中的液体溶剂。在高温下由惰性气体保护的热解过程中，交联的气凝胶转化为碳气凝胶。具有三维纳米级互连多孔网络的碳气凝胶，为离子传输提供了低电阻途径和良好的倍率性能，这使得无黏合剂的储能装置具有巨大的潜力。但超级电容器的电化学性能往往受到其固有的疏水性、结构衍生的疲劳失效和弱弹性的阻碍。

静电纺丝是一种生产超薄纤维(亚微米到几纳米)的简便且连续的方法。静电纺丝由电-流体动力学过程生成，其中聚合物溶液或熔体的液滴在高电场下被带电以产生液体射流，随后经历拉伸过程。在空气中稳定并在惰性气氛中碳化后，初生的纳米纤维可以转化为直径均匀的碳纳米纤维薄膜。电纺纤维的制造及其尺寸可以通过黏度聚合物溶液、施加电压、进料速率、收集器距离、湿度、温度等工艺参数来控制。电纺纳米纤维具有固有的高孔隙率、大的比表面积与体积比以及对腐蚀性电解质的出色稳定性，被认为是能量收集领域的理想材料。孔隙可以通过添加盐和相分离来产生。此外，通过静电纺丝技术实现了具有纳米带、芯鞘、多通道微管和中空纳米管结构的静电纺丝纤维。因此，电纺纳米纤维电极提供了理想的特性，例如大电极界面、快速电子/离子转移和增强的电化学性能，使其在无黏合剂和可穿戴电子设备领域具有潜力。

真空过滤是一种连续简便的物理过滤技术，用于从液体中分离固体，而不需要考虑碳材料的化学性质。活性材料通过过滤膜(PTFE、PVDF)过滤以形成混合自支撑膜。该方法解决了超级电容器柔性电极的低质量负载和包装密度问题,并简化了设备制造过程。此外,它允许通过简单地改变分散溶液的浓度或过滤体积来轻松控制堆叠薄膜的厚度。与真空过滤相比,采用死端管膜超滤,可以更快地去除残留溶剂,成本低且环保。这种过滤过程不仅明显加快了过滤时间,而且在 2 MPa 的高压下产生了致密的沉积膜。因此,过滤辅助薄膜在自支撑柔性薄膜电极材料方面显示出巨大的潜力。

(六)生物质自支撑电极用于超级电容器

由于生物相容性、丰富性和低成本等优点,生物质被认为是储能装置中碳材料的潜在前驱体[126]。

1. 棉衍生自支撑碳材料

由大于 90% 缠结的微尺度纤维素纤维组成的棉花在自然界中是丰富的,可以用它通过热处理制备碳基气凝胶。同时,它具有出色的加工性能,可纺成延伸纤维,并易于编织成具有复杂纹理和孔隙率的织物。碳化棉纤维具有良好的导电性、强大的机械性能和结构可处置性,这使其成为可穿戴电子设备的轻质电极材料。

活性碳化棉纤维和还原氧化石墨烯复合材料在便携式电子设备领域具有商业化前景。该复合材料通过棉纤维和氧化石墨烯混合悬浮液的真空过滤制备,然后浸入氢碘酸中,在 Ar/H_2 混合气氛下在 300 ℃ 下煅烧。将棉纤维嵌入还原氧化石墨烯薄膜的纳米片中,成功地调节了化学成分并防止了石墨烯片的聚集[图 3-71(a)和(b)][141]。随着棉纤维质量的增加,比表面积逐渐增加。与其他质量比的复合材料相比,棉纤维和还原氧化石墨烯质量比为 1∶1 时,复合材料具有相对较大的比表面积,为 396.2 m^2/g,平均微孔尺寸约为 0.5 nm。与相同条件下的纯 rGO 膜(100 F/g)相比,在 6 M KOH 溶液中的 0.1 A/g 下,该复合材料的比电容增加到 310 F/g。基于该复合材料薄膜的器件具有不同的层,如图 3-71(c)所示。循环伏安法曲线[图 3-71(d)]显示随着薄膜层数的增加电化学响应变得更好,这与图 3-71(f)中的面电容行为一致。这个超级电容器在 1.6 mA/cm^2 下呈现 1.71 F/cm^2 的面电容。然而,这三者在重量电容方面没有明显差异[图 3-71(e)]。

为了解决高效储能与最小碳足迹相结合的难题,利用碳化和二氧化碳活化来制造超微孔活性炭布。全电池在 0.02 A/g 的电流密度下显示出 121 F/g 的重量电容。结果与材料的 1 205 m^2/g 的比表面积密切相关。该比表面积值优于市售活性炭。此外,超级电容器在 10 000 次充放电循环后仍保持超过 97% 的初始电容,活性炭布的超微孔尺寸约为 0.6 nm。

一种无模板模板去除步骤合成方法已应用于制备无黏合剂的碳复合材料,其中 N 掺杂的中空六方纳米棱柱(N-HCNP)与氧化锌模板在碳化纤维布基材上原位沉积(N-HCNP/CF)[图 3-72(a)][141]。优化的 1 mM $KMnO_4$ 浓度实现了碳布的活化和致密阵列,以确保复合电极材料的高面积电容。同时,氮掺杂的中空六方纳米棱柱在碳纤维上的原位沉积和阵列的开放通道结构导致界面电阻低,显著促进了电子的快速转移。由于上述结构优势,所得的碳化纤维布在 0.5 mA/cm^2 时显示出 38.8 mF/cm^2 的高面电容和出色的倍率性能。即使在 20 V/s 的高扫描速率下,CV 曲线也保持准矩形形状[图 3-72(b)和(c)]。如图 3-72(d)所示,低于 0.6 Ω 的法拉第电阻进一步证明了碳化纤维布的低电阻。作为双电层电容器中的一种自支撑和柔性材料,在 Ar 和 NH_3 的流动混合物中,在 800 ℃ 温度下碳化。与 0.5 h 和 2 h 的对应物相比,碳化 1 h 的碳产品在 1.0 A/g 时表现出最高的比电容值(207 F/g)。

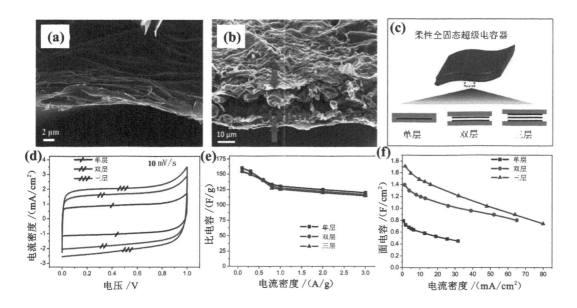

注:(a)、(b)为复合膜的横截面场发射扫描电子显微镜图。(c)为超级电容器的层次结构。
(d)为柔性器件在 10 mV/s 下的 CV 曲线。(e)、(f)为具有不同层的超级电容器的比电容。

图 3-71　活性碳化棉纤维和还原氧化石墨烯复合材料

此外,由于微孔结构和氮掺杂的协同作用,电容器的能量密度和功率密度分别为 7.2 W・h/kg 和 3.823 kW/kg。柔性碳化纤维布还表现出良好的稳定性,在 10 000 次循环后电容增加了 34％。

2. 纤维素衍生的自支撑碳材料

研究人员通过细菌纤维素的热处理成功地制造了互连的中微孔碳纳米纤维。合成的碳纳米纤维显示出相互连接的 3D 网络和高度的石墨化,存在大量微孔、中孔以及大孔。得到的层次多孔结构有利于电荷积累、快速离子扩散和储层。该材料在 0.5 A/g 下测得的最大比电容为 302 F/g,这受益于多孔结构和大的离子可及表面积对电化学容量的影响。使用恒电流充放电测试进一步评估该装置的循环稳定性,证实该器件在 5 000 次循环后保持 97％的电容。此外,在电解质水溶液中可以实现 0.128 kW/kg 的功率密度。如图 3-73(a)和(b)所示,通过碳化和 NH_3 活化由原木制备了在碳壁上具有低曲折度、多通道和均匀分布的纳米级介孔的氮和硫掺杂木材碳(TARC-N)[141]。TARC(未活化)样品的比表面积低于 200 m^2/g,孔体积小于 0.22 cm^3/g,证明了木材炭的大孔特性。相比之下,由于有各向异性结构作为有效路径,制备的 TARC-N 具有 1 438 m^2/g 的优化 BET 比表面积,孔体积增加到 1.36 cm^3/g。TARC-N 的电容在 0.2 A/g 4 M KOH 水溶液中表现出 704 F/g 的高比容量值,并在 10 000 次 GCD 循环后具有 122％的保持率[图 3-73(c)~(e)]。

研究人员制备了一种具有三维多孔导电结构的超薄碳纳米纤维气凝胶。这种通过纳米纤维素催化热解产生的碳纤维气凝胶保持了其固有的纳米纤维形态。得益于这些独特的结构,在 100 A/g 的非常高的电流密度下实现了 710 S/m 的良好电导率、90 F/g 的高比电容和 64％的可观倍率性能。最大功率密度为 48.6 kW/kg。

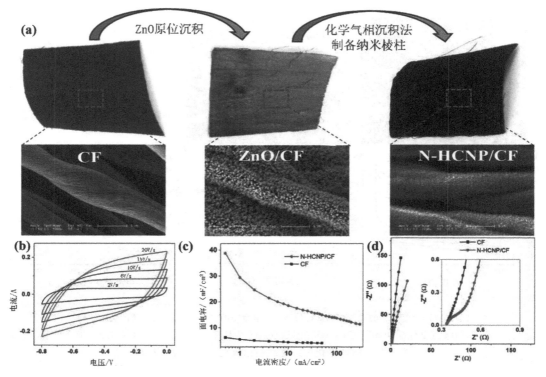

注:(a)为制备过程。(b)为 CV 曲线。(c)为 N-HCNP/CF 和 CF 的比电容随电流密度的变化。
(d)为 N-HCNP/CF 和 CF 电极的电化学阻抗谱,插图为高频区域的电化学阻抗谱。

图 3-72　N-HCNP/CF

3. 木质素衍生自支撑碳材料

一种可持续且廉价的方法可将木质素转化为具有超快能量存储能力的独立式柔性碳纤维电极。通过电纺和随后在碳化过程中部分气化,制备具有亚微米直径尺度的多孔碳纤维。氮气活化不仅得到了 1 005 m²/g 的高 BET 比表面积,而且提供了电活性表面化学性能。虽然电池的比电容仅达到 45 F/g,但是它具有良好的电化学容量(61 kW/kg)。碳纤维在100 000 次循环中非常出色,并且实际上可以维持大约 90% 的初始电容。此外,木质素衍生的炭块已通过双模板方法合成。一方面,这种新方法提供了理想的微观结构,有利于离子扩散和导电。另一方面,分级多孔结构具有高导电性,在 14.4 mg/cm² 的高质量负载下同时实现了 3.0 F/cm² 和 97.1 F/cm³ 的良好面积和体积电容。

通过碳化制备的电纺木质素衍生的碳纳米纤维垫具有平均孔宽小、孔体积大和比表面积大的特点。增加木质素与 PVA 的质量比会导致比表面积从 14 m²/g 增加到 583 m²/g,并且炭垫的平均孔径从 19.4 nm 减小到 3.5 nm。所制备的纳米纤维在 2 A/g 下显示出50 F/g 的重量电容,并且在 6 000 次循环后仅降低了 10%。同样,电纺纤维的纳米结构和形态受到碳化和活化条件的控制。例如,电纺牛皮纸木质素纤维的直径相对均匀,为 769 nm,结构光滑致密[图 3-74(a)][144]。随后碳化和活化,碳纤维垫的形态没有改变。然而,这些处理使其平均直径减小到 567 nm,并且具有如图 3-74(b)所示的随机缠结纤维的圆柱形形状。在图 3-74(c)中可以观察到,CV 曲线在 1 V/s 的高扫描速率下显示出双电层电容器

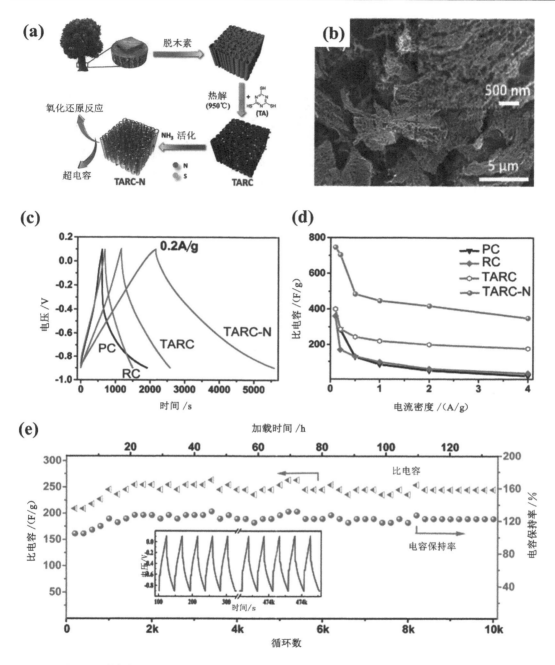

注：(a)为制备方法。(b)为 NH_3 活化木炭的扫描电子显微镜图。(c)为 0.2 A/g 时的 GCD 曲线。
(d)为不同电流密度下木材炭样品的比电容。(e)为 TARC-N 在 5 A/g 下的循环稳定性(插图是第一个和最后五个循环)。
图 3-73　通过碳化和 NH_3 活化从原木制备纳米级介孔的氮和硫掺杂木材碳

的矩形形状。轻微的曲率表明存在由氧和氮官能团引起的赝电容。与二氧化碳活化的样品相比,未活化的碳纤维由于其超微孔过多而具有扭曲的矩形形状。因此,独立式微孔炭垫在 250 A/g 的高电流密度下表现出 113 F/g 的出色倍率性能[图 3-74(d)]。

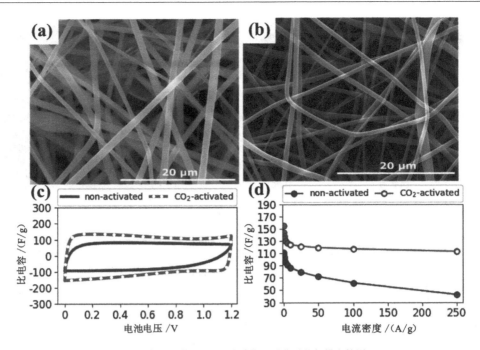

注:(a)为扫描电镜图。(b)为碳化和活化后的扫描电镜图。
(c)为扫描速率为 1 V/s 的非活化和二氧化碳活化碳纤维电极材料的 CV 曲线。(d)为电流密度对比电容的影响。

图 3-74　由木质素制备的电纺纤维垫

4. 丝衍生自支撑碳材料

具有强韧蛋白质结构的天然蚕茧是一种重要的生物材料。它具有良好的生物相容性、易于加工、热电和光保护特性。理论上,蚕丝纤维的氮含量为 18%,因此其碳化产物是氮掺杂的。与其他天然纤维相比,源自蚕茧的一维分级多孔碳微纤维具有良好机械性能,通常应用于高质量纺织品和柔性设备。以这种生物聚合物作为碳源,有助于避免在合成过程中使用大量有害的有机溶液。直径为 6 μm 的微纤维由直径为 10～40 nm 的碳纳米颗粒组成。由于这种特殊的结构,样品在 6 M KOH 中表现出 800 m^2/g 的高比表面积,和高达 215 F/g 的比电容,具有作为独立电极的潜力。

为了解决碳纳米管相对较低的比表面积和低容量的固有限制,研究人员已经通过图 3-75(a)所示的工艺制备了酸辅助自支撑碳复合纸电极(F-CCPE)[145]。自支撑碳复合纸电极将经酸处理的碳纳米管与由丝素蛋白膜碳化获得的杂原子掺杂碳纳米板(H-CMNs)结合在一起。扫描电子显微镜图显示碳复合材料具有粗糙的表面,具有自支撑碳复合纸电极的随机取向[图 3-75(c)]。由于碳纳米管提供的紧密结合作用[图 3-75(e)],得到的薄膜是柔韧的[图 3-75(b)]。图 3-75(d)表明复合材料的比表面积明显提高了(1 211.7 m^2/g),远高于碳纳米管的 112.2 m^2/g。纳米混合电极复合材料显示出 148 F/g 的比电容[图 3-75(f)和(g)]。因此,在有机电解质中实现了 63 W·h/kg 的比能量和 140 kW/kg 的功率密度以及20 000 次循环的出色循环稳定性[图 3-75(h)]。

研究员通过在氩气中高温热解蚕茧,制备了一种自支撑 15% 石墨烯掺杂的高 N 含量的蚕茧膜。氮浓度与处理温度成反比,导致在较低温度下较高的电导率和电容容量。在 400 ℃热

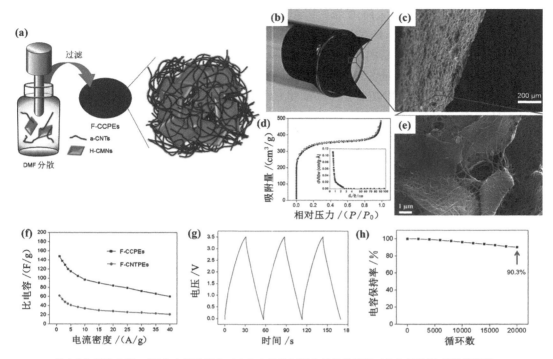

注(a)为制备方案。(b)为电极的照片,(c)为电极的扫描电子显微镜图,(d)为氮吸附-解吸等温线,
(e)为电极的扫描电子显微镜图。(f)为电极的比电容随电流密度的变化。
(g)为制备的电极材料的恒电流充放电曲线。(h)为电极的电容保持率与有机电解质中循环次数的关系。

图 3-75　酸辅助自支撑碳复合纸电极

解的蚕茧膜在 0.8 A/g 下具有 220.5 F/g 的最高电容和 $3.8×10^{-2}$ S/m 的电子电导率。而在 600 ℃热解的蚕茧膜的比电容和电子电导率分别为 37.6 F/g 和 18.0 S/m,在 800 ℃热解的蚕茧膜的比电容和电子电导率分别为 $9.5×10^{-5}$ F/g 和 $1.6×10^{-6}$ S/m。此外,超级电容器装置在 1 M H_2SO_4 水溶液中实现了 9.8 W·h/kg 的高能量密度和 9.9 kW/kg 的功率密度。上述这些增强的性能主要是因为氮的高电负性在氮掺杂石墨烯表面层形成偶极子,这些偶极子提高了石墨烯将带电物质吸引到其表面的能力。

5. 碳水化合物衍生的自支撑碳材料

近年来,聚合物衍生的三维支撑石墨烯已通过糖吹制路线开发。然而,由于葡萄糖前驱体衍生的薄膜存在 1 V 左右的低工作电压的缺点,因此需要改进其制备工艺。因此,通过铵辅助化学吹制和 1 400 ℃退火制备的蔗糖前驱体衍生薄膜被提出用于大规模化生产。由于石墨烯构成海绵状固体泡沫,石墨烯的堆积密度一般为 3～10 mg/cm³。薄膜通过气泡结构的支撑防止出现团聚状态,因此它们实现了 710 m²/g 的大比表面积。依赖于上述互连结构,所得超级电容器在 100 A/g 的极高电流密度和 340 kW/kg 的最大功率密度下实现了 58 F/g 的良好倍率性能。

据报道,一种简单的组装工艺被应用于制备淀粉基自支撑电极材料。KOH 用作活化剂以在热处理下调节电极的孔隙率。因此,不同比例的 KOH 得到的样品标记为 F-AC-*X*,其中 *X* 代表氢氧化钾的质量(g)。如图 3-76(a)和(b)所示显示了比表面积和 F-AC-*X* 的孔体积随着 KOH 含量的增加而增加。F-AC-3 和 F-AC-6 样品的 BET 比表面积分别为 63.66 m²/g 和 77.34 m²/g,F-AC-3 和 F-AC-6 样品的总体积值分别为 0.028 cm³/g 和 0.045 cm³/g。F-AC-12 样品的 BET 比表面积和总体积的最高值为 1 367.87 m²/g 和 0.058 cm³/g。F-AC-12 改进的比表面积归因于炭布基材上炭膜的微孔。此外,电化学测量表明,F-AC-X 的平均比电容随着 KOH 质量的增加而同步升高。得到的 F-AC-12 电极在 6 M KOH 水溶液中在 1 A/g 下实现了 272 F/g 的最大重量电容,在 50 A/g 下具有高达 75.9% 的初始电容的良好倍率性能[图 3-76(c)和(d)]。F-AC-12 优异的电化学性能得益于丰富的开放多孔结构,这提供了电子转移的快速路径。与上述生物聚合物类似,壳聚糖是另一种可再生生物质,分布广泛,成本低,同时含有大量碳和氮。它已成为用于制造应用于能源领域的 N 掺杂碳的化石资源,通过溶解凝胶法和碳化后获得具有纤维壁互连结构的三维分级多孔氮掺杂碳。凝胶化处理后,壳聚糖链聚集形成纳米纤维互连网络,然后将样品在氮气下 800 ℃ 热解 2 h,得到碳气凝胶。具有分级结构的纳米棒炭在 0.5 A/g 时具有 261 F/g 的优异比电容和 1.24 Ω 的低等效串联电阻。

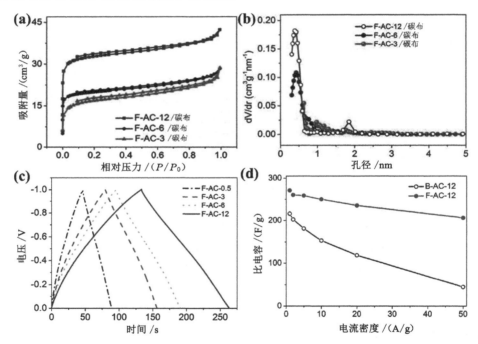

注:(a)为氮吸附-吸附等温线。(b)为 F-AC-3、F-AC-6、F-AC-12 样品的孔径分布。
(c)为电极在 2 A/g 下的恒电流充放电曲线。(d)为电流密度对重量电容的影响。

图 3-76　淀粉基自支撑电极材料

6. 其他生物质衍生的独立碳材料

除上述生物质材料外,几丁质也被用作多孔碳的前驱体。甲壳素是蟹、虾、昆虫的壳和真菌细胞壁中的主要结构成分,其中含有 6.9wt% 的 N,来自 N-乙酰基。研究人员通过溶胶-凝胶缩合、碳化和蚀刻二氧化硅制备了具有层状结构的介孔 N 掺杂炭膜。纳米晶几丁质在制造过程中用作软模板和 C、N 源。复合材料的不同二氧化硅浓度会改变其孔径、比表面积、结构有序性等。然而,由于碳区域之间的连通性差,在高二氧化硅含量下,炭的孔隙可能会部分损坏,而低二氧化硅负载量不会产生发达中孔。在二氧化硅浓度为 23 wt% 时实现了优化的介孔,其提供了 1 000 m^2/g 的最大比表面积和 0.88 cm^3/g 的孔体积。在电流密度为 230 mA/g 时,最佳样品的比电容为 183 F/g。明胶是一种可再生且无毒的生物质资源,具有丰富的—NH_2 和—OH 基团,也可作为制备多孔薄膜的前驱体。通过明胶/HKUST-1(一种由铜节点组成的金属有机框架)复合材料的碳化和随后去除铜化合物,成功地制备了 N 掺杂炭薄膜。所制备的样品在 900 ℃ 下加热,在 5.0 A/g 的电流密度下得到 168 F/g 的比电容,电化学性能优异。相比之下,在相同条件下,所制备的样品在 600 ℃ 和 800 ℃ 下加热时,对应的电极的比电容分别为 143.5 F/g 和 126.3 F/g。该薄膜电极具有出色的电化学稳定性,经过 11 000 次循环测试后没有明显的电容衰减。

作为淀粉加工的副产品,玉米醇溶蛋白和大麦醇溶蛋白是两种广泛存在的富含氮的植物蛋白。源自这两种蛋白质混合物的纳米纤维已经通过使用静电纺丝技术而获得。得到的蛋白质织物含有约 16% 的氮,具有良好的抗拉强度、可控的直径、清晰的多孔结构等。研究人员通过静电纺丝和碳化,合成了添加 Zn^{2+} 和 Co^{2+} 的氮掺杂超细碳纳米纤维(hz-ZnX 和 hz-CoX,其中 X 代表 0.1 M、0.2 M 和 0.3 M 悬浮液中的 Zn、Co 浓度)。如图 3-77(a)所示,含有 Zn^{2+} 和 Co^{2+} 的电纺蛋白纤维在碳化后形成自支撑碳膜[147]。在 hz-Zn0.3 纤维的表面可以观察到一些纳米颗粒[图 3-77(b)]。这些颗粒通过使用盐酸而消失,因此在图 3-77 中纤维显示出光滑的表面和石墨层网络结构。将过渡金属离子引入电纺纤维中,以促进蛋白质分子之间更强的相互作用,并提供固体支撑以避免纤维急剧收缩,从而在碳化过程中诱导石墨层的形成。这些特性增强了电极-电解质的润湿性,促进了电解质离子的迁移,从而为薄膜提供了更好的电化学容量。自支撑碳膜在 1 A/g 下的比电容为 393 F/g,该值高于相同条件下 hz-Co0.2-p 的比电容(291 F/g)[图 3-77(e),(f)]。在 2 000 次循环测试后,hz-Zn0.3-p 的比电容保留能力保持在 97.8%[图 3-77(g)]。

(七)前景及局限性

对于由碳材料制造的双电层电容器,与电解质中的离子大小相同的微孔对于能量密度相对较高的超级电容器至关重要。此外,具有适当尺寸的大孔和中孔的存在对于电解质的快速扩散也是必不可少的,这可以赋予超级电容器高功率密度。然而,双电层电容器的能量密度仍然超出了实际要求。最近基于碳材料的双电层电容器的突破来自优化的孔结构和杂原子掺杂的结合,这为碳材料提供了希望。它还强调了法拉第赝电容对于具有高能量密度的超级电容器的重要性。碳基配合物(碳-MnO_x、掺杂碳-MnO_x)结合双电层电容器和赝电容制造具有高功率和能量密度的超级电容器是有希望的。

近年来,由于微波加热技术相对于传统加热方法的优势,而且处理时间更短,利用微波加热技术从农业废弃生物质制备活性炭电极的应用越来越多。微波加热目前在多孔材料的合成中享有更广泛的可接受性和用途,其中包括导致更均匀成核、高能效、简单和廉价的均匀和体积加热等特性。迄今为止获得的结果是有希望的,因此需要进一步研究以提高活性炭电极的性能。此外,理解孔径、比表面积、表面化学性能和性能之间的相互关系对获得高性能电化学电容器的发展是必要的。

此外,需要充分了解电解质对物理性质、分子相互作用和超级电容器性能的影响,以便提出在室温下具有更高电导率并可以在更高电压下运行的电解质系统。

尽管取得了巨大的成就,但在现有技术下制备生物质基独立电极材料仍存在许多挑战。

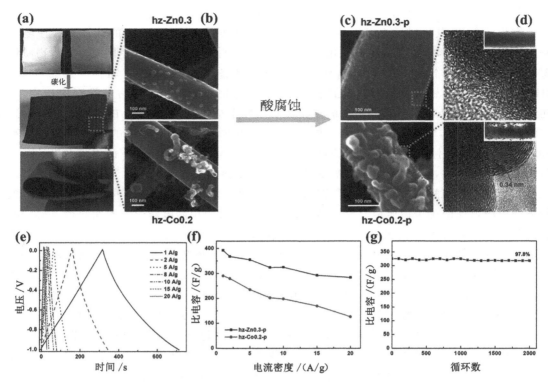

注:(a)为初生纤维碳化前后的图像。(b)为扫描电子显微镜图。(c)为盐酸处理后的相应样品。

(d)为透射电子显微镜图。(e)为不同电流密度下 hz-Zn0.3-p 的恒电流充放电曲线。

(f)为 hz-Zn0.3-p 和 hz-Co0.2-p 在不同电流密度下的比电容。

(g)为 hz-Zn0.3-p 的比电容随电流密度的变化。

图 3-77　含有 Zn²⁺ 和 Co²⁺ 的电纺蛋白纤维在碳化后形成自支撑碳膜

目前,关于碳前驱体方面的研究很多,但在众多的天然有机材料中,自支撑碳材料中只有很少的碳前驱体。为了制造无黏合剂电极材料,不仅应考虑其质地和流变参数,还应考虑化学物理性能。这难免要面临如何应对原材料的固有局限性的难题。因此,选择合适的设计策略和简单的处理方法似乎是必不可少的。

纳米材料的尺寸、多孔结构和均匀形态是提高电容性能的重要参数。为了保证足够的活性负载,孔径分布应满足电解质离子合适尺寸的要求。对于与不同尺寸孔隙相结合的分级多孔结构,缩短离子扩散和迁移路径被证明有效。此外,杂原子掺杂或引入官能团已被用于增强电极的电化学性能。碳材料的杂原子掺杂可通过电极和电解质之间有效且快速的电荷转移来促进电极的赝电容。

目前,大量的研究工作正致力于开发低成本的活性炭电极,这种电极将在低电阻的情况下提供高电容,最终目标是在不影响其高比功率的情况下提高碳基超级电容器的比能量。然而,当前的许多挑战仍然阻碍了它们的基础研究进展和大规模商业应用,也很难以具有成本效益的方式大规模制造具有定制架构的柔性碳电极材料。

综上所述,生物质衍生材料是可持续和有前途的发展方向,研究目标应面向高电化学性能、良好的机械性能和独立式超级电容器。此外,基于生物质的无黏合剂超级电容器将推动这一具有良好前景的电能存储领域的发展,并在不久的将来找到实现其实际应用的途径。

二、锂离子电池

锂离子电池由于其重量轻、储能能力强、自放电率低等优点,已广泛应用于智能手机、笔记本电脑、数码相机等众多便携式设备中。商用锂离子电池通常采用过渡金属氧化物(例如 $LiCoO_2$ 或 $LiFePO_4$)阴极和石墨碳阳极,其中每 6 个碳原子可以嵌入一个锂离子,提供 372 $mA \cdot h/g$ 的理论容量。充电时,锂离子从阴极脱嵌并流向阳极,锂离子嵌入石墨中,从而将化学能转化为电能。放电遵循相反的过程。然而,石墨负极限制了锂离子电池的充电速率,因为金属锂枝晶在石墨负极上以高速率生长会造成安全隐患。尽管使用无序碳(也称为硬碳)可以嵌入更多的锂并实现 $500 \sim 900$ $mA \cdot h/g$ 的改进容量,但实际应用的充电速率相当低。先进锂离子电池的发展对制造优良的电极材料以提高可逆容量、库仑效率和循环性能提出了很高的要求。在这方面,具有可调特性(例如电导率、比表面积和表面电化学性能等)的生物质衍生炭可以用作锂离子电池阳极的合适材料。此外,这些特性可能会受到合成方法的影响,因此需要进一步研究。

目前,石墨因其低成本、高导电性、长循环稳定性和环境友好性而被公认为商业锂离子电池的主要负极材料。然而,石墨的容量较低(< 372 $mA \cdot h/g$),并且由于其低的 Li^+ 扩散系数,倍率性能较差,因此,不能满足电动汽车、混合动力汽车、无人机等高能量、高功率密度的先进系统的迫切需求。探索其他具有高容量、高倍率性能和易于获得的新型碳质材料势在必行。

多年来,通过采用适当的生物质前驱体和不同的处理策略,已经开发了各种新型生物炭,例如,设计可以缩短离子、电子扩散路径并提供大电极-电解质界面的新型纳米结构;分级孔隙率(微孔、中孔和大孔交织)可以提供快速的离子传输途径,提高倍率能力;引入缺陷和官能团或杂原子可以增加可用的活性位点并有效地调节它们的电子和化学特性[148-152]。

(一)基于模板的锂离子电池碳

作为一种常用的功能策略,氮掺杂通常用于提高锂离子电池电极的碳材料的性能。它特别适用于生物质衍生的炭,通过选择合适的碳源或特定的添加剂可以轻松处理。留在碳材料中的残留氮使相邻的碳更具电负性,因此更多的锂可以吸附、嵌入这些区域。此外,根据碳和氮之间的电负性差异进行理论计算,N 掺杂可以改善锂在碳中的储存。尽管 N 的作用随着 N 含量的增加呈非线性增加,但在锂离子电池中,高度掺杂的碳比轻掺杂的碳表现出更好的性能。然而,这种积极的影响受限于相对较低的氮含量以及较差的多孔结构。实现锂离子电池高性能的关键是制造具有最佳孔结构和高氮含量的炭。

富氮碳资源与可将多孔结构引入碳的模板之间。研究人员利用蛋清和中孔多孔泡沫二氧化硅模板,合成了含 10% N 的中孔富氮炭[图 3-78(a)][122,153]。硫醇修饰的中孔炭泡沫可以有效吸附蛋清,其中含有大量蛋白质,可作为富含 N 的前驱体。蛋白质衍生的中孔炭具有几乎相同的比表面积(800 m^2/g),但不同的煅烧温度下(例如,650 ℃、750 ℃和 850 ℃,这些炭相应地命名为 PMC-650、PMC-750、PMC-850),N 含量不同(在 $6\% \sim 10\%$ 之间变化)。孔径分布表明,通过硬模板成功地将中孔引入了碳材料。在半电池配置中研究了其作为锂电池负极材料的性能。图 3-78(b)展示了 PMC-600 的典型循环 CV,在 $0 \sim 1$ V 处具有明显的阴极峰。PMC-650 在 0.1 A/g 下提供 3 094 $mA \cdot h/g$ 的初始锂插入容量,和 1 780

mA·h/g 的可逆充电容量[图 3-78(c)]。1 365 mA·h/g 的高容量在第 100 次循环时,比石墨的理论容量(372 mA·h/g)高接近 3 倍。与未掺杂的介孔碳相比,所得中孔炭在第一个循环中表现出更高的库仑效率,这表明 N 官能团可以减少在第一个循环中发生的不可逆容量损失反应的程度。PMC-650 表现出比 PMC-750 和 PMC-850 更好的电化学性能[图 3-78(d)],尽管它们具有相似的比表面积和孔结构。这可能归因于较高的 N 含量以及较高的吡啶-N 含量,这比吡咯-N 更有利于锂的储存。

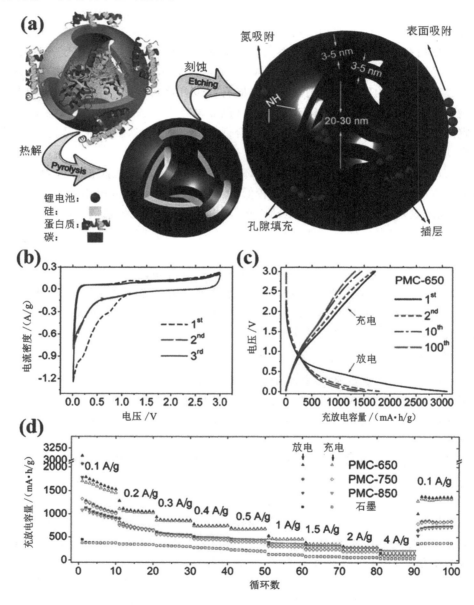

注:(a)为结构示意图和锂存储机制;(b)为锂电池半电池配置中中孔炭与锂金属的电化学性能(0.1 mV/s 的循环伏安图);
(c)为 PMC-650 在 0.1 A/g 的充放电曲线;(d)为中孔炭的充放电容量与循环次数。

图 3-78　以富氮的多孔泡沫二氧化硅为模板的蛋白质衍生的中孔炭

研究人员以蛋清为碳前驱体、蜂窝状泡沫二氧化硅为模板制备了具有 10.1% 体积氮含量、800 m²/g 的比表面积和双峰中孔分布的中孔富氮炭(图 3-79)[36,154]。这种碳作为锂离子电池阳极表现出 1 780 mA·h/g 的可逆容量。优异的性能可归因于高比表面积、部分石墨化和非常高的体积氮含量的独特组合。

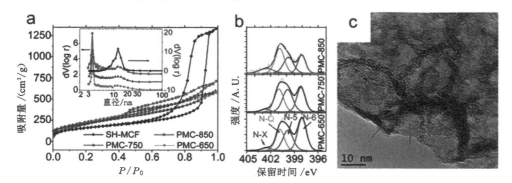

注:(a)为氮气吸附-解吸等温线,插图为相应的孔径分布曲线。
(b)为 X 射线光电子能谱图。(c)为 PMC-850 的透射电镜图。
图 3-79 中孔富氮碳

研究人员使用 MgO 作为硬模板,棉纤维素作为前驱体来制造多孔炭。获得的炭具有宏观-中孔结构和 1 260 m²/g 的高比表面积。当对作为锂离子电池的负极材料进行评估时,多孔炭表现出有吸引力的电化学性能。微米级碳材料有利于实际的储能应用,因为它们通常比纳米级材料具有更高的振实密度,并且有望导致更高的体积容量。

一些粗生物质具有特定的纳米结构,在刚性热解下会被破坏,而且通常用于获得高比表面积的刺激性活化剂会在煅烧过程中腐蚀反应装置。在这方面,水热碳化技术作为一种良性环保的替代技术,在某种程度上更适合生物质炭的合成。研究人员选择稻壳作为前驱体,通过水热碳化工艺合成纤维状多孔炭。使用甲酸在 230 ℃ 的水热碳化下去除半纤维素和木质素 48 h。将所获得的纤维状多孔炭在 900 ℃ 下和在惰性气氛中煅烧,然后用 NH₄HF₂ 蚀刻,所得炭具有分级孔隙的纤维状多孔网络,而甲酸处理的稻壳直接热解产物表现出致密的形态[图 3-80(a)][155]。如果没有甲酸预处理,产品显示出包含碳球和纳米片的杂乱网络。当将获得的纤维状多孔炭[图 3-80(b)]作为锂离子电池的阳极时,显示出 789 mA·h/g 的初始放电容量。可逆容量在 1 C 和 10 C 时分别为 218 mA·h/g 和 137 mA·h/g,在不同电流速率下循环后容量可以恢复(1 C 时为 227 mA·h/g)[图 3-80(c)]。100 次循环后 403 mA·h/g 的容量高于 396 mA·h/g 的初始放电容量,这归因于少量 SiO₂ 的电化学活化[图 3-80(d)]。纤维状多孔炭优异的电化学性能归因于改进的电子电导率(102 S/m)及其独特的中孔和大孔分级纳米纤维网络。稻壳的 SiO₂ 成分作为"原位"牺牲模板,去除它也会需要有毒试剂。

(二)基于非模板化锂离子电池的碳

大量生物质已成为硬碳的前驱体,在锂离子存储方面,硬碳可能比商业石墨实现更大的改进。生物质如海藻酸和红树林木炭的直接热解,产生了具有良好锂离子存储性能的硬碳。在硬碳中引入适当的孔隙结构,可以为电解液的获取和电解液的快速运输提供途径。通常,致孔剂(例如 KOH、NaOH 和 ZnCl₂ 等)和合适的粗生物质被用于制造具有优化孔结构的

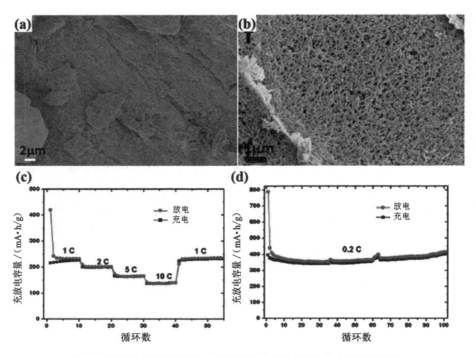

注:(a)为稻壳直接热解产物。(b)为纤维状多孔炭的扫描电子显微镜图。
(c)为倍率性能随电流密度的变化。(d)为源自纤维状多孔炭的阳极的容量保持行为与循环次数的函数关系。

图 3-80　稻壳衍生物

生物质衍生炭。

　　研究人员从小麦秸秆中提取了分层多孔富氮炭,其中含有大量多孔纤维。这些多孔纤维具有许多对 KOH 具有强吸附能力的毛细管,有利于获得均质的多孔材料。添加 KOH 后,碳材料具有分级孔隙(同时包含微孔、中孔和大孔)[图 3-81(a)和(b)][156]。尽管没有经过酸预处理的炭与分层多孔富氮炭相比表现出相似的形态,但分层多孔富氮炭的壁比没有经过酸预处理的炭薄(60 nm 与 100 nm)。分层多孔富氮炭显示出 1 470 mA·h/g 的可逆充电容量,远高于没有经过酸预处理和直接热解的碳[图 3-81(c)]。此外,分层多孔富氮炭在极高电流密度下实现了 198 mA·h/g 的可逆容量[图 3-81(d)]。分层多孔富氮炭还表现出在 10 ℃,300 次循环后出色的电容量(659 mA·h/g)。分层多孔富氮炭的高比容量和优异的倍率性能可归于以下原因:分级孔隙为电荷转移反应提供了大的电极-电解质界面;大孔和中孔可以加速锂离子扩散的动力学过程,提高功率密度,而微孔可以作为电荷容纳位点,保证高储能;KOH 活化前的酸预处理增加了 N 的相对含量并去除了金属元素,导致更多的键合位点,这可能会干扰 Li[+] 的嵌入;高含量的氮(5%)可以提供强电负性,以及锂与碳网络之间的相互作用,从而提高电子电导率和电化学性能。

　　研究人员使用糖衍生的炭,通过在 Ar 流或真空中在 1 050 ℃下碳化制备获得约 650 mA·h/g 的可逆容量,可作为锂离子电池的阳极。还报道了一种具有分级多孔结构和大表面积的碳纳米纤维网,它是通过激活热解细菌纤维素而产生的[图 3-82(a)][157]。与商业石墨相比,所制备的碳纳米纤维网表现出显著改善的电化学性能,并且在 100 mA/g 下循环 100 次后,可以提供超过 857.6 mA·h/g 的高容量[图 3-82(b)]。锂离子存储性能的显著

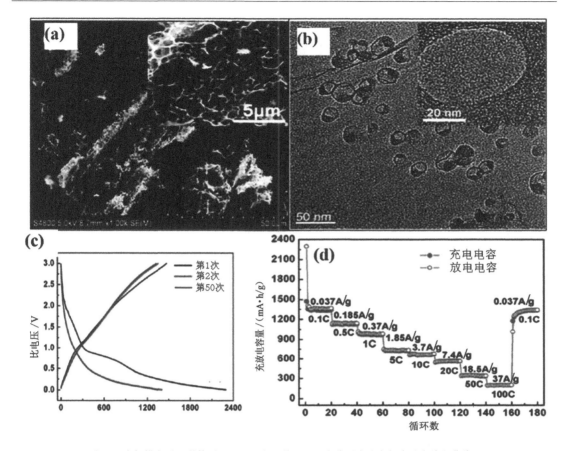

注:(a)为扫描电子显微镜图;(b)为透射电镜图;(c)为分层多孔富氮炭的充放电曲线;
(d)为分层多孔富氮炭的不同倍率充放电容量与循环次数的关系。

图 3-81　分层多孔富氮炭

提高可归因于其分层的微孔-中孔微观结构和高比表面积,这可以大大提高电解质可及区域,降低锂的扩散阻力,缩短锂离子和电子的传输长度。将碳纳米纤维网阳极与市售的 $LiFePO_4$ 阴极耦合来组装成完整的锂离子电池[图 3-82(c)和(d)],其在 40 次循环后表现出 122.4 mA · h/g(77.5%)的稳定放电容量。

作为锂离子电池的负极材料,大多数生物质衍生的炭具有高容量、良好的倍率性能和循环稳定性。然而,生物炭是一种硬炭,其严重的缺点是初始容量损失大,电压曲线滞后明显,限制了其在锂离子电池中的商业化应用。提高碳材料的石墨化程度可以克服这些缺点。研究人员使用小麦秸秆作为碳前驱体,在 2 600 ℃下通过水热和石墨化的组合工艺成功合成了互连的高石墨碳纳米片,石墨化度高达 90.2%。所得纳米片用作锂离子电池的负极材料在许多方面表现出优异的电化学性能,包括高初始库仑效率(62.9%)、长循环稳定性、良好的倍率性能和微小的充电/放电电压滞后。

除了石墨化程度外,表面官能团或杂原子(如 O、N 和 B)也会影响碳材料的电化学性能。例如,采用 N 和 B 掺杂石墨烯的锂离子电池阳极分别表现出高达 1 043 mA · h/g 和 1 549 mA · h/g 的容量。研究人员制备了一种源自花生壳的高容量无序炭(4 765 mA · h/g)。

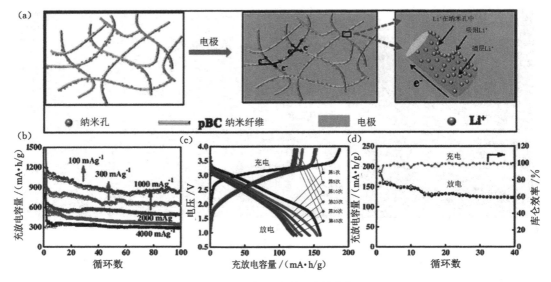

注:(a)为电子转移和锂离子存储示意图。

(b)为在 100 mA·h/g、300 mA·h/g、1 000 mA·h/g、2 000 mA·h/g 和 4 000 mA·h/g 下的循环性能。

(c)为 LiFePO$_4$/碳纳米纤维网全电池在 1、5、10、20、30 和 40 次循环的电压曲线。

(d)为相应的比容量与电池的循环次数(左)和库仑效率(右)。

图 3-82 碳纳米纤维网

高插入容量是由于锂与单层炭的额外表面和表面官能团的结合。研究人员由蜂花粉和香蒲花粉合成了具有独特微观结构的炭。两个样品都含有高水平的氧(约 11.5%)。当以 C/10 速率(C 速率是电池的小时容量,即 600 mA·h 容量的典型 AA 镍镉电池具有 600 mA 的 C 速率,C/10 速率为 60 mA)循环时,ACP(蜂花粉)炭提供高比容量(50 ℃时为 590 mA·h/g 和 25 ℃时为 382 mA·h/g)。另外,留在生物质衍生炭中的残基 N 对其电化学性能具有积极影响。然而,由于含量相对较低,这种改进非常有限。

(三)锂离子电池用碳基复合材料

目前,商用锂离子电池由于其能量密度相对较低,尤其是功率密度较差,在车载发动机中的应用并不令人满意,尽管它们在许多便携式设备中得到了广泛的应用。毫无疑问,追求高能量密度的电池是有意义的,许多科学家开始关注具有高比容量的负极材料(Si、Sn 和 Mn 氧化物)。然而,这些材料通常具有较差的导电性,更糟糕的是,一些材料(Si 和 Sn)在充电和放电过程中会发生严重的体积变化,导致电池容量迅速衰减。这个困境可以通过生产碳基复合材料来解决。

通常,制造复合材料需要不同的化合物。当使用一些生物质(稻壳或海藻)作为资源时,合成过程似乎更简单、更经济。例如,稻壳含有超过 60% 的二氧化硅和 10%~40% 的碳,因此可以作为碳-硅复合材料的来源。一些研究人员开发了用于锂离子电池的稻壳衍生的先进硅基电极材料,但它们的制造过程非常烦琐。在这方面,制备具有高容量(2 800 mA·h/g)和通过简单的热解方案实现良好可循环性在工业中显示出巨大的潜力。

硅已表现出约 3 600 mA·h/g 的超高重量容量,这为高能量密度锂离子电池提供了替代品。在形成涂有炭的硅纳米粒子的基础上,已经使用了几种合成策略,例如电喷雾和喷雾干燥。具有多孔炭涂层的硅复合材料可以作为锂离子电池的阳极,具有高电容和强大的可循环性。首先将 Si 纳米粒子分散到泊洛沙姆和葡萄糖的水溶液中,形成悬浮液。悬浮液经历水热过程和随后的碳化,得到纳米结构的硅-多孔炭球(N-SPC)[图 3-83(a)][158]。由透射电镜图像[图 3-83(a)]可以看出,硅纳米颗粒被炭壳覆盖,厚度为 15~20 nm。图像同时揭示了炭壳的多孔结构。N-SPC 中的 Si 含量为 65.5%。当用作锂离子电池的负极材料并在 0.4 A/g 的电流密度下测量时,Si 纳米颗粒显示出 2 262(3 194) mA/hg 的初始充电(放电)容量[图 3-83(b)],远高于硅-多孔炭球(充电容量为 1 698 mA·h/g 和放电容量为 1 878 mA·h/g)[图 3-83(c)]。然而,Si 纳米粒子的容量在 20 次循环后迅速下降至 490 mA·h/g。而硅-多孔炭球保留了 1 607 mA·h/g 的可逆容量,即使在 100 次循环后,库仑效率仍为 99.1%[图 3-83(d)]。硅-多孔炭球的这种优异性能表明多孔炭壳可以有效地减轻 Si 颗粒的粉碎[图 3-83(c)插图]。此外,当电流密度从 0.4 A/g 增加到 10 A/g 时,硅-多孔炭球电极保持了 1 050 mA·h/g 的平均可逆容量,具有高库仑效率(>99%),这优于笨重的硅-碳复合材料。多孔结构导致较大的比表面积,并在电极和电解质之间提供较大的接触面积,允许有效的锂离子扩散,从而获得良好的倍率性能。

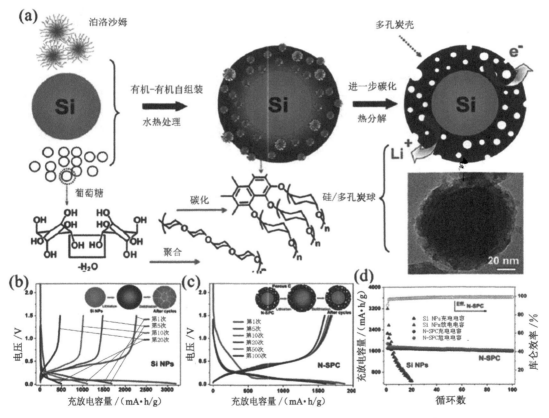

注:(a)为合成机理。(b)为硅纳米片。(c)为硅-多孔炭球的充放电曲线和锂化-脱锂过程。(d)为在 0.4 A/g 的恒定密度下的循环性能。

图 3-83 纳米结构硅-多孔炭球

生物质衍生炭是一种理想的电极材料,也是与其他电活性材料结合的理想导电基材。

例如,使用海藻酸盐微纤维作为碳前驱体和模板,制备了高性能纤维状过渡金属氧化物阳极,如镍掺杂氧化镍纤维、蛋黄壳结构炭-Fe 纤维和具有可控纳米结构的中空氧化铜纤维。利用稻壳中天然存在的相互连接的纳米多孔结构,衍生的硅-炭多孔纳米复合材料作为锂离子电池阳极表现出优异的循环和功率性能。研究人员将一次性竹筷子转化为均匀的碳纤维[图 3-84(a)～(d)],作为锂离子电池的阳极[159]。这种生物炭表现出可与商业石墨材料竞争的电化学性能。通过在其上生长纳米结构的 MnO_2 纳米线进一步提升了碳纤维的性能[图 3-84(e)和(f)]。所设计的混合电极具有良好的循环性能(300 次循环后没有衰减)和优异的倍率性能[图 3-84(h)]。增强的电化学性能归因于坚固的碳纤维骨架和牢固锚定的 C/MnO_2 的结合纳米线形成独特的核壳结构,其具有很好的协同效应。

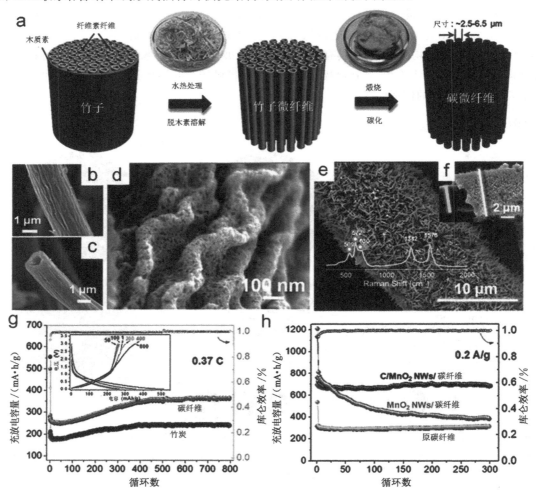

注:a 为制备示意图。b～d 为生产的碳纤维。e 和 f 为 C-MnO₂NWs-碳纤维混合物的扫描电子显微镜图。g 为碳纤维和竹炭的循环性能和充电/放电曲线(插图)。h 为 C-MnO₂NWs-碳纤维、MnO₂NWs-碳纤维和原始碳纤维的循环性能在 0.2 A/g 下进行 300 次循环的性能。

图 3-84　一次性竹筷子转化为均匀的碳纤维

（四）生物质炭锂离子电池发展前景

获得具有高比表面积的碳材料不难,但通过更可持续的方法来实现这一点并不容易。前驱体的选择在获得理想的孔隙率方面起着关键作用。为工业应用寻找更便宜的前驱体也很重要。对材料性能的可靠测量对于锂离子电池的发展至关重要。一些测量用作锂离子电池电极的材料性能的方法是基于半电池的,然而,碳材料作为锂离子电池中的电极在基于半电池的测试中表现出改进的性能,但在全锂离子电池中的容量仍然很差(使用尖晶石 $LiMn_2O_4$ 作为阴极)。

考虑到上述问题,建立标准和可靠的测试系统是必不可少的。对于实际应用,用于锂离子电池的电极的制造工艺复杂,成本高昂,因为在高温下处理的生物质电极材料是粉末。黏合剂(PVDF、PTFE 和 Nafion)、导电性改进剂(碳纳米管和炭黑)和集电器(铝箔、铜箔和泡沫镍)的使用限制了活性材料的质量,这将导致低基于总设备的容量。因此,从粗生物质中开发独立电极材料以实现高容量是非常有前景的。

三、燃料电池

燃料电池是一种在氧化还原反应的基础上将化学能转化为电能的装置。燃料电池反应由阳极处的燃料氧化(例如 H_2 氧化、醇氧化)和阴极处的氧还原反应(氧化还原反应)组成。因此,探索以可以实现氧还原反应,和醇电氧化为目的的催化剂是该领域的重点。

基于贵金属的催化剂是最有效的催化剂之一,但由于其高成本和低储量而受到限制。以减少贵金属使用为目的的新型碳材料的制造是燃料电池研究的热点。优化多孔结构(提高比表面积、引入分级孔)、杂原子掺杂和制备复合材料等策略通常用于实现这一目标。使用粗生物质作为资源来解决成本和催化剂活性的两难问题是有竞争力的[160-162]。

（一）醇的电催化氧化

目前,Pt/C 催化剂被广泛用作燃料电池中醇氧化所需的电催化剂。然而,Pt 金属的高成本和稀缺性,以及 Pt/C 在醇氧化过程中的电催化性能有限,和生命周期短,限制了大规模生产。研究人员致力于开发无 Pt 催化剂或功能性碳材料作为所需的载体。

由于生物质的各种优势,如可再生、丰富和环境友好,生物质衍生的炭受到了广泛的关注。研究人员通过在 N_2 中碳化豆渣制备了豆渣衍生炭。在 800 ℃下,沉积 Pt 纳米颗粒后,在甲醇电氧化中测试 Pt/豆渣衍生炭催化剂。得到的催化剂表现出平均尺寸为 3 nm 的 Pt 纳米颗粒分布。在 0.5 mol/L CH_3OH 和 0.5 mol/L H_2SO_4 的氮气饱和溶液中,对甲醇氧化的电催化活性在 50 mV/s 的扫描速率下测定,显示出负起始电位(分别为 0.42 V 和 0.49 V)和高峰值电流密度(分别为 12.2 mV/cm² 和 7.0 mV/cm²)。Pt/豆渣衍生炭催化剂良好的电催化活性可能归因于豆渣衍生炭的载体效应:热解炭中的高度石墨化可以提高复合材料的电导率,从而导致更高的电化学性能;Pt/豆渣衍生炭的多晶界面提供了更多的活性位点来促进反应。然而,与电氧化过程中的商业 Pt/C 相比,该催化剂对含碳物质的中毒表现出相似的抗性(If、Ib 分别为 0.86 和 0.84)。

采用绿色生物质壳聚糖和廉价炭黑作为氮掺杂碳前驱体制备氮掺杂炭,在制备的 NC 上简单沉积 Pt 后获得 Pt/NC 催化剂。这在甲醇电氧化反应中进行了测试。与商业 Pt/C 和自制 Pt/C 相比,生物质衍生的氮掺杂炭负载 Pt 催化剂表现出更高的阳极峰值电流(分别提高 1.4 倍和 1.6 倍）、更好的耐受性和优异的电催化稳定性,揭示了绿色和丰富的生物质材料可以用作高性能电化学装置的功能碳材料前驱体。CO 耐受性显著影响电催化剂在醇氧化中的寿命。碳化物,其电子可以转移到 Pt(有利于 CO 解吸),被认为是一种有希望的载体,可以提高 Pt 作为燃料电池阳极催化剂的利用率。气相沉积策略被用来合成由均匀分散在石墨碳纳米片(表示为 SiC/GC)上的 17 nm SiC 纳米颗粒组成的纳米复合材料,该纳米复合材料负载 10 wt% Pt 作为甲醇氧化反应中的高性能电催化剂。优越的活性(1 585.3 A/g Pt),以及对 SiC/GC 负载的 Pt 催化剂具有良好的稳定性和优异的 CO 气体性能,这归因于较大的化学活性面积、Pt 和 SiC 的协同效应,以及 SiC 的小尺寸。

除了在从生物质中合成功能性炭载体外,用廉价的 Pd 基催化剂替代上述 Pt 基催化剂也具有重要意义。氮掺杂的碳材料在催化氧化和氢化等反应中是非常活跃的载体。研究人员做了一系列生物质衍生的炭负载 Pd 催化剂对醇电氧化的研究,并提高了催化活性。通过简单地采用传统的硬模板方法(以聚苯乙烯球或二氧化硅球为硬模板),以生物质衍生的葡萄糖为碳前驱体,获得一系列不同形态的有趣碳材料,如空心球、空心半球或蜂窝状形貌(图 3-85)。在通过间歇微波加热方法将 Pd 沉积在碳载体上后,最终的 Pd/C 催化剂表现出非常相似的粒径(平均粒径为 6～7 nm),乙醇电氧化试验证明催化剂的三种峰值电流密度比 Pd/C(Vulcan XC-72)高五倍,并显示出更高的电化学活性表面积,证明了贵金属纳米粒子的分散和利用率得到改善,尤其是研究中的半球形结构,导致醇氧化过程中的传质得到改善,浓醇可用于提高燃料电池系统的能量密度。

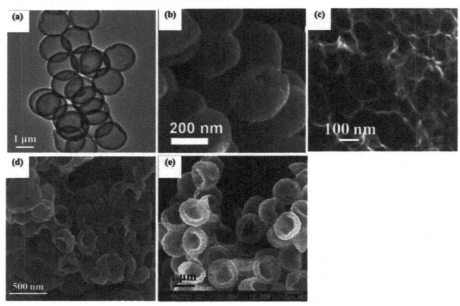

注:(a)为以聚苯乙烯球为模板的空心炭球的透射电镜图。
(b)为以实心微孔壳二氧化硅为模板的空心炭球的扫描电子显微镜图。
(c)为以实心介孔壳二氧化硅为模板的蜂窝状炭的扫描电子显微镜图。
(d)为以实心介孔壳二氧化硅为模板的中空炭半球的扫描电子显微镜图。
(e)为以聚苯乙烯球为模板的中空炭半球的扫描电子显微镜图。

图 3-85　由葡萄糖衍生的合成碳载体的形貌

（二）电催化氧还原反应

氧化还原反应是燃料电池中非常重要的能量转换反应。传统上使用的商业 Pt/C 被广泛认为是一种优良的氧化还原反应催化剂,但贵金属 Pt 的高成本、较差的长期稳定性和稀缺性已成为其商业规模化的障碍。

电化学氧化还原反应可以通过产生 H_2O 或—OH 的四电子($4e^-$)途径发生,或通过产生 H_2O_2 或 HO_2—的两电子($2e^-$)途径发生。更高效的 $4e^-$ 工艺被认为更适合燃料电池。因此,人们致力于探索廉价且储量丰富的 $4e^-$ 氧化还原反应替代电催化剂,其电化学性能与 Pt/C 相当。自研究人员发现氮掺杂碳纳米管对氧化还原反应、各种无金属氮掺杂碳材料或氮掺杂碳基非贵金属复合材料表现出高催化活性、长期稳定性和优异的 CO 耐受性以来,其已被制造以克服 Pt/C 的缺点,同时显示出优异的活性。研究表明,杂原子掺杂(例如 N,S,P)碳材料中,更多的电负性杂原子在相邻碳原子上引起净正电荷,这有利于以低过电位吸附氧。

综合考虑氮掺杂的优点、碳前驱体的易得性和简单的实验操作程序,选择富氮生物质及其衍生物作为含氮碳材料的理想前驱体。与传统的氮掺杂方法(含杂原子的昂贵有机化学品的碳化、高温后处理或电化学方法)相比,使用生物质或其衍生物作为氮掺杂的碳前驱体可以在没有合成后掺杂的情况下,以可控的化学方式掺入氮,同时符合可持续和环保的理念。因此,许多工作采用了这生物质衍生物(例如壳聚糖、氨基葡萄糖盐酸盐、葡萄糖)和粗生物质(例如虾壳、苋菜、草、紫菜、植物叶子、果皮、农业废弃物等)生产掺氮碳材料或掺氮碳基非贵金属复合材料,作为氧化还原反应的活性催化剂。

原则上,碳材料中较大的比表面积和更多的活性位点对氧化还原反应活性具有重要意义。因此,非常需要开发合理但简单的合成方法,来制备具有高比表面积和可调孔结构以及合适形态的碳催化剂。值得注意的是,考虑到生物质的复杂化学结构,研究人员开发了水热碳化技术、添加活化剂的热退火和直接高温热碳化等一系列合成方法。出于成本效益的考虑,利用容易获得的生物质(尤其是不可食用的粗生物质,如树叶或植物茎)的简单合成方法非常受欢迎,并显示出广阔的实际应用前景。

水热碳化技术是在自生压力下在水介质中的低温(<250 ℃)下使用可再生资源(例如葡萄糖),因此,水热碳化技术最常被视为处理生物质前驱体的理想方法。为了通过水热碳化技术从生物质中获得用于氧化还原反应的高活性碳材料,研究人员进行了许多研究。结果表明,无孔炭产品不利于氧化还原反应,因此开发了从硬模板到软模板再到无模板方法的各种技术。

例如,以 SiO_2 球为模板,以生物质来源的氨基葡萄糖盐酸盐为碳资源,通过硬模板法制备不同直径的氮掺杂碳空心球,展示了优异的电催化性能。然而,这种方法遇到了与使用剧毒 NH_4HF_2 去除 SiO_2 模板相关的问题。作为对此的回应,许多研究人员使用软模板(如三聚氰胺)作为牺牲剂或氧化石墨烯作为结构形成剂,无须去除氧化石墨烯。值得注意的是,研究人员使用紫菜作为碳前驱体的三聚氰胺软模板,证明了这种软方法不仅非常容易,因为它无须冲洗添加的模板,而且最终的炭产品甚至可以达到很高的活性。

尽管在水热碳化技术中使用软模板具有潜力,但还应开发更简单友好的方法来通过氧化还原反应制备活性炭。研究人员制备了氮掺杂碳纳米点/纳米片聚集体(N-CNA),见图 3-86[168]。通过蒸发来浓缩纳米点/纳米片溶液(),获得氮掺杂碳纳米点/纳米片聚集体。透射电镜图像显示,稀释溶液是 2～6 nm 纳米点和 10～50 nm 纳米片的混合物[图 3-86(b)],而浓缩溶液显示出通过聚集纳米点锚定的纳米片组装而成的颗粒状形状[图 3-86(c)]。直接对氮掺杂碳纳米点/纳米片聚集体进行氧化还原反应活性测试,结果显示出优异的活性。发现氮掺杂碳纳米点/纳米片聚集体和商业 Pt/C 电催化剂具有几乎相同的－0.08 V 起始电位,表明氧化还原反应具有低过电位的内在特征。此外,由氧化还原反应产生的氮掺杂碳纳米点/纳米片聚集体电催化剂的电流密度与 Pt/C 电催化剂的电流密度相当,表明氮掺杂碳纳米点/纳米片聚集体具有优异的电催化活性。根据密度泛函理论(DFT)计算,结果表明,掺杂的吡啶-N 在氮掺杂碳纳米点/纳米片聚集体优异的四电子氧化还原反应活性中起重要作用。

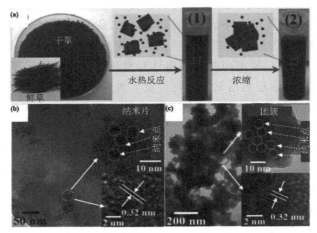

注:(a)为制备过程。(b)为碳纳米点/纳米片。
(c)为氮掺杂碳纳米点/纳米片的透射电镜图,插图是相应的高倍率透射电镜图。
图 3-86 碳纳米点/纳米片和氮掺杂碳纳米点/纳米片

为了保持在合成过程中形成的最终产品保持完美的孔隙结构,经常使用冷冻干燥技术。研究人员以尿素为软模板,将壳聚糖与尿素在 5％乙酸/水溶液中剧烈混合,冷冻干燥后将得到的白色固体送入 Ar 炉进行高温碳化,缓慢升温速率为 3 ℃/min,制备了高度多孔的三维氮掺杂碳纳米片,其 BET 比表面积高达 1 510 m²/g。氧化还原反应测试表明,与商业 Pt/C 相比,三维氮掺杂碳纳米片表现出相同的电催化活性,以及更好的稳定性和甲醇耐受性。互连的超薄纳米片结构、超高 BET 比表面积和高比例的石墨氮物种是三维氮掺杂碳纳米片增强氧化还原反应活性的原因。

开发无模板法但保持碳框架的孔隙率符合简化合成过程的目标,从而确保低制造成本。使用氯化锌作为活化剂的简单离子热法在制造多孔材料方面非常有效,可以由生物质(如大豆、竹真菌和细菌)制备对氧化还原反应具有活性的碳催化剂。例如,以氯化锌作为活化剂和枯草芽孢杆菌作为碳前驱体,制备了在氧化还原反应中具有活性的氮掺杂碳材料和超级电容器。作为比较,还制备了 KOH 活性炭和直接碳化炭。KOH 活性炭显示出具有纳米级球形颗粒的块状聚集体,其中嵌入了无序的网络状间隙孔(图 3-87)[169]。直接碳化的活性炭,BET 比表面积仅为 96 m²/g,而对于 KOH 活化的氮掺杂活性炭,观察到 985 m²/g 的高 BET 比表面积。虽然 KOH 活化的活性炭的 BET 值比 KOH 活化的氮掺杂活性炭的更高,为 1 578 m²/g,但是 KOH 活化的氮掺杂活性炭表现出最佳活性,说明了氮和孔隙率在触发氧化还原反应的氮掺杂炭的高活性方面的协同作用。

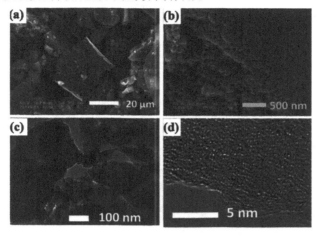

注:(a)、(b)为扫描电镜图像;(c)为透射电镜图像;(d)为高分辨透射电镜图像。

图 3-87　氮掺杂 KOH 活化的枯草芽孢杆菌衍生的碳材料

最简单的炭制备方法是对生物质前驱体直接高温退火,而不在惰性气体气氛中添加其他东西。但是这会导致炭产品几乎没有孔隙,对电催化的实际应用非常不利。通过合理选择生物质前驱体,许多研究成功地制备了直接碳化的多孔炭,同时仍显示出良好的氧化还原反应活性。研究发现虾壳是制备具有 526 m²/g 高比面积的双峰孔(微孔和中孔)结构的氮掺杂碳纤维的优良碳前驱体,与商业 Pt/C 相比,表现出更正的起始电位、更好的稳定性和对交叉效应的高抗性。然而,使用 KOH、HCl 和 NaCl 对虾壳进行烦琐的预处理并不环保。研究人员在氮气气氛中直接碳化干燥的苋菜废料,获得了具有无定形结构的氮掺杂炭(NDC-L-700、NDC-L-800、NDC-L-900)[图 3-88(a)],它们显示出了与商业 Pt/C 相当的氧化还原反应活性[170]。透射电镜图像显示,活性炭通常由随机堆叠的类石墨层组成[图 3-88(b)和(c)],NDC-L-700、NDC-L-800、NDC-L-900 分别具有高达 949 m²/g、988 m²/g 和 1 008 m²/g 的高比表面积[图 3-88(d)]。氧化还原反应测试表明,NDC-L-800 具有最高的活性,显示出 0.27 V(Pt/C 为 0.3 V)的起始电位和 -4.38 mV/cm² 的高电流密度(Pt/C 为 -4.66 mV/cm²)。碳材料的 X 射线光电子能谱分析表明,吡啶氮和季氮在降低氧化还原反应过程的过电位方面起着至关重要的作用。因此,合理的氮掺杂、炭的多孔性质以及高比表面积和优异的导电性导致了优异的电催化氧化还原反应活性。尽管氧化还原反应活性不如 Pt/C,但这种简单的生物质废物合成方法在未来的应用中(例如能源存储领域)显示出潜力。

过渡金属氧化物已被广泛用作活性电催化剂,或用于氧化还原反应的碳基非贵金属复合材料中的活性成分。有趣的是,在过渡金属和碳质材料结合后,可以观察到对氧化还原反应的协同催化作用。尽管许多氮掺杂碳材料在碱性介质中的氧化还原反应活性与商业 Pt/C 相当,但仍有很大的改进空间,尤其是在酸性介质中。

考虑到金属氧化物和氮掺杂炭在提高氧化还原反应活性方面的协同作用,探索制备碳基非贵金属氧化物杂化催化剂受到了广泛关注。显然,选择廉价而丰富的生物质作为碳前驱体是非常可取的。被经常探索的在生物质衍生炭中杂化的金属氧化物包括 Co、Fe 氧化

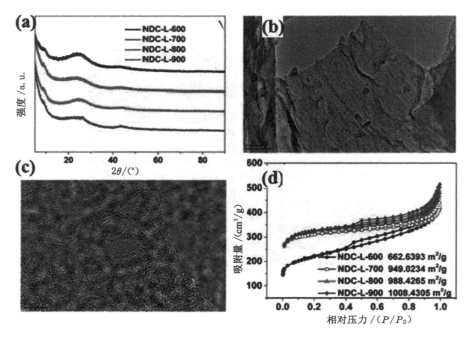

注：(a)为 NDC-L-600、NDC-L-700、NDC-L-800 和 NDC-L-900 在 5°～90°的 XRD 图。
(b)为 NDC-L-800 的透射电镜图像。(c)为 NDC-L-800 高分辨率透射电镜图像。
(d)为 NDC-L-700、NDC-L-800 和 NDC-L-900 的 N_2 吸附-解吸等温线,插图为孔径分布。

图 3-88　碳化干燥苋菜得到氮掺杂炭

物和 $CoFe_2O_4$。与碳和金属氧化物材料相比,杂化电催化剂的氧化还原反应活性明显增加,显示出作为新一代氧化还原反应催化剂的前景。

研究人员以血粉为碳前驱体,以 $CaCO_3$ 为硬模板,制备出比表面积高达 1 288 m^2/g 的泡沫状氮、磷、硫三元掺杂多孔炭。利用湿化学方法将 Co_3O_4 纳米颗粒固定在三元掺杂多孔炭上,在 27 wt% $Co_3O_4/BDHC_2$ 的表面上获得精细分散的 Co_3O_4(3 nm),比表面积大大降低(159 m^2/g)(图 3-89)[171]。杂化 $Co_3O_4/BDHC_2$ 具有保留的中孔和大孔结构,以及精细分散的 Co_3O_4 纳米颗粒,在电催化反应中表现出潜力。氧化还原反应测试表明,与三元掺杂多孔炭和 Co_3O_4 相比,混合催化剂在循环伏安测试中显示出正移的峰值电位,表明三元掺杂多孔碳和 Co_3O_4 共用后,氧化还原反应活性显著增强。此外,该混合物在线性扫描伏安测试中显示出与 Pt/C 相当的半波电位,这是一种更有效的 $4e^-$ 途径和优异的抗甲醇交叉效应。高比表面积和强杂原子掺杂材料具有稳定的固定 Co_3O_4 锚定位点,大大减少了修饰的 Co_3O_4 纳米粒子的聚集和生长,改善了两种物质之间的电荷转移。值得注意的是,碳支架和氧化钴之间的协同效应在氧化还原反应中得到了成功证明,从而证明了金属氧化物修饰炭结构在提高氧化还原反应活性方面的潜力。

（三）前景及局限性

对于燃料电池的阳极,迄今为止很难找到贵金属基催化剂的便宜的替代品(例如非贵金属)。一种有效的替代方法是开发先进的碳材料作为载体,以减少贵金属的用量,同时保持高效率。此外,探索能够在燃料电池阳极催化可再生生物燃料(例如葡萄糖)氧化的新催化

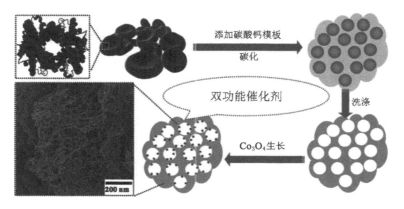

图 3-89　Co₃O₄装饰的泡沫状氮、磷、硫三元掺杂多孔炭的制造过程示意图

剂也很有希望,因为生物燃料更容易获得和储存。在阴极方面(指氧化还原反应),无金属碳基催化剂的活性已超出了工业需求。尽管如此,迫切需要开发具有高催化活性的炭和非贵金属的混合物,特别是在酸性电解质中。

第七节　生物炭氮掺杂促进其应用

生物炭是通过在缺氧或无氧环境中对生物质进行热处理(例如热解)产生的碳质材料。含氮官能团的生物炭具有广泛的应用,如污染物的吸附、催化、储能等。迄今为止,已经开发和使用了许多方法来增强含氮生物炭的功能,以促进其应用和商业化。图 3-90 为含氮生物炭的结构及其应用[172-173]。

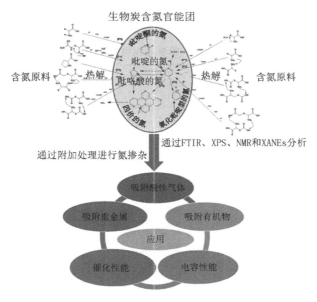

图 3-90　为含氮生物炭的结构及其应用

生物炭是生物质在缺氧或无氧环境中通过缓慢热解产生的碳质材料,生物质原料和各

种加工参数对生物炭的物理和化学性质有显著影响,进一步影响其应用。一般而言,据报道,具有大表面积、精细多孔结构和丰富表面官能团的生物炭在应用过程中具有优异的性能。氮官能团等生物炭的表面化学特性在许多应用中发挥着重要作用,例如吸附重金属、CO_2 和 SO_2 催化、能量储存和植物的氮供应。

尽管已经在一些领域研究了具有不同氮官能团的生物炭的应用,但各种工艺参数(例如热解温度和生物量)以及附加处理(例如活化和氮掺杂)对物理化学性质的影响仍有待研究。这阻碍了生物炭的商业化发展。重点应该关注生物炭中氮官能团的现有形式和测定方法、氮官能团转化机理的影响因素、氮官能团对各种应用的影响。

一、生物质的氮形态

(一) N-官能团的形式

热解产生的生物炭表面的 N-官能团主要以五元环、六元环和杂环的形式存在。氮与氧和碳原子连接,形成单键、多键和链。一般来说,生物炭的氮官能团结构可分为无机和有机两类,其中以后者为主,其含量在不同的生物炭中有所不同。无机氮官能团主要包括 NH_4-N、NO_2-N 和 NO_3-N。大多数无机氮官能团可以转化为多个杂环。当将生物炭应用于环境时,它们可以被植物或其他生物利用和同化。

有机氮官能团包括吡啶-N、吡咯-N、季-N、吡啶-N-氧化物、石墨-N、胺-N、酰胺-N、腈-N等,主要以生物质中的蛋白质或生物质的成分(包括其衍生物)或外部氮源之间的相互作用,通过直接环化反应、二聚反应、脱水、脱氢等一系列反应生成的多个杂环形式存在。

有机氮具有更高的稳定性,其中季氮和氧化吡啶最稳定,其次是吡啶氮和吡咯氮,而胺-N、腈-N 和杂环-N 被认为是三个关键中间化合物。热解后,生物炭中的 N-官能团主要包括吡啶-N、吡咯-N、季-N,可能还有吡啶-N-氧化物,见表 3-12。

表 3-12   不同原料和热解温度的生物炭中氮官能团的形式

生物质	热解温度/℃	氮官能团
小球藻	600～900	吡啶-N、吡咯-N、季-N
芦苇	450	吡啶-N、吡咯-N
微拟球藻	400～800	吡啶-N、吡咯-N、季-N
竹子	600	吡啶-N、吡咯-N、季-N
小麦秸秆	300～800	吡啶-N、胺-N、吡咯-N、季-N、NH_4-N
玉米秸秆	600	吡啶-N、吡咯-N、石墨-N
稻草	300～400	腈-N、吡啶-N、吡咯-N、胺-N、NH_4-N、NO_3-N、NO_2-N
污水、牛粪和桉木屑的混合物	250～550	NH_4-N、胺-N

(二) N-官能团分析

有许多方法可用于分析生物炭的氮含量和氮官能团。生物炭中的无机 N-官能团通常是可溶性氮,可以直接用化学方法测定。例如,铵-N(NH_4—N)可以通过蒸汽蒸馏、滴定和比色分析来测定,就像用于测定土壤和植物中铵-N 含量的比色法一样。硝酸盐-N(NO_3—N)

也可以通过比色法测定。氨基酸浓度可通过测定分光光度法用茚三酮量热分析,然后可以根据方程式计算氨基酸-N(胺-N 和酰胺-N)的水平。与胺酸-N 的测定类似,可溶性蛋白浓度可采用双软骨酸法测定,蛋白-N(胺-N 和酰胺-N)浓度可计算得出。傅里叶变换红外光谱和 X 射线光电子能谱可以定性和定量分析分别为生物炭的 N-官能团。

生物炭富含碳,而氮含量相对较低。在碳骨架的背景下,N-官能团的测定除生物炭的无机成分外,还经常受到碳结构的影响,这可能是产生偏差甚至误差的主要原因。在傅里叶变换红外光谱分析中,各个官能团的每个键的峰位不同,会出现红移。由于键能和排斥力的存在,一个氮官能团的测定很容易受到其他原子或其他官能团的影响,从而产生一定的偏差。同样的原因也可以解释 X 射线光电子能谱方法确定的氮官能团结合能的波动,尽管其变化小于傅里叶变换红外光谱。胺或酰胺都是一组含氮物质,在通过傅里叶变换红外光谱和 X 射线光电子能谱分析它们时,正确地区分它们具有挑战性。

此外,核磁共振可用于氮官能团的定量分析,其优点是分析材料的确切结构而不损坏样品。然而,固相核磁共振方法有一些问题,如化学位移各向异性、相邻的活性核的相互作用。目前还没有一套标准的方法,不同的设备和测定方法会导致结果各不相同,这可能是限制核磁共振方法发展的原因之一。改进的核磁共振方法使用亚甲基二苯基二异氰酸酯测定异氰酸酯的氮官能团和以 1,4-二氮杂双环辛烷作为催化剂。与滴定法相比,具有灵敏度高、操作简单、时间短等优点。

氮 X 射线吸收近边结构光谱结果也可用于确定氮官能团。通过将样品的光谱与标准化合物的光谱进行比较,一些研究进行了氮 X 射线吸收近边结构光谱对 N-官能团如吡啶-N(399.8 eV)、吡啶-N(401.1 eV)、吡咯-N(402.6～403.5 eV)和吡啶-N-氧化物的测定。

二、原料和热解参数对氮的影响

(一)原料的影响

来自不同生物质类型的生物炭中存在的 N-官能团见表 3-13。如表 3-13 所示,含氮生物质会导致生物炭中的氮含量更高[172-174]。例如,污泥的含氮量(约 6%)远高于木屑,污泥衍生的生物炭含氮量(2.1%～7.1%之间)也高于衍生的来自木材锯末的生物炭(0.56%～0.71%之间)。由表 3-13 可以看出,微藻含氮量较高,其生物炭的含氮量远高于其他炭。根据图 3-91 和表 3-13 可知,并非材料中的所有含氮物质都可以转化为生物炭中的氮[175-177]。一些氨基酸,如精氨酸,含有酰胺基,很容易转化为 NH_3 或其他气体。蛋白质-N 或其他含氮成分的增加导致氮官能团的增加,从而导致生物炭的氮含量增加。

表 3-13　生物质和衍生生物炭中的氮含量和氮形式

生物质			生物炭	
生物质	氮含量/w%	形式	氮含量/w%	形式
污泥	5.9	蛋白质-N	2.1～3.1	吡啶-N
污水污泥	6.2	—	2.1～7.1	—
木锯末	0.41	—	0.56～0.71	—
棉秆	1.09	—NH,—NH₂,蛋白质-N	0.47～1.28	N—H、N—COO、C—N、C=N 、吡啶-N

表 3-13（续）

生物质			生物炭	
棉秆	1.15	蛋白质-N,胺-N	1.02～1.09	N—H、C—N、C═N、胺-N、吡啶-N
有机干凝胶	0.41	—	0.28～5.84	—
	0.53		0.15～5.71	
紫花苜蓿	2.4	—	4.0～4.9	—
核桃壳	4.50	—	0.34～1.54	—
稻壳	1.20	—	0.41～1.23	—
稻壳	0.38	—	0.33～0.52	C—N, N═O,吡啶-N
稻壳	—	—	0.01～1.05	—
小麦秸秆	—	—	0.01～0.52	—
α-淀粉酶	—	—	1.39～8.60	C—N
甲壳素	—	—	2.86～10.13	—
玉米蛋白	—	—	2.50～14.92	—
微藻	13.94	吡咯-N,吡啶-N	6.57～12.93	C—N—C、吡咯-N、吡啶-N、季-N

秸秆热解过程中的氮转化途径可以参考图 3-91,例如,胺-N、吡咯-N 等一些含氮组分首先以氨基酸-N 的形式转化为生物炭氮(例如,胺-N 和酰胺-N)和腈-N。随后,随着热解条件的变化,生成了 C—N、杂环甚至气体等单键。此外,富氮生物炭可以通过将富氮材料(如藻类、污水)与其他富含氧官能团的材料共同处理来制备。一些氮官能团如酰胺(—NH2)可以通过美拉德反应与羧基(如 —C═O)反应,推动氮留在生物炭中。例如,竹子的富氧官能团可与藻类的氮官能团反应,协同处理竹废物和微拟球藻,可以用于增加生物炭的氮含量。

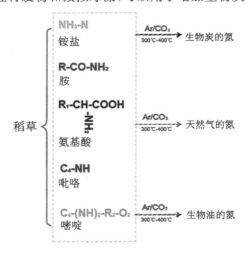

图 3-91 生物质热解过程中的氮转化途径

(二)参数的影响

1. 热解温度

在热解过程中,热解温度对生物炭 N-官能团的影响最为显著。研究人员研究了在不同温度下获得的生物炭中的氮种类。首先,热解温度的升高导致灰分的增加,造成一定的氮损失,从而降低了生物炭的氮含量。随着热解温度的升高,生物炭的氮含量呈下降趋势。这种现象在较高的温度下更为明显。例如,以小球藻为原料时,热解温度从 600 ℃上升到 900 ℃,导致生物炭的含氮量从 12.93%降低到 6.57%。

其次,热解温度对 N-官能团的形成也有重要影响。随着热解温度的升高,生物炭中的不稳定组分分解并转化为其他氮物种,在较高温度下趋于稳定。此外,双键演变成更稳定的结构,如单键或环。一般来说,在热解初期,由于形成了 N-官能团作为五元环(一般为吡咯-N),因此生物炭中五元环的含量较高。随着热解温度的升高,部分胺酸通过直接环乙氧基化或二次反应转化为吡啶-N 和吡咯-N,直到胺酸完全分解。同时,吡咯-N 也将转化为吡啶-N,导致吡啶-N 的含量不断增加,尽管在此过程中可能存在从吡啶-N 向吡咯-N 的转化。当热解温度升高到更高水平时,部分吡啶-N 会与腈反应裂解成气相的 HCN。

此外,吡咯-N 和吡啶-N 可以通过环状缩合反应转化为季-N,在热解结束时,季-N 通常是最丰富的,因为它具有更大量的芳香结构和更高的稳定性。然而,当与氢反应时,季-N 也可以部分转化为 NH_3。当热解过程中存在空气或其他氧化介质时,生物炭表面的吡啶-N 也可能形成吡啶-N-氧化物。总之,较高的温度促进吡咯-N 结构通过聚合和缩合向吡啶-N 和季-N 转变,C=N 和 C=O 基团转化为 C—N 组。

此外,随着热解温度的升高,氮原子可以取代石墨层状结构中的碳原子,进入生物炭表面的石墨结构中。到目前为止,关于氮进入石墨层的报道很少。研究表明,当氮取代碳原子加入石墨层时,将分为 Top-N(吡啶-N)、Centre-N(季铵-N)和 Valley-N(吡啶-N 和季-N),并且吡啶-N-氧化物可能与 Top-N 有关。

生物炭中的 N/C 比可用于提供有关生物炭 N 官能团的附加信息。随着热解温度的升高,生物炭中的 N/C 比下降。N/C 比的降低表明温度的升高导致生物炭的 N-官能团含量下降,同时生物炭的芳香性增加,极性降低。

2. 热解气氛

在氮气或二氧化碳气氛下,生物质分解产生生物炭。为了有效地引入氮官能团,可以使用 NH_3 作为热解气氛。在高温下除 NH_3 以外的不同气氛下,在 800 ℃,热解气氛似乎对生物炭的氮含量和氮种类影响不大。当热解温度较低时,通常在 400 ℃以下,热解气氛可能会导致具有不同氮官能团的生物炭的氮含量不同,而二氧化碳气氛下的 NH_4-N 等无机氮比氮气气氛下的高。研究表明,NH_3 气氛中生物炭的氮含量远高于二氧化碳和氮气气氛中的氮含量。然而,二氧化碳的存在也对 N-官能团向生物炭的转化具有积极影响。已经发现二氧化碳可以与伯胺($R-NH_2$)、仲胺($2R-NH$)和叔胺($3R-N$)反应形成氨基酸-N(酰胺-N,通常是—NH—COOH),然后可以在生物炭表面上以不同的方式形成各种氮官能团(吡啶-N,吡咯-N 等)。

3. 热解压力

研究表明,在选定的热解温度下,随着热解压力的变化,生物炭的含氮量保持在一个相对稳定的范围内,有先升后降的轻微趋势,但其影响远小于温度的影响。研究人员利用小球藻分别在 0.1 MPa、1.0 MPa、2.0 MPa 和 4.0 MPa 的压力下,在 500~900 ℃下热解制备生物炭,在中压下获得了峰值氮含量。另外,在 0.09~3 kPa 测量了氮含量与压力的相关系数,进一步表明热解压力对生物炭氮的影响较小。

　　氮官能团的种类也受热解压力的影响。由于较高的压力导致氮官能团的聚合和缩环,因此热解压力的增加可以使含 N 组分发展为更稳定的形式。研究表明,在高温高压下可以促进聚合和缩合反应,促进了吡咯-N 结构向吡啶-N 和季-N 的转变。可以通过交联反应、缩聚反应和焦化提高炭收率,而过高的热解压力会导致部分氮官能团气化,形成 HCN 和 NH_3,从而降低生物炭的氮含量。

　　4. 停留时间

　　在较低的热解温度下,生物炭的氮含量会随着滞留时间的增加而增加,而在更高的热解温度下,生物炭的显示出相反的趋势。当温度较高时,部分氮官能团的分解和损失主导热解反应,热解温度的影响与停留时间对氮转化的影响重叠。高温停留时间的增加促进了氮官能团的分解,无机氮官能团的分解温度为 200 ℃,腈为 250 ℃,酰胺为 400 ℃,吡咯-N 和吡啶-N 从 500 ℃开始。因此,在不同的热解温度下,停留时间的影响是不同的。含氮物质的分解和挥发性物质的流失是氮含量降低的主要原因。玉米秸秆在 800 ℃热解过程中,随着停留时间从 1 h 增加到 3 h,氮含量从 8.56% 降低到 5.69%。

　　其他热解参数,如加热速率和气流速率也可以对生物炭的氮含量产生影响。

三、氮掺杂方法

　　氮掺杂即通过引入额外的氮或对生物质进行额外处理,以促进氮的保留来生产富氮生物炭(工程生物炭)。通常,氮掺杂方法主要集中于增加生物炭表面的氮。表 3-14 总结了具体的氮掺杂方法和机制[172,178]。

表 3-14　不同处理方法对生物炭氮含量、氮官能团的影响

生物质	处理方法	氮/%	基团	吸附性能
玉米秸秆	NH_3 改性	0.25→8.81	吡啶-N、吡咯-N、吡啶-N、石墨-N、氧化-N	酸性橙 7.5→292 甲基蓝 10→436
琼脂粉	NH_3 改性	—	N—H,C—N, C≕N	Cr(Ⅵ)→142.86
锯末	经硫酸、硝酸处理,再经氢氧化铵改性	~0→4.62	N—H,C—N	铜(Ⅱ)12.49→16.11
稻壳	经酸或碱处理,再经聚乙烯亚胺改性	—	N—H,C—N,C≕N	Cr(Ⅵ)7.5→~67.5
玉米棒子	CO_2 活化和用甲基二乙醇胺浸渍	1.46→7.20	N—H,C—N	SO_2 57.8→156.22
椰子壳	用氨基葡萄糖碳化,然后用 KOH 活化	1.14→~4.61	N—H、C—N、C≡N、N—O	CO_2 30.8→186.12
棕榈壳	预氧化和高温氨水处理	0.3→4.6	N—H, C—N, C≕N, 吡啶-N	CO_2 20→30.1
山核桃芯片	用氢氧化铵球磨原始生物炭	0.29→1.79	C—N,吡啶-N	CO_2 47.9→52.5 活性红 3.7→37.4
氨基葡萄糖	气溶胶辅助工艺	—	N—H,C—N	

表 3-14（续）

生物质	处理方法	氮/%	基团	吸附性能
小麦秸秆	简便的熔盐合成方法，以 LiNO₃ 为前驱体	1.03→3.09	N—H、C—N、 C=N 、吡啶-N、吡咯-N、石墨-N	阿特拉津 45→82.8
污水污泥	由聚丙烯酰胺和聚合硫酸铁絮凝，然后热解	1.79→2.46	吡啶-N、吡咯-N、石墨-N	四环素 2→82.24
玉米芯	玉米芯粉和尿素按不同比例热解	3.49→11.16	吡啶-N、吡咯-N、石墨-N	磺胺嘧啶 6.54→96
螺旋藻	无氧气氛下 400 ℃、700 ℃ 和 900 ℃ 热解	0.77~6.13	吡啶-N、吡咯-N、石墨-N、氧化物-N	磺胺甲恶唑<4→100
芦苇	硝酸铵用作共热解的前体	—	吡啶-N、吡咯-N、石墨-N、氧化物-N	橙色 G39.3→100
天然肠衣	用氢氧化钾碳化活化	4.55	吡啶-N、吡咯-N、季-N、氧化物-N	215→307.5(6 M KOH,0.5 A/g)
聚丙烯腈	聚丙烯腈/氯化锌（PAN/ZnCl₂）预氧化碳化	—	吡啶-N、吡咯-N、季-N	109→178(6 M KOH,0.2 A/g)100→214(1 MH₂SO₄,1 A/g)
琼脂水凝胶	氢氧化钾和尿素协同作用下干燥琼脂溶液并炭化	2.8	吡啶-N、吡咯-N、吡啶-N、季-N	110→366.9(3 M KOH,0.5 A/g)
豌豆蛋白	氮气氛热解和 KOH 活化	2.5	吡啶-N、吡咯-N、季-N、吡啶-N-氧化物	<394→413(1 M KOH,1 A/g)
球毛藻	900 ℃ 热解和硝酸回流活化	—	吡啶-N、吡咯-N、季-N、氧化物-N	193.2→376.7(3 M KCl,1 A/g)
柳絮	质量比为 1:1 的 KOH 混合活化和热解温度为 600~800 ℃	2.51	吡啶-N、吡咯-N、季-N	<250→340(6 M KOH,0.1 A/g)
椰子壳	用硝酸接收或氧化，用三聚氰胺和尿素处理	0.80	吡啶-N、吡咯-N、季-N、吡啶-N-氧化物	170→200(1 M H₂SO₄,1 A/g)

（一）氨处理

NH₃ 的使用是引入 N-官能团的最简单和最常用的方法。如表 3-14 所示，NH₃ 处理显著提高了生物炭的氮含量并富集了含氮物种。此外，NH₃ 可以增加胺-N 基团，促进胺-N 基团与生物炭表面的氧化物发生化学反应，激活并引入多个 N-官能团，从而提高生物炭的含氮量，有效处理温度在 700 ℃ 到 900 ℃ 之间。生物炭表面的碳、氧官能团可以与 NH₃ 反应，通过抽出水分子形成胺类、酰胺类、腈酸类。以棉花秸秆为原料制备生物炭时，在 800 ℃ 下将热解气氛改为 NH₃，可将生物炭的含氮量从 1.09% 提高到 3.48%。

（二）氮掺杂与其他含氮化学物质

除了使用 NH₃ 外，在热解前用其他含氮物质浸渍生物质对氮掺杂也有效。典型的含氮浸渍物质为有机含氮物质如尿素、三聚氰胺和无机含氮物质。研究人员用 3-氨基丙基三甲氧基硅烷、苯胺和三聚氰胺浸渍咖啡渣成功地将生物炭的氮含量从 3.9% 提高到 4.1%～17.4%，而用甲基二乙醇胺浸渍玉米则提高了生物炭的氮含量。在引入 N—H、—CO—NH—、C—N 的情况下，生物炭的氮含量从 1.46% 提高到 7.20%。可用硫酸和硝酸进行硝化，然后加入氢氧化铵进行生物炭改性。改性机理如下：硫酸/硝酸经过质子化生成 NO_2^+，然后 NO_2^+ 与芳香碳反应，以—NO_2 的形式结合到芳香结构中。最后，—NO_2 在二硫酸钠存在下形成胺和—N≡O 等 N-官能团。

在生物炭球磨处理过程中，还可以利用氢氧化铵生产掺氮生物炭，生物炭的含氮量从 0.22% 提高到 1.68%，并成功引入了吡啶-N 和吡咯-N。研究证实，在 450 ℃ 和 600 ℃ 下，NH_3 与—COOH 或—OH 反应可以得到腈和胺。

此外，微波热解可用于辅助引入以氯化铵和乙酸铵为活化剂的吡咯-N、吡啶-N 和吡啶-N-氧化物。研究发现通过微波加热制备的多孔炭具有更多的缺陷 C/O 原子，可以为引入氮官能团提供更多的活性位点。

（三）使用不含氮的化学品进行氮掺杂前的预处理

生物质的预处理（指制备生物炭之前对生物质的处理）通常涉及一些预氧化步骤，以增强生物质炭石墨层的活性或改善其表面以利于后续引入氮。N-官能团的引入与生物炭表面的碳、氧官能团有关，主要是缺陷的碳和氧，可以为 N-官能团的引入提供更多的活性位点。因此，高温氨处理前的预氧化，而不是在惰性气氛中预热，会导致形成更多的吡啶-N 和吡咯-N 基团。经硝酸或氢氟酸预处理后，可适当使用空气气氛，以增加生物炭表面的氧化 N-官能团。在热解过程中，氧化的 N-官能团的分解可以提高氨分子的活性，从而促进 N-官能团的引入。如表 3-15 所示，来自预氧化和氨处理棕榈壳的生物炭的氮含量从 0.3% 急剧增加到 4.6%。但不同改性剂引入的 N-官能团的种类和含量不同，这可能与改性剂的化学键及其引入 O-官能团的能力有关。例如，尿素处理有利于吡啶氮的产生，而三聚氰胺处理对季氮的产生有积极影响。

此外，使用氢氧化钾等化学物质对生物质进行活化，对于提高生物炭中的氮含量和富集含氮物种的含量是有效的。然而，不同的激活阶段会导致不同的结果。竹片与氢氧化钾混合热解使生物炭的氮含量从 0.3% 提高到 7.0%，同时提高吡咯氮和吡啶氮的含量，但降低了季铵氮的含量。然而，当氮掺杂的生物炭用氢氧化钾处理时，氮的总含量和吡啶-N 的含量显著降低，而吡咯-N 和吡啶-N-氧化物的含量增加了。这可以归因于氢氧化钾和氮物质之间的反应。虽然效果不如氢氧化钾，但 NH_3 处理前的二氧化碳活化也可以显著提高生物炭的氮含量，增强其吸附性能。

另外，球磨法和气溶胶辅助法相结合，将进一步提高生物炭的含氮量。球磨后，除了生物炭表面的酸性官能团外，还可以增加生物炭的比表面积、孔容和孔径，这可能是后续氮掺杂成功的原因。采用球磨法以氢氧化铵为原料制备氮掺杂生物炭，生物炭的氮含量从 0.29% 提高到 1.79%，并成功引入了吡啶-N、吡咯-N 等 N-官能团。

四、氮掺杂作用

生物炭的 N-官能团与其应用性能密切相关。根据表 3-15，吡咯-N、吡啶-N 和石墨-N 与氧还原的催化有关，而胺-N 影响重金属和二氧化碳的吸附。因此，生物炭中氮含量的增加和活性 N-官能团的丰富有利于其应用。氮掺杂作为一种将氮富集到生物炭中的方法，应被广泛研究。

表 3-15 生物炭的一些 N-官能团的作用

N-官能团	与 N-官能团数量呈正相关的不同应用性能
吡咯-N	氧还原催化 CO_2 吸附
吡啶-N	电催化； 氧还原催化； 酸性红 18 的吸附
季-N	SO_2 的吸附
石墨-N	氧还原催化
胺-N（—NH—）	$Cu(II)$、$Pb(II)$、SO_2 和阿特拉津的吸附
胺-N（—NH₂）	吸附镉、$Cu(II)$、CO_2、甲醛和 $Cr(VI)$
胺-N（C—N）	CO_2 的吸附
酰胺-N（C—N）	$Cu(II)$、$Pb(II)$、SO_2 和阿特拉津的吸附
酰胺-N（C＝N）	$Cu(II)$、$Pb(II)$ 和阿特拉津的吸附
酰胺-N（N—C＝O）	$Pb(II)$ 的吸附
其他化合物	—N—：$Cr(VI)$ 的吸附 N＝N：CO_2 的吸附

（一）吸附

1. 酸性气体的吸附

生物炭的 N-官能团通过化学吸附和物理吸附为 CO_2 和 SO_2 的吸附提供活性位点。例如，伯胺、仲胺、叔胺、吡啶-N 和吡咯-N 可以与二氧化碳反应。SO_2 的吸附能力与四元-N、C—N 组和—N—H 组密切相关。二氧化碳的吸附能力很大程度上取决于 N-官能团的含量。

杂原子（例如 O、N 和 S）通常掺杂在生物炭上，以增强其表面化学性质并增加氮官能团的含量（用于氮掺杂）。不同掺杂方法制备的生物炭对各种污染物的吸附能力均能显著提高。此外，N-官能团的存在和引入可以增加生物炭的碱度，从而通过路易斯酸碱相互作用增强二氧化碳吸附。这些相互作用在去除酸性气体的吸附中起着至关重要的作用。

2. 吸附重金属

氮官能团主要通过静电吸引、氢键、螯合和抵押等方式为重金属吸附提供活性位点。正金属离子和带负电荷的 N-官能团之间的络合和静电吸引力已被广泛研究。在酸性条件下，$Cr(VI)$ 可以通过—NH₃⁺ 的正负电荷吸引或使用去质子化和负电荷去除。以聚乙烯亚胺为改性剂提高生物炭中—NH 和 C—N 的含量，使 $Cr(VI)$ 的去除能力从 23.09 mg/g 提高到 435.7 mg/g。此外，N-官能团如 N—C＝O 和 C＝N 对 $Pb(II)$ 的沉淀有很大贡献。通过氮掺杂将生物炭表面的氮含量从 0.7% 提高到 2.4%（C＝N），将 $Pb(II)$ 的去除能力从 19 mg/g 提高到 33 mg/g。改性生物炭对铜离子具有高度选择性。例如，通过微波加热制备的生物炭具有许多缺陷的 C/O 原子，为引入 N/O 提供更多的活性位点，与 $Cu(II)$ 形成更稳定的吸收情况，显示出对 $Cu(II)$ 的更高选择，且 $Cu(II)$ 在混合溶液中的吸附率是纯溶液中的 80% 以上。其他氮掺杂方法，如预氧化、球磨、氨辅助热解和气溶胶辅助工艺，都可以提高生物炭对重金属的吸附能力。

3. 有机物的吸附

含氮生物炭可用于吸附有机污染物,例如阿特拉津、甲醛和染料。有机物的去除性能与生物炭中氮或 N-官能团的含量呈正相关。例如,以 LiNO₃ 为前驱体合成的氮掺杂生物炭的氮含量从 1.03% 显著提高到 4.28%,由于含有极性的部分之间的相互作用,对阿特拉津的吸附能力从 268 mg/g 提高到 283 mg/g。对于 N—H、C≡N 和 C—N 和阿特拉津等基团,氮掺杂生物炭(212.26 mg/g)对阿特拉津的吸附比其他碳材料更明显。由污泥制备的活性炭对阿特拉津的吸附能力仅为 45.49 mg/g。

甲醛可以与胺反应,因此具有胺基的生物炭可用于吸收甲醛。氮含量从 2.3% 增加到 8.4% 有助于甲醛吸附能力从 3.27 mg/g 增加到 14.34 mg/g。此外,生物炭中掺杂的氮原子可能是路易斯碱,它们可以通过路易斯酸和碱与酸性橙表面的氧原子相互作用。改性使生物炭表面的氮含量从 0.25% 提高到 8.56%,对酸性橙的吸附能力从 6 mg/g 提高到 292 mg/g。此外,改性生物炭对甲基蓝的吸附能力也从约 13 mg/g 提高到 436 mg/g。又如,球磨法制备的氮掺杂生物炭的氮含量从 0.63% 提高到 2.24%,C—N、C≡N 和吡啶-N 的膨胀使对活性红的吸附量从 2.3 mg/g 提高至 27.4 mg/g。

(二) 催化性能

生物炭作为催化剂被广泛研究,研究主要集中于催化氧化还原反应、过硫酸盐的催化活化和催化生物质转化,如把生物质催化转化为 5-羟甲基糠醛,同时催化生物质转化与—SO₃H、—OH 和—COOH 相关。生物炭中氮官能团的存在为其提供了氧化还原反应和过硫酸盐活化的催化潜力,这也称为电催化性能。

在催化氧化还原反应方面,氮的作用存在争议。有研究表明,平面吡啶-N 和吡咯-N 有利于催化。然而,它们可能不是 N-官能团的直接功能。一些研究指出,如果碳原子位于吡啶-N 旁边,则成为路易斯碱基,该位点促进与氧的反应。因此,吡啶-N 的存在间接提高了生物炭对氧化还原的电催化性能。另一项研究表明,通过石墨-N 和吡啶-N 的组合功能可以提高电催化性能,因为石墨-N 旁边的碳原子也是氧的活性位点。

在催化过硫酸盐活化方面,硫酸根被认为是去除有机污染物的有效氧化剂,比羟基寿命更长,选择性更好。已经发现,生物炭和过硫酸盐的组合确实增强了抗生素磺胺甲恶唑的降解。用麦芽根制备生物炭,分别施用浓度为 600 mg/L 和 500 mg/L 的过硫酸盐和生物炭,250 μg/L 磺胺甲恶唑可在 30 min 内被其完全去除,比超声波去除效率更高。含氮生物炭催化过硫酸盐活化显著提高了橙 G、磺胺嘧啶、透明质酸、四环素等污染物的去除率。通过调节生物炭的用量、过硫酸盐、温度、pH 值等外界条件,去除率甚至可以达到 100%。

一般来说,氮的增加可以是带负电的,可以增强电子传导能力并产生更多作为催化活性位点的缺陷。在有效的官能团中,吡啶-N、吡咯-N、石墨-N、氧化物-N 通常是具有高潜力的候选者。例如,磺胺嘧啶去除能力的提高与吡啶-N 和吡咯-N 有关,而石墨-N 在提高橙 G 去除能力方面表现出更好的活性,四环素去除率的增加与吡啶氮和石墨氮有关。具有催化性能的有效 N-官能团不像催化氧化还原反应那样有争议。生物炭对过硫酸盐的催化能力并不完全取决于 N-官能团,这只是一小部分因素,而更多与生物炭的比表面积和孔结构有关。生物炭的有效 N-官能团及其作用机制需要进一步研究,以进一步提高其催化性能。

（三）电容性能

生物炭中氮官能团的存在也提高了电容性能。氮掺杂生物炭电容器具有电容高、稳定性好、为氧化还原反应提供活性位点等优点。生物炭的电容性能与吡啶氮、吡咯氮、季氮以及氧化吡啶氮有关。在不同的研究中,各种 N-官能团的有效性存在一些差异。适当引入含氮物质可以通过增加电导率、提高表面润湿性来增强生物炭的电容特性,并增加赝电容。电子供体氮的影响取决于它们在石墨烯结构中的位置。其中,季氮和吡啶氮氧化物影响簇数和重量电容,而吡啶氮和吡咯氮影响赝电容,重量电容和赝电容-电容构成生物炭的总电容。

影响生物炭电容的因素主要是生物炭的物理性质,如比表面积、孔径等。与这些相比,N-官能团的效果并不那么强。未来对 N-官能团的电子导电性、润湿性和赝电容增强应进一步开展研究。此外,应对不同的酸性或碱性电解质和不同的电极进行研究,以充分了解它们的影响机理使其得到充分利用。

五、前景及局限性

含氮生物炭具有良好的应用前景。因此,有必要研究 N-官能团的影响因素和反应机理。为了提高生物炭的适用性,可以考虑在采用氮掺杂法时,选择中等热解温度。通过改变热解气氛制备氮功能化生物炭是一种相对简单和经济的方法,例如将惰性气氛改为 NH_3。低氮含量协同处理生物质如木质纤维素生物质微藻、粪肥、污水污泥等含氮量高的生物质可能是生产理想的氮功能化生物炭的一个方向。将富含氮的生物质与其他富氧官能团的生物质共同处理是另一种生产理想的氮功能化生物炭的方式。

研究人员对生物炭中的氮官能团进行了大量的研究,有许多方面仍然有待进一步研究。首先,分析 N-官能团的组成和含量有多种分析方法。但由于技术限制和物质之间的相互影响,某些含氮物种的测定可能存在偏差甚至误差。例如,在 X 射线光电子能谱和傅里叶变换红外光谱的测定中,偏移可能会导致一些偏差,甚至某些含氮物种,如吡咯-N 和吡啶-N,使用现有技术可能无法准确区分。核磁共振固相测定存在的问题限制了其在实际中的广泛应用。它可以测量氮官能团的键能,但是很难判断哪个组分贡献了多少能量。不同形式的N-官能团可能具有相同的键,仅通过部分结构的键能测量很可能导致对具体结构的误解。未来的研究应该开发更具体和准确的表征方法。

此外,根据现有数据,影响生物炭氮含量和氮种类的因素主要集中在热解参数和掺杂方面。目前的研究已经详细阐述了热解条件的影响,但并未最终揭示掺杂机制。未来应该为更广泛的掺杂寻找更便宜、更容易获得的绿色材料。吸附剂的解吸和再循环是另一个重要问题。已经有一些方法可以提高吸附剂的回收率,例如利用磁性将金属与生物炭结合,但尚不清楚使用铁和铜等金属是否会损害环境。此外,已经证明球磨机的应用可以在一定程度上提高氮掺杂的程度,但其促进机制、促进程度和应用范围有待进一步研究。

由于生物质的广泛可用性和使资源压力的缓解,生物炭的应用是一个热点。生物炭因其对气体的高吸附性、氧化还原反应的催化性能、过硫酸盐和电容性能而被广泛研究。然而,目前的研究只关注一些 N-官能团,并没有全面、广泛地研究具体的官能团以及每个官能团如何发挥作用。例如,研究表明,SO_2 的吸附与季-N、胺-N(—NH)和酰胺-N(C—N)有关,但是否与吡啶-N 或吡咯-N 有关尚不清楚。同时,关于 N-官能团与催化和电容性能相关的争论也很多,这些问题都有待进一步研究。

参 考 文 献

[1] KAMBO H S,DUTTA A. A comparative review of biochar and hydrochar in terms of production, physico-chemical properties and applications [J]. Renewable and sustainable energy reviews,2015,45: 359-378.

[2] SOLTANI N, BAHRAMI A, PECH-CANUL M I, et al. Review on the physicochemical treatments of rice husk for production of advanced materials[J]. Chemical engineering journal,2015,264: 899-935.

[3] AZARGOHAR R,DALAI A K. Biochar as a precursor of activated carbon[J]. Applied biochemistry and biotechnology,2006,131(1):762-773.

[4] BOUGUETTOUCHA A, REFFAS A, CHEBLI D, et al. Novel activated carbon prepared from an agricultural waste, Stipa tenacissima, based on ZnCl₂ activation— characterization and application to the removal of methylene blue[J]. Desalination and water treatment,2016,57(50):24056-24069.

[5] DEMIRALİ, AYDıN ŞAMDAN C, DEMIRAL H. Production and characterization of activated carbons from pumpkin seed shell by chemical activation with ZnCl₂ [J]. Desalination and water treatment,2016,57(6):2446-2454.

[6] DU X, ZHAO W, MA SH, et al. Effect of ZnCl₂ impregnation concentration on the microstructure and electrical performance of ramie-based activated carbon hollow fiber [J]. Ionics,2016,22(4):545-553.

[7] IOANNIDOU O,ZABANIOTOU A. Agricultural residues as precursors for activated carbon production—a review[J]. Renewable and sustainable energy reviews,2007,11 (9): 1966-2005.

[8] HAN X, TONG X, WU G, et al. Carbon fibers supported NiSe nanowire arrays as efficient and flexible electrocatalysts for the oxygen evolution reaction[J]. Carbon, 2018,129: 245-251.

[9] JIANG W,KUMAR A,ADAMOPOULOS S. Liquefaction of lignocellulosic materials and its applications in wood adhesives—a review[J]. Industrial crops and products, 2018,124: 325-342.

[10] LEE J,KIM K-H,KWON E E. Biochar as a catalyst[J]. Renewable and sustainable energy reviews,2017,77: 70-79.

[11] LI W, HUANG Z, WU Y, et al. Honeycomb carbon foams with tunable pore structures prepared from liquefied larch sawdust by self-foaming[J]. Industrial crops and products,2015,64: 215-223.

[12] ZHAO X, LI W, ZHANG S, et al. Hierarchically tunable porous carbon spheres derived from larch sawdust and application for efficiently removing Cr (Ⅲ) and Pb

（Ⅱ）[J]. Materials chemistry and physics,2015,155：52-58.

[13] ZHAO X,LI W,LIU S-X. Coupled soft-template/hydrothermal process synthesis of mesoporous carbon spheres from liquefied larch sawdust[J]. Materials letters,2013, 107：5-8.

[14] ZHAO X,LI W,ZHANG S,et al. Facile fabrication of hollow and honeycomb-like carbon spheres from liquefied larch sawdust via ultrasonic spray pyrolysis[J]. Materials letters,2015,157：135-138.

[15] ZHAO X,LI W,CHEN HL,et al. Facile control of the porous structure of larch-derived mesoporous carbons via self-assembly for supercapacitors[J]. Materials, 2017,10(11)：1330.

[16] ZHAO X,MUENCH F,SCHAEFER S,et al. Electroless decoration of macroscale foam with nickel nano-spikes：a scalable route toward efficient catalyst electrodes[J]. Electrochemistry communications,2016,65：39-43.

[17] ZHAO X,MUENCH F,SCHAEFER S,et al. Carbon nanocasting in ion-track etched polycarbonate membranes[J]. Materials letters,2017,187：56-59.

[18] PANDEY D,DAVEREY A,ARUNACHALAM K. Biochar：production, properties and emerging role as a support for enzyme immobilization[J]. Journal of cleaner production,2020,255：120267.

[19] KAI D,TAN M J,CHEE P L,et al. Towards lignin-based functional materials in a sustainable world[J]. Green chemistry,2016,18(5)：1175-1200.

[20] CHI N T L,ANTO S,AHAMED T S,et al. A review on biochar production techniques and biochar based catalyst for biofuel production from algae[J]. Fuel, 2021,287：119411.

[21] XU C,NASROLLAHZADEH M,SELVA M,et al. Waste-to-wealth：biowaste valorization into valuable bio(nano)materials[J]. Chemical society reviews,2019,48 (18)：4791-4822.

[22] ANDERSON N,JONES J,PAGE-DUMROESE D,et al. A comparison of producer gas, biochar, and activated carbon from two distributed scale thermochemical conversion systems used to process forest biomass[J]. Energies,2013,6(1)：164-183.

[23] CHANG B,WANG Y,PEI K,et al. ZnCl$_2$-activated porous carbon spheres with high surface area and superior mesoporous structure as an efficient supercapacitor electrode[J]. RSC advances,2014,4(76)：40546-40552.

[24] HAYASHI J,KAZEHAYA A,MUROYAMA K,et al. Preparation of activated carbon from lignin by chemical activation[J]. Carbon,2000,38(13)：1873-1878.

[25] JAIN A,BALASUBRAMANIAN R,SRINIVASAN M P. Hydrothermal conversion of biomass waste to activated carbon with high porosity：a review[J]. Chemical engineering journal,2016,283：789-805.

[26] QIAN K,KUMAR A,ZHANG H,et al. Recent advances in utilization of biochar[J]. Renewable and sustainable energy reviews,2015,42：1055-1064.

[27] AZARGOHAR R,DALAI A K. Steam and KOH activation of biochar:experimental and modeling studies[J]. Microporous and mesoporous materials,2008,110(2): 413-421.

[28] KAMANDARI H,HASHEMIPOUR RAFSANJANI H,NAJJARZADEH H,et al. Influence of process variables on chemically activated carbon from pistachio shell with ZnCl₂ and KOH[J]. Research on chemical intermediates,2015,41(1):71-81.

[29] XIN-HUI D,SRINIVASAKANNAN C,JIN-HUI P,et al. Comparison of activated carbon prepared from jatropha hull by conventional heating and microwave heating [J]. Biomass and bioenergy,2011,35(9):3920-3926.

[30] ANGıN D,ALTINTIG E,K SE T E. Influence of process parameters on the surface and chemical properties of activated carbon obtained from biochar by chemical activation[J]. Bioresource technology,2013,148:542-549.

[31] GY RYOV K,BALEK V,ZELE Ň K V. Thermal stability of zinc formate complex compounds containing urea,thiourea and caffeine[J]. Thermochimica acta,1994,234: 221-232.

[32] ABIOYE A M,ANI F N. Recent development in the production of activated carbon electrodes from agricultural waste biomass for supercapacitors:a review [J]. Renewable and sustainable energy reviews,2015,52:1282-1293.

[33] SINGH G,LAKHI K S,SIL S,et al. Biomass derived porous carbon for CO₂ capture [J]. Carbon,2019,148:164-186.

[34] AHMADPOUR A,DO D D. The preparation of activated carbon from macadamia nutshell by chemical activation[J]. Carbon,1997,35(12):1723-1732.

[35] ALTINTIG E,KIRKIL S. Preparation and properties of Ag-coated activated carbon nanocomposites produced from wild chestnut shell by ZnCl₂ activation[J]. Journal of the taiwan institute of chemical engineers,2016,63:180-188.

[36] WANG J,NIE P,DING B,et al. Biomass derived carbon for energy storage devices [J]. Journal of materials chemistry a,2017,5(6):2411-2428.

[37] LENG L,XIONG Q,YANG L,et al. An overview on engineering the surface area and porosity of biochar[J]. Science of the total environment,2021,763:144204.

[38] ABANG S,JANAUN J,ANISUZZAMAN S M,et al. Development of carbon dioxide adsorbent from rice husk char[J]. IOP conference series:earth and environmental science,2016,36:012022.

[39] JOYNER L G,BARRETT E P,SKOLD R. The determination of pore volume and area distributions in porous substances. Ⅱ. comparison between nitrogen isotherm and mercury porosimeter methods[J]. Journal of the american chemical society,1951, 73(7):3155-3158.

[40] H RMAS M,THOMBERG T,KURIG H,et al. Microporous-mesoporous carbons for energy storage synthesized by activation of carbonaceous material by zinc chloride,potassium hydroxide or mixture of them[J]. Journal of power sources,2016,326:624-634.

［41］ SINGH S,KUMAR V,DATTA S,et al. Current advancement and future prospect of biosorbents for bioremediation［J］. Science of the total environment, 2020, 709:135895.

［42］ FORTIER H,WESTREICH P,SELIG S,et al. Ammonia,cyclohexane,nitrogen and water adsorption capacities of an activated carbon impregnated with increasing amounts of $ZnCl_2$, and designed to chemisorb gaseous NH_3 from an air stream［J］. Journal of colloid and interface science,2008,320(2):423-435.

［43］ BALČIŪNAS G,VĖJELIS S,VAITKUS S,et al. Physical properties and structure of composite made by using hemp hurds and different binding materials［J］. Procedia engineering,2013,57:159-166.

［44］ WANG HL, XU Z W, KOHANDEHGHAN A, et al. Interconnected carbon nanosheets derived from hemp for ultrafast supercapacitors with high energy［J］. ACS nano,2013,7(6):5131-5141.

［45］ HABIBI M K,LU Y. Crack propagation in bamboo's hierarchical cellular structure ［J］. Scientific reports,2014,4:5598.

［46］ AHMED R,LIU G,YOUSAF B,et al. Recent advances in carbon-based renewable adsorbent for selective carbon dioxide capture and separation-a review［J］. Journal of cleaner production,2020,242:118409.

［47］ DOWNIE A, MUNROE P, COWIE A, et al. Biochar as a geoengineering climate solution: hazard identification and risk management ［J］. Critical reviews in environmental science and technology,2012,42(3):225-250.

［48］ HONG S-M,CHOI S W,KIM S H,et al. Porous carbon based on polyvinylidene fluoride:enhancement of CO_2 adsorption by physical activation［J］. Carbon,2016,99:354-360.

［49］ DISSANAYAKE P D, YOU S, IGALAVITHANA A D, et al. Biochar-based adsorbents for carbon dioxide capture:a critical review［J］. Renewable and sustainable energy reviews,2020,119:109582.

［50］ ZHANG Y,WANG SZ,FENG D D,et al. Functional biochar synergistic solid/liquid-phase CO_2 capture:a review［J］. Energy & fuels,2022,36(6):2945-2970.

［51］ CREAMER A E,GAO B,ZHANG M. Carbon dioxide capture using biochar produced from sugarcane bagasse and hickory wood［J］. Chemical engineering journal,2014,249:174-179.

［52］ LIU Z, HAN G. Production of solid fuel biochar from waste biomass by low temperature pyrolysis［J］. Fuel,2015,158:159-165.

［53］ ZHANG X, WU J, YANG H, et al. Preparation of nitrogen-doped microporous modified biochar by high temperature CO_2-NH_3 treatment for CO_2 adsorption:effects of temperature［J］. RSC advances,2016,6(100):98157-98166.

［54］ BUSS W,WURZER C,MANNING D A C,et al. Mineral-enriched biochar delivers enhanced nutrient recovery and carbon dioxide removal［J］. Communications earth &

environment,2022,3:67.

[55] MARTÍN-MARTÍNEZ J M, TORREGROSA-MACIÁ R, MITTELMEIJER-HAZELEGER M C. Mechanisms of adsorption of CO_2 in the micropores of activated anthracite[J]. Fuel,1995,74(1):111-114.

[56] SEKI M, SUGIHARA S, MIYAZAKI H, et al. Impact of biochar and manure application onin situ carbon dioxide flux, microbial activity, and carbon budget in degraded cropland soil of southern India[J]. Land degradation & development,2022, 33(10):1626-1636.

[57] LI Y, XING B, DING Y, et al. A critical review of the production and advanced utilization of biochar via selective pyrolysis of lignocellulosic biomass[J]. Bioresource technology,2020,312:123614.

[58] LI R, WANG J J, GASTON L A, et al. An overview of carbothermal synthesis of metal-biochar composites for the removal of oxyanion contaminants from aqueous solution[J]. Carbon,2018,129:674-687.

[59] LI H, DONG X, DA SILVA E B, et al. Mechanisms of metal sorption by biochars: biochar characteristics and modifications[J]. Chemosphere,2017,178:466-478.

[60] TONG Y, MCNAMARA P J, MAYER B K. Adsorption of organic micropollutants onto biochar: a review of relevant kinetics, mechanisms and equilibrium [J]. Environmental science:water research & technology,2019,5(5):821-838.

[61] DE M, AZARGOHAR R, DALAI A K, et al. Mercury removal by bio-char based modified activated carbons[J]. Fuel,2013,103:570-578.

[62] SHAHEEN S M, NIAZI N K, HASSAN N E E, et al. Wood-based biochar for the removal of potentially toxic elements in water and wastewater:a critical review[J]. Internationalmaterials reviews,2019,64(4):216-247.

[63] ANGıN D, K SE T E, SELENGIL U. Production and characterization of activated carbon prepared from safflower seed cake biochar and its ability to absorb reactive dyestuff[J]. Applied surface science,2013,280:705-710.

[64] ARAMPATZIDOU A C, DELIYANNI E A. Comparison of activation media and pyrolysis temperature for activated carbons development by pyrolysis of potato peels for effective adsorption of endocrine disruptor bisphenol-a[J]. Journal of colloid and interface science,2016,466:101-112.

[65] BAMUFLEH H S. Single and binary sulfur removal components from model diesel fuel using granular activated carbon from dates' stones activated by $ZnCl_2$ [J]. Applied catalysis a:general,2009,365(2):153-158.

[66] BOUCHENAFA-SAÏB N, MEKARZIA A, BOUZID B, et al. Removal of malathion from polluted water by adsorption onto chemically activated carbons produced from coffee grounds[J]. Desalination and water treatment,2014,52(25-27):4920-4927.

[67] DOS SANTOS J M, FELSNER M L, ALMEIDA C P, et al. Removal of reactive orange 107 dye from aqueous solution by activated carbon from Pinus elliottii

sawdust: a response surface methodology study[J]. Water, air, & soil pollution, 2016, 227(9):300.

[68] ERDEM M, ORHAN R, ŞAHIN M, et al. Preparation and characterization of a novel activated carbon from vine shoots by $ZnCl_2$ activation and investigation of its rifampicine removal capability[J]. Water, air, & soil pollution, 2016, 227(7):226.

[69] JODEH S, ABDELWAHAB F, JARADAT N, et al. Adsorption of diclofenac from aqueous solution using Cyclamen persicum tubers based activated carbon (CTAC) [J]. Journal of the association of arab universities for basic and applied sciences, 2016, 20:32-38.

[70] JUTAKRIDSADA P, PRAJAKSUD C, KUBOONYA-ARUK L, et al. Adsorption characteristics of activated carbon prepared from spent ground coffee [J]. Clean technologies and environmental policy, 2016, 18(3):639-645.

[71] KARA ETIN G, SIVRIKAYA S, IMAMOĞLU M. Adsorption of methylene blue from aqueous solutions by activated carbon prepared from hazelnut husk using zinc chloride[J]. Journal of analytical and applied pyrolysis, 2014, 110:270-276.

[72] TAN X, LIU Y, ZENG G, et al. Application of biochar for the removal of pollutants from aqueous solutions[J]. Chemosphere, 2015, 125:70-85.

[73] CHEN C, ZHAO P, LI Z, et al. Adsorption behavior of chromium(Ⅵ) on activated carbon from eucalyptus sawdust prepared by microwave-assisted activation with $ZnCl_2$[J]. Desalination and water treatment, 2016, 57(27):12572-12584.

[74] DANISH M, HASHIM R, RAFATULLAH M, et al. Adsorption of Pb(Ⅱ)ions from aqueous solutions by date bead carbon activated with $ZnCl_2$[J]. Clean-soil, air, water, 2011, 39(4):392-399.

[75] WANG X, LIANG X, WANG Y, et al. Adsorption of Copper (Ⅱ) onto activated carbons from sewage sludge by microwave-induced phosphoric acid and zinc chloride activation[J]. Desalination, 2011, 278(1/2/3):231-237.

[76] GOTTIPATI R, MISHRA S. Preparation of microporous activated carbon from aegle marmelos fruit shell and its application in removal of chromium(Ⅵ) from aqueous phase[J]. Journal of industrial and engineering chemistry, 2016, 36:355-363.

[77] DaBROWSKI A, PODKOŚCIELNY P, HUBICKI Z, et al. Adsorption of phenolic compounds by activated carbon—a critical review[J]. Chemosphere, 2005, 58(8):1049-1070.

[78] LIANG F-B, SONG Y-L, HUANG C-P, et al. Adsorption of hexavalent chromium on a lignin-based resin: equilibrium, thermodynamics, and kinetics [J]. Journal of environmental chemical engineering, 2013, 1(4):1301-1308.

[79] SULYMAN M, NAMIESNIK J, GIERAK A. Low-cost adsorbents derived from agricultural by -products/wastes for enhancing contaminant uptakes from wastewater: a review [J]. Polish journal of environmental studies, 2017, 26 (2):

479-510.

[80] SHUKLA S R,PAI R S. Adsorption of Cu(Ⅱ),Ni(Ⅱ) and Zn(Ⅱ) on dye loaded groundnut shells and sawdust[J]. Separation and purification technology,2005,43 (1):1-8.

[81] HASSAN M M,CARR C M. Biomass-derived porous carbonaceous materials and their composites as adsorbents for cationic and anionic dyes: a review [J]. Chemosphere,2021,265:129087.

[82] LIU W-J,ZENG F-X,JIANG H,et al. Preparation of high adsorption capacity bio-chars from waste biomass[J]. Bioresource technology,2011,102(17):8247-8252.

[83] KLINGHOFFER N. Applications of biochar catalysts[M]. IOP publishing,2020.

[84] CAO X,SUN S,SUN R. Application of biochar-based catalysts in biomass upgrading: a review[J]. RSC advances,2017,7(77):48793-48805.

[85] PAETHANOM A,BARTOCCI P,D' ALESSANDRO B,et al. A low-cost pyrogas cleaning system for power generation: scaling up from lab to pilot[J]. Applied energy,2013,111:1080-1088.

[86] XIONG X,YU I K M,CAO L,et al. A review of biochar-based catalysts for chemical synthesis,biofuel production,and pollution control[J]. Bioresource technology,2017, 246:254-270.

[87] BALAJII M,NIJU S. Biochar-derived heterogeneous catalysts for biodiesel production [J]. Environmentalchemistry letters,2019,17(4):1447-1469.

[88] XU D,YANG L,DING K,et al. Mini-review on char catalysts for tar reforming during biomass gasification: the importance of char structure[J]. Energy & fuels, 2020,34(2):1219-1229.

[89] GUAN G,KAEWPANHA M,HAO X,et al. Catalytic steam reforming of biomass tar:prospects and challenges[J]. Renewable and sustainable energy reviews,2016, 58:450-461.

[90] LYU H,ZHANG Q,SHEN B. Application of biochar and its composites in catalysis [J]. Chemosphere,2020,240:124842.

[91] SHEN Y. Chars as carbonaceous adsorbents/catalysts for tar elimination during biomass pyrolysis or gasification[J]. Renewable and sustainable energy reviews, 2015,43:281-295.

[92] KLINGHOFFER N,CASTALDI M,NZIHOU A. Catalyst properties and catalytic performance of char from biomass gasification[J]. Industrial & engineering chemistry research,2012,51(40):13113-13122.

[93] RICHARDSON Y,BLIN J,VOLLE G,et al. In situ generation of Ni metal nanoparticles as catalyst for H_2-rich syngas production from biomass gasification[J]. Applied catalysis a:general,2010,382(2):220-230.

[94] RICHARDSON Y,MOTUZAS J,JULBE A,et al. Catalyticinvestigation of in situ generated Ni metal nanoparticles for tar conversion during biomass pyrolysis[J]. The

journal of physical chemistry c,2013,117(45):23812-23831.

[95] DONG L, ASADULLAH M, ZHANG S, et al. An advanced biomass gasification technology with integrated catalytic hot gas cleaning[J]. Fuel,2013,108:409-416.

[96] KONWAR L J, BORO J, DEKA D. Review on latest developments in biodiesel production using carbon-based catalysts [J]. Renewable and sustainable energy reviews,2014,29:546-564.

[97] OKAMURA M,TAKAGAKI A,TODA M,et al. Acid-catalyzed reactions on flexible polycyclic aromatic carbon in amorphous carbon[J]. Chemistry of materials,2006,18 (13):3039-3045.

[98] ARANCON R A, BARROS JR H R, BALU A M, et al. Valorisation of corncob residues to functionalised porous carbonaceous materials for the simultaneous esterification/transesterification of waste oils[J]. Green chemistry, 2011, 13 (11): 3162-3167.

[99] TOLVANEN J, HANNU J, HIETALA M, et al. Biodegradable multiphase poly (lactic acid)/biochar/graphite composites for electromagnetic interference shielding [J]. Composites science and technology,2019,181:107704.

[100] DI SUMMA D, RUSCICA G, SAVI P, et al. Biochar-containing construction materials for electromagnetic shielding in the microwave frequency region: the importance of water content[J]. Clean technologies and environmental policy,2023, 25(4):1099-1108.

[101] LI S, HUANG A, CHEN Y-J, et al. Highly filled biochar/ultra-high molecular weight polyethylene/linear low density polyethylene composites for high-performance electromagnetic interference shielding [J]. Composites part b: engineering,2018,153:277-284.

[102] AKGÜL G, DEMIR B, GÜNDOĞDU A, et al. Biochar-iron composites as electromagnetic interference shielding material[J]. Materials research express,2020, 7(1):015604.

[103] SAVI P, DI SUMMA D, SORA I N, et al. Drywall coated with biochar as electromagnetic interference shielding material[C]//2021 International Conference on Electromagnetics in Advanced Applications (ICEAA), Honolulu, HI, USA,2021.

[104] XI J,ZHOU E,LIU Y,et al. Wood-based straightway channel structure for high performance microwave absorption[J]. Carbon,2017,124:492-498.

[105] RONG J, QIU F, ZHANG T, et al. A facile strategy toward 3D hydrophobic composite resin network decorated with biological ellipsoidal structure rapeseed flower carbon for enhanced oils and organic solvents selective absorption [J]. Chemical engineering journal,2017,322:397-407.

[106] GONG Y N,LI D L,LUO C Z,et al. Highly porous graphitic biomass carbon as advanced electrode materials for supercapacitors[J]. Green chemistry,2017,19(17):

4132-4140.

[107] Weiming, Lv. Peanut shell derived hard carbon as ultralong cycling anodes for lithium and sodium batteries[J]. Electrochimica acta,2015,176:533-541.

[108] ZHU Y, CHEN M, LI Q, et al. A porous biomass-derived anode for high-performance sodium-ion batteries[J]. Carbon,2018,129:695-701.

[109] LI Y, MENG Q, MA J, et al. Bioinspired carbon/SnO$_2$ composite anodes prepared from a photonic hierarchical structure for lithium batteries[J]. ACS applied materials & interfaces,2015,7(21):11146-11154.

[110] ZHAO HQ, CHENG Y, LIU W, et al. Biomass-derived porous carbon-based nanostructures for microwave absorption[J]. Nano-micro letters,2019,11(1):1-17.

[111] TORSELLO D, BARTOLI M, GIORCELLI M, et al. High frequency electromagnetic shielding by biochar-based composites[J]. Nanomaterials (basel, switzerland),2021,11(9):2383.

[112] WU Z, MENG Z, YAO C, et al. Rice husk derived hierarchical porous carbon with lightweight and efficient microwave absorption[J]. Materials chemistry and physics, 2022,275:125246.

[113] ZHAO H, CHENG Y, MA J, et al. A sustainable route from biomass cotton to construct lightweight and high-performance microwave absorber[J]. Chemical engineering journal,2018,339:432-441.

[114] ZHAO H B, FU Z B, CHEN H B, et al. Excellentelectromagnetic absorption capability of Ni/carbon based conductive and magnetic foams synthesized via a green one pot route[J]. ACS applied materials & interfaces,2016,8(2):1468-1477.

[115] WANG L, LIU M, WANG G, et al. An ultralight nitrogen-doped carbon aerogel anchored by Ni-NiO nanoparticles for enhanced microwave adsorption performance [J]. Journal of alloys and compounds,2019,776:43-51.

[116] WANG H G, MENG F B, LI J Y, et al. Carbonized design of hierarchical porous carbon/Fe$_3$O$_4$@Fe derived from loofah sponge to achieve tunable high-performance microwave absorption[J]. ACS sustainable chemistry & engineering,2018,6(9): 11801-11810.

[117] YUAN P, WANG J, PAN Y, et al. Review of biochar for the management of contaminated soil: preparation, application and prospect[J]. Science of the total environment,2019,659:473-490.

[118] SONAWANE J M, YADAV A, GHOSH P C, et al. Recent advances in the development and utilization of modern anode materials for high performance microbial fuel cells[J]. Biosensors and bioelectronics,2017,90:558-576.

[119] YUAN HD, LIU T F, LIU Y J, et al. A review of biomass materials for advanced lithium-sulfur batteries[J]. Chemical science,2019,10(32):7484-7495.

[120] CHEN Q, TAN XF, LIU Y G, et al. Biomass-derived porous graphitic carbon materials for energy and environmental applications[J]. Journal of materials

chemistry a,2020,8(12):5773-5811.

[121] DUTTA S,BHAUMIK A,WU K C W. Hierarchically porous carbon derived from polymers and biomass:effect of interconnected pores on energy applications[J]. Energy & environmental science,2014,7(11):3574-3592.

[122] DENG J,LI MM,WANG Y. Biomass-derived carbon:synthesis and applications in energy storage and conversion[J]. Green chemistry,2016,18(18):4824-4854.

[123] CAMPOS J W,BEIDAGHI M,HATZELL K B,et al. Investigation of carbon materials for use as a flowable electrode in electrochemical flow capacitors[J]. Electrochimica acta,2013,98:123-130.

[124] FARAJI S,ANI F N. The development supercapacitor from activated carbon by electroless plating—a review[J]. Renewable and sustainable energy reviews,2015, 42:823-834.

[125] PONTIROLI D,SCARAVONATI S,MAGNANI G,et al. Super-activated biochar from poultry litter for high-performance supercapacitors [J]. Microporous and mesoporous materials,2019,285:161-169.

[126] WANG Y,QU Q,GAO S,et al. Biomass derived carbon as binder-free electrode materials for supercapacitors[J]. Carbon,2019,155:706-726.

[127] WANG Y, QU Q, GAO S, et al. Biochar activated by oxygen plasma for supercapacitors[J]. Journal of power sources,2015,274:1300-1305.

[128] GAO M,WANG W-K,ZHENG Y-M,et al. Hierarchically porous biochar for supercapacitor and electrochemical H_2O_2 production [J]. Chemical engineering journal,2020,402:126171.

[129] JIN H,WANG X,GU Z,et al. Carbon materials from high ash biochar for supercapacitor and improvement of capacitance with HNO_3 surface oxidation[J]. Journal of power sources,2013,236:285-292.

[130] KOUCHACHVILI L,ENTCHEV E. Ag/biochar composite for supercapacitor electrodes[J]. Materials today energy,2017,6:136-145.

[131] LI Z,ZHANG L,AMIRKHIZ B S,et al. Carbonized chicken eggshell membranes with 3D architectures as high-performance electrode materials for supercapacitors [J]. Advanced energy materials,2012,2(4):431-437.

[132] LU Y,ZHANG F,ZHANG T,et al. Synthesis and supercapacitor performance studies of N-doped graphene materials using o-phenylenediamine as the double-N precursor[J]. Carbon,2013,63:508-516.

[133] ZHU H,WANG XL,YANG F,et al. Promising carbons for supercapacitors derived from fungi[J]. Advanced materials,2011,23(24):2745-2748.

[134] HAN Y,DONG X,ZHANG C,et al. Hierarchical porous carbon hollow-spheres as a high performance electrical double-layer capacitor material[J]. Journal of power sources,2012,211:92-96.

[135] WANG SP,HAN C L,WANG J,et al. Controlled synthesis of ordered mesoporous

carbohydrate-derived carbons with flower-like structure and N-doping by self-transformation[J]. Chemistry of materials,2014,26(23):6872-6877.

[136] KIM S K,KIM Y K,LEE H,et al. Superiorpseudocapacitive behavior of confined lignin nanocrystals for renewable energy-storage materials[J]. Chemsuschem,2014, 7(4):1094-1101.

[137] CHOI H S,PARK C R. Theoretical guidelines to designing high performance energy storage device based on hybridization of lithium-ion battery and supercapacitor[J]. Journal of power sources,2014,259:1-14.

[138] WANG HL,XU Z W,LI Z,et al. Hybrid device employing three-dimensional arrays of MnO in carbon nanosheets bridges battery-supercapacitor divide [J]. Nano letters,2014,14(4):1987-1994.

[139] LAI C,ZHOU Z,ZHANG L,et al. Free-standing and mechanically flexible mats consisting of electrospun carbon nanofibers made from a natural product of alkali lignin as binder-free electrodes for high-performance supercapacitors[J]. Journal of power sources,2014,247:134-141.

[140] LI S C,HU B C,DING Y W,et al. Wood-derived ultrathin carbon nanofiber aerogels [J]. Angewandte chemie international edition,2018,57(24):7085-7090.

[141] SONG K, NI H, FAN L Z. Flexible graphene-based composite films for supercapacitors with tunable areal capacitance[J]. Electrochimica acta,2017,235: 233-241.

[142] HE S, ZHANG C, DU C,et al. High rate-performance supercapacitor based on nitrogen-doped hollow hexagonal carbon nanoprism arrays with ultrathin wall thickness in situ fabricated on carbon cloth[J]. Journal of power sources,2019,434: 226701.

[143] TANG Z,PEI Z,WANG Z,et al. Highly anisotropic,multichannel wood carbon with optimized heteroatom doping for supercapacitor and oxygen reduction reaction[J]. Carbon,2018,130:532-543.

[144] SCHLEE P, HOSSEINAEI O,BAKER D,et al. Fromwaste to wealth:from kraft lignin to free-standing supercapacitors[J]. Carbon,2019,145:470-480.

[145] YUN Y S,LEE M E,JOO M J,et al. High-performance supercapacitors based on freestanding carbon-based composite paper electrodes[J]. Journal of power sources, 2014,246:540-547.

[146] ZHONG Y,SHI T,HUANG Y,et al. One-step synthesis of porous carbon derived from starch for all-carbon binder-free high-rate supercapacitor[J]. Electrochimica acta,2018,269:676-685.

[147] WANG YX,YANG J Q,DU R B,et al. Transition metal ions enable the transition from electrospun prolamin protein fibers to nitrogen-doped freestanding carbon films for flexible supercapacitors[J]. ACS applied materials & interfaces,2017,9(28): 23731-23740.

[148] SENTHIL C, LEE C W. Biomass-derived biochar materials as sustainable energy sources for electrochemical energy storage devices[J]. Renewable and sustainable energy reviews,2021,137:110464.

[149] SALIMI P,NOROUZI O,POURHOSEINI S E M,et al. Magnetic biochar obtained through catalytic pyrolysis of macroalgae: a promising anode material for Li-ion batteries[J]. Renewable energy,2019,140:704-714.

[150] NITTA N,WU F,LEE J T,et al. Li-ion battery materials:present and future[J]. Materials today,2015,18(5):252-264.

[151] XIA G, LI X, HE J, et al. A biomass-derived biochar-supported NiS/C anode material for lithium-ion batteries [J]. Ceramics international, 2021, 47 (15): 20948-20955.

[152] CHEN XL, LI F, SU S B, et al. Efficient honeycomb-shaped biochar anodes for lithium-ion batteries from Eichhornia crassipes biomass [J]. Environmental chemistry letters,2021,19(4):3505-3510.

[153] LIU W J,JIANG H,YU H Q. Emerging applications of biochar-based materials for energy storage and conversion[J]. Energy & environmental science, 2019, 12 (6): 1751-1779.

[154] YAN P, AI FR, CAO C L, et al. Hierarchically porous carbon derived from wheat straw for high rate lithium ion battery anodes[J]. Journal of materials science: materials in electronics,2019,30(15):14120-14129.

[155] WANG LP, SCHNEPP Z, TITIRICI M M. Rice husk-derived carbon anodes for lithium ion batteries[J]. Journal of materials chemistry a,2013,1(17):5269-5273.

[156] CHEN L,ZHANG YZ,LIN C H,et al. Hierarchically porous nitrogen-rich carbon derived from wheat straw as an ultra-high-rate anode for lithium ion batteries[J]. Journal of materials chemistry A,2014,2(25):9684-9690.

[157] XIA G, LI X, HE J, et al. Porous carbon nanofiber webs derived from bacterial cellulose as an anode for high performance lithium ion batteries[J]. Carbon,2015, 91:56-65.

[158] SHAO D, TANG DP, MAI Y J, et al. Nanostructured silicon/porous carbon spherical composite as a high capacity anode for Li-ion batteries[J]. Journal of materials chemistry a,2013,1(47):15068-15075.

[159] JIANG J, ZHU JH, AI W, et al. Evolution of disposable bamboo chopsticks into uniform carbon fibers: a smart strategy to fabricate sustainable anodes for Li-ion batteries[J]. Energy & environmental science,2014,7(8):2670-2679.

[160] PATWARDHAN S B,PANDIT S,KUMAR GUPTA P,et al. Recent advances in the application of biochar in microbial electrochemical cells [J]. Fuel, 2022, 311:122501.

[161] CHEN SS, TANG J H,FU L,et al. Biochar improves sediment microbial fuel cell performance in low conductivity freshwater sediment [J]. Journal of soils and

sediments,2016,16(9):2326-2334.

[162] WANG J,FAN LJ,YAO T T,et al. A high-performance direct carbon fuel cell with reed rod biochar as fuel[J]. Journal of the electrochemical society,2019,166(4): F175-F179.

[163] HU F P, WANG Z, LI Y, et al. Improved performance of Pd electrocatalyst supported on ultrahigh surface area hollow carbon spheres for direct alcohol fuel cells[J]. Journal of power sources,2008,177(1):61-66.

[164] SHEN P K,YAN ZX,MENG H,et al. Synthesis of Pd on porous hollow carbon spheres as an electrocatalyst for alcohol electrooxidation[J]. RSC advances,2011,1 (2):191-198.

[165] YAN Z,HE G,ZHANG G,et al. Pd nanoparticles supported on ultrahigh surface area honeycomb-like carbon for alcohol electrooxidation[J]. International journal of hydrogen energy,2010,35(8):3263-3269.

[166] YAN Z, MENG H, SHI L, et al. Synthesis of mesoporous hollow carbon hemispheres as highly efficient Pd electrocatalyst support for ethanol oxidation[J]. Electrochemistry communications,2010,12(5):689-692.

[167] YAN Z, HU Z, CHEN C, et al. Hollow carbon hemispheres supported palladium electrocatalyst at improved performance for alcohol oxidation[J]. Journal of power sources,2010,195(21):7146-7151.

[168] ZHANG HM,WANG Y,WANG D,et al. Hydrothermal transformation of dried grass into graphitic carbon-based high performance electrocatalyst for oxygen reduction reaction[J]. Small,2014,10(16):3371-3378.

[169] ZHU H,YIN J,WANG XL,et al. Microorganism-derived heteroatom-doped carbon materials for oxygen reduction and supercapacitors [J]. Advanced functional materials,2013,23(10):1305-1312.

[170] GAO SY,GENG K R,LIU H Y,et al. Transforming organic-rich amaranthus waste into nitrogen-doped carbon with superior performance of the oxygen reduction reaction[J]. Energy & environmental science,2015,8(1):221-229.

[171] ZHANG C,ANTONIETTI M,FELLINGER T P. Bloodties:Co_3O_4 decorated blood derived carbon as a superior bifunctional electrocatalyst[J]. Advanced functional materials,2014,24(48):7655-7665.

[172] LENG L,XU S,LIU R,et al. Nitrogen containing functional groups of biochar:an overview[J]. Bioresource technology,2020,298:122286.

[173] YE S,ZENG G,TAN X,et al. Nitrogen-doped biochar fiber with graphitization from Boehmeria nivea for promoted peroxymonosulfate activation and non-radical degradation pathways with enhancing electron transfer[J]. Applied catalysis b: environmental,2020,269:118850.

[174] WAN Z,SUN Y,TSANG D C W,et al. Customised fabrication of nitrogen-doped biochar for environmental and energy applications[J]. Chemical engineering journal,

2020,401:126136.

[175] YUAN S,TAN Z,HUANG Q. Migration and transformation mechanism of nitrogen in the biomass-biochar-plant transport process [J]. Renewable and sustainable energy reviews,2018,85:1-13.

[176] JIN DN,MA J L,SUN R C. Nitrogen-doped biochar nanosheets facilitate charge separation of a Bi/Bi_2O_3 nanosphere with a mott-schottky heterojunction for efficient photocatalytic reforming of biomass[J]. Journal of materials chemistry c, 2022,10(9):3500-3509.

[177] KASERA N,KOLAR P,HALL S G. Nitrogen-doped biochars as adsorbents for mitigation of heavy metals and organics from water:a review[J]. Biochar,2022,4 (1):17.

[178] XIE Y, HU W, WANG X, et al. Molten salt induced nitrogen-doped biochar nanosheets as highly efficient peroxymonosulfate catalyst for organic pollutant degradation[J]. Environmental pollution,2020,260:114053.